AF743571

FÍSICA DE LAS NUBES

FÍSICA DE LAS NUBES

R. R. Rogers
Professor of Meteorology
McGill University

EDITORIAL
REVERTÉ

Barcelona · Bogotá · Buenos Aires · Caracas · México

Título de la obra original:
A Short Course in Cloud Physics

Edición original en lengua inglesa publicada por
Pergamon Press, Oxford
Copyright © by R. R. Rogers

Edición en español:
© Editorial Reverté, S. A., 1977
ISBN: 978-84-291-4143-6

Reimpresión digital: 2023

Versión española coordinada y traducida por:
Dr. Joaquín Catalá Alemany
Catedrático de Física del Aire de la
Facultad de Física de la Universidad Complutense de Madrid.

Propiedad de:
EDITORIAL REVERTÉ, S. A.
Loreto, 13-15. Local B
Tel: (34) 93 419 33 36
Fax: (34) 93 419 51 89
08029 Barcelona. España
reverte@reverte.com
www.reverte.com

Reservados todos los derechos. La reproducción total o parcial de esta obra, por cualquier medio o procedimiento, comprendidos la reprografía y el tratamiento informático, y la distribución de ejemplares de ella mediante alquiler o préstamo públicos, queda rigurosamente prohibida sin la autorización escrita de los titulares del copyright, bajo las sanciones establecidas por las leyes.

Impreso en España - *Printed in Spain*

Depósito Legal: SE-959-2003

Impresión: Masquelibros

658

ÍNDICE ANALÍTICO

PRÓLOGO

En la Universidad de McGill el curso de meteorología física, para diplomados, consta de unos diez temas sobre radiación atmosférica, ocho de termodinámica de la atmósfera y quince de física de las nubes. Este libro está basado en notas tomadas para las clases, recopiladas y revisadas durante los últimos cinco años, en relación a la parte del curso dedicada a termodinámica y física de las nubes. Los estudiantes siguen este curso en su primer año para el Diploma; la mayor parte poseen ya diploma en física o matemáticas y, en cualquier clase, alrededor de la mitad de los alumnos que ingresan, tuvieron ya un año de entrenamiento profesional, incluyendo trabajo práctico, en el servicio meteorólogico canadiense. El resto toman contacto por vez primera con la meteorología.

En este libro, como en el curso, la termodinámica se estudia esencialmente como base para la comprensión de la convección y la física de las nubes. En consecuencia, se pone el mayor énfasis en la estabilidad, empuje ascensional y análisis de los sondeos atmosféricos. Prácticamente las mismas cuestiones termodinámicas, son vistas en un curso superior, para estudiantes de la misma Universidad, que cubre algunos temas de micrometeorología, además de la propia termodinámica.

Los capítulos centrales se dedican al estudio de la formación de las gotitas nubosas, crecimiento por condensación y captura, y el desarrollo de la lluvia y nieve. Al preparar este material, me ha resultado de gran utilidad tener a mano las obras sobre física de las nubes de Fletcher (1962), Byers (1965) y Mason (1971); me resulta grato reconocer aquí su influencia. También quiero agradecer el estímulo que ha supuesto para mi trabajo, la publicación de tres artículos acerca del desarrollo de la precipitación: los de McDonald (1958), Braham (1968) y Houghton (1968).

Los últimos capítulos están dedicados, principalmente, a las observaciones relativas a las precipitaciones, y a la forma en que ellas se relacionan con la teoría microfísica. Se incluye un breve capítulo dedicado a la modificación artificial del tiempo, sin otro objeto que esquematizar algunos conceptos, pero sin detallar ningún experimento en concreto. El último capítulo representa una introducción a la modelación numérica de las nubes, tema importante en la investigación meteorológica corriente.

Como los problemas representan una parte muy importante en el curso de McGill, han sido incluidos en el libro; algunos son simples ejercicios de termodinámica y del análisis de sondeos; otros involucran conceptos que no han sido vistos en las clases. No obstante, muchos de ellos son cuestiones prácticas, sugeridas por las observaciones y la propia investigación. No todos los problemas pueden ser resueltos analíticamente (por lo menos, en mi opinión), sino que requieren métodos de solución gráfica o numérica. Se indican con un asterisco aquellos para los que es preciso disponer de mayores facilidades de cálculo, en cuyo caso la mejor forma de abordarlos es mediante una calculadora digital.

Todo el contenido del libro, con excepción de algunos problemas, resulta adecuado para un curso de física de las nubes, a nivel superior, para aspirantes al diploma. También puede ser útil para un curso más general, sobre ciencias atmosféricas, destinado a estudiantes de otras materias, distintas de la meteorogía, siempre que se complemente con ciertos temas adicionales (por ejemplo, clasificación y climatología de las nubes).

Por la ayuda que he recibido al preparar el manuscrito, deseo agradecer a Mrs. Gloria Sheldon y Mrs. Carolyn Haynes, su trabajo mecanográfico, a Mrs. Sandra Yip, sus esquemas y a Miss Ursula Seindenfuss, su trabajo fotográfico. Todos los miembros del Stormy Weather Group han colaborado a través de sus discusiones, y debo una especial gratitud a mi colega Dr. David Robertson que ha escrito parte de los Capítulos 5 y 8 y realizó una lectura crítica de parte del manuscrito.

R. R. ROGERS

INTRODUCCIÓN

Una de las ramas de la meteorología física, la física de las nubes, puede definirse como la ciencia de las nubes en la atmósfera. Esta definición, por su amplitud, admite gran cantidad de conocimientos, extendiéndose, por ejemplo, desde la clasificación de las nubes hasta la química de las precipitaciones. No obstante, en general, se considera que la principal tarea de la física de las nubes consiste en explicar la formación de las nubes y el desarrollo de las precipitaciones. De acuerdo con este criterio, este libro se ocupa del desarrollo de las nubes y las precipitaciones, omitiendo otras partes importantes de la física de nubes, tales como la transferencia radiativa en las nubes o los fenómenos ópticos y eléctricos a que dan lugar.

Dos procesos, de naturaleza muy distinta, son los que determinan el desarrollo de nubes y precipitaciones. En primer lugar, se requiere que algunas regiones o zonas de aire se saturen, es decir, se desarrollen en ellas humedades relativas próximas al 100 %; esto ocurre, casi exclusivamente, en virtud de las corrientes de aire verticales que tienen lugar en el espacio libre de nubosidad. Estos movimientos verticales pueden tener una extensión horizontal variable, entre algunas decenas de metros y centenares de kilómetros, según sea la causa en virtud de la que se producen. Por otra parte, las velocidades verticales varían también en magnitud, desde unos centímetros por segundo, a decenas de metros, dependiendo también del proceso que las origina. Estos movimientos verticales son indispensables para la formación de las nubes y juegan un papel dominante en el carácter y magnitud de las precipitaciones a que, ulteriormente, la nube puede dar lugar. Estos procesos, que ocurren a escala relativamente grande, y en los que siempre van involucrados movimientos de aire, corresponden a lo que cabe denominar "dinámica o cinemática de las nubes".

Los procesos nubosos del segundo tipo tienen siempre lugar a una escala mucho menor, y son de tamaño comparable al de las propias dimensiones de las nubes individuales y de las partículas que constituyen la precipitación. Son los procesos de formación y crecimiento de las gotitas nubosas, así como sus interacciones con el medio ambiente; en ellos intervienen conocimientos termodinámicos, de la teoría de difusión y fisico-químicos. El objetivo de esta parte de la física de las nubes es explicar las circunstancias por las que una gotita nubosa individual puede formarse, a partir de la fase de vapor, crecer a continuación hasta alcanzar tamaño visible, e interaccionar con sus compañeras para dar lugar a la precipitación. Estos aspectos de la física de las nubes, suelen incluirse bajo la denominación general de "microfísica de las nubes".

Las obras sobre física de las nubes, por lo general, ponen más énfasis en la microfísica; los procesos dinámicos no resultan, desde luego, menos importantes, lo que ocurre es que no son tan bien comprendidos; ello es debido a varias razones. Mientras muchos de los procesos microfísicos pueden ser estudiados en el laboratorio, los procesos dinámicos, a gran escala, no pueden ser fácilmente duplicados o simulados. Además, mientras la base teórica de los procesos microfísicos es bastante completa, en la dinámica de nubes existen todavía serios problemas teóricos sin resolver. Finalmente, tan sólo en la última década, y gracias a la aplicación del radar Doppler a la física de las nubes, se ha podido disponer de información adecuada, acerca de las corrientes de aire en el seno de las nubes.

Este libro, siguiendo la tradición, está dedicado principalmente a la microfísica. No obstante, el mayor énfasis lo hemos puesto en el desarrollo de la precipitación, mientras nos hemos ocupado con menor extensión de otros temas clásicos, tales como la nucleación, aerosoles e instrumentación. Los cuatro primeros capítulos están dedicados a exponer los conocimientos de termodinámica de la atmósfera, necesarios para el estudio de las nubes. Siguen, a continuación, otros cinco, en los que se trata de la microfísica de las nubes y precipitación. Luego se exponen los principios del radar meteorológico y sus posibilidades, con objeto de sentar una base de conocimientos que nos permita utilizar las observaciones realizadas con el radar, que serán de gran importancia en los capítulos posteriores, al tratar de los procesos de precipitación y de las tormentas violentas. En el capítulo final, se inicia el tema de la modelación numérica de las nubes, con objeto de que el lector interesado pueda proseguir su estudio en la correspondiente referencia bibliográfica. En este tema se ponen de manifiesto, claramente, las complejas interacciones que tienen lugar entre la dinámica y la microfísica, y nos da una indicación de hasta qué punto la teoría, con todas las experiencias necesarias, es capaz de interpretar las observaciones.

FÍSICA DE LAS NUBES

CAPÍTULO 1

TERMODINÁMICA DEL AIRE SECO

Composición de la atmósfera

El aire es una mezcla de varios de los denominados gases permanentes, un grupo de gases de concentración variable, así como partículas sólidas y líquidas también en variable concentración. El nitrógeno y el oxígeno constituyen, respectivamente, el 78 % y el 21 %, en volumen, de los gases permanentes; el resto, el 1 %, está constituido fundamentalmente por argón, pero con vestigios de neon, helio y otros gases. La composición del aire es notablemente uniforme, y la proporción relativa de los gases permanentes se mantiene prácticamente constante, siendo la misma en todas partes y hasta una altura de 90 km.

De los gases que están presentes en cantidades variables, los más abundantes son el vapor de agua, el anhídrido carbónico y el ozono; son los gases que más notablemente afectan a la transferencia radiativa en la atmósfera. El vapor de agua, por otra parte, juega también un importante papel en la termodinámica de la atmósfera.

Las partículas de materia, sólidas y líquidas, suspendidas en el aire, se denominan aerosoles. Ejemplos corrientes son las gotitas de agua, incluyendo las nubes, partículas de polvo ordinario y polen. La termodinámica se ocupa de los gases, pero ocurre que un grupo selecto de aerosoles, denominados núcleos higroscópicos, son cruciales en la condensación del vapor de agua en la atmósfera.

En meteorología se enfoca el problema del aire tratándolo como si en realidad fuera la mezcla de dos gases ideales, "aire seco" y vapor de agua; esta mezcla se denomina aire húmedo. Las propiedades termodinámicas del aire húmedo se determinan combinando los comportamientos, por separado, del aire seco y del vapor.

La ecuación de estado para el aire seco

La ecuación de estado para un gas perfecto, o ley del gas ideal, expresa la relación entre presión p, volumen V, y temperatura T, de un gas en equilibrio térmico:

$$pV = CT, \tag{1.1}$$

donde C es una constante propia de cada gas.

Esta ecuación se reduce a una forma standard, recurriendo a la ley de Avogadro que establece que a la misma presión y temperatura, el volumen ocupado por un mol de cualquier gas es el mismo. Llamando v a dicho volumen, tenemos:

$$pv = C'T, \tag{1.2}$$

donde ahora C' es una constante, igual para todos los gases. Se denomina la constante *universal* de los gases y se designa por R^*; su valor es $R^* =$ $= 8{,}314 \times 10^7$ ergs. K^{-1} mol^{-1} $= 8{,}314$ joules K^{-1} mol^{-1}.

Como un volumen cualquiera $V = nv$, siendo n el número de moles, se deduce de la (1.2) que

$$pV = nR^*T. \tag{1.3}$$

y dividiendo por la masa M del gas, resulta

$$\frac{pV}{M} = \frac{n}{M} R^*T.$$

Pero, $V/M = \alpha$, o volumen específico, y $n/M = 1/m$, donde m designa el peso molecular del gas. En consecuencia (1.3) queda reducida a

$$p\alpha = R'T, \tag{1.4}$$

donde $R' = R^*/m$, es la constante *individual* del gas.

El peso molecular efectivo del aire seco puede calcularse mediante un adecuado promedio del peso molecular del nitrógeno, oxígeno, etc., de que está compuesto, y resulta ser igual a 28,9 g/mol. En consecuencia, la constante individual para el aire seco es

$$R' = 2{,}87 \times 10^6 \text{ ergs g}^{-1} \text{ K}^{-1}.$$

Para los intervalos de temperatura y presión que se consideran en meteorología, la (1.4) describe bastante bien el comportamiento del aire seco y con suficiente precisión en la mayor parte de los casos.

La primera ley de la termodinámica

La primera ley es una declaración de dos hechos empíricos:

1. El calor es una forma de energía.
2. La energía se conserva.

La primera es la denominada ley de Joule, y expresa el equivalente mecánico del calor como

$$1 \text{ cal} = 4{,}186 \times 10^7 \text{ ergs} = 4{,}186 \text{ joules}. \qquad (1.5)$$

El segundo hecho empírico puede escribirse en forma algébrica:

$$dQ = dU + dW. \qquad (1.6)$$

De la cantidad total de calor dado a un gas, dQ, parte tenderá a aumentar su energía interna en dU, y el resto determinará que el gas produzca trabajo, en cantidad dW. En general, resulta más útil escribir la última ecuación referida a la unidad de masa, en la forma:

$$dq = du + dw. \qquad (1.7)$$

En esta última expresión, examinemos primero el término trabajo; consideremos una burbuja de gas que tenga un volumen V y un área superficial A, tal como se indica en la figura 1.1. El cambio de volumen, asociado a una pequeña expansión lineal dn, será

$$dV = A dn.$$

Pero $p = F/A$, donde F es la fuerza ejercida sobre el gas, de modo que

$$pdV = Fdn. \tag{1.8}$$

El trabajo realizado en la expansión del gas es $dW = Fdn$; en consecuencia

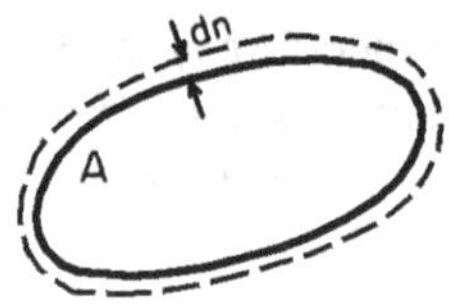

FIG. 1.1. Expansión de una burbuja de gas.

(1.8) podrá escribirse

$$dW = pdV.$$

El trabajo hecho, por unidad de masa del gas (trabajo específico) es

$$dw = pd\alpha. \tag{1.9}$$

En general, el trabajo específico realizado en una expansión finita de α_1 a α_2, es

$$\int dw = \int_{\alpha_1}^{\alpha_2} pd\alpha.$$

integración que puede ser fácilmente calculada mediante la ayuda de un diagrama termodinámico.

Un diagrama termodinámico es una representación gráfica en la que las coordenadas son variables de estado; en tal diagrama, un estado de un gas en equilibrio puede representarse por un punto; cuando el gas evoluciona, pasando por sucesivos estados de equilibrio (p.e. en virtud al calor que recibe o a la fuerza ejercida sobre el mismo, desde el exterior), va describiendo una trayectoria sobre el diagrama termodinámico.

El trabajo realizado en la expansión de un gas viene ilustrado sobre un diagrama cuyas coordenadas son el volumen específico y la presión, como se indica en la figura 1.2. En el ejemplo, el gas se expansiona desde el estado ini-

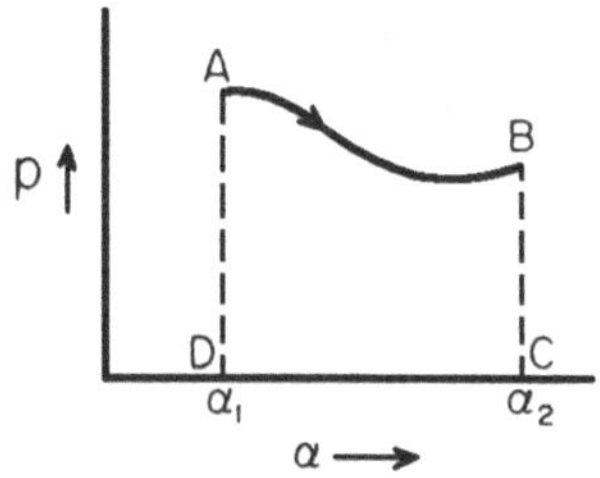

FIG. 1.2. Diagrama termodinámico representando el trabajo realizado en la expansión.

cial, dado por A (p_1, α_1) hasta el final, B (p_2, α_2); el trabajo específico realizado viene representado por el área $ABCD$. En realidad existen muchas posibles trayectorias de equilibrio entre A y B, según sea el calor cedido al gas o emitido por éste, o en qué momento de la evolución tiene lugar el intercambio calorífico. En consecuencia, el trabajo realizado depende de la trayectoria sobre la que se hace la integración, lo que equivale a decir que $dw = pd\alpha$, no es una diferencial exacta. Por tanto, *no* existe una función general $F(\alpha)$, tal que

$$\int_{\alpha_1}^{\alpha_2} p d\alpha = \int_{\alpha_1}^{\alpha_2} dF(\alpha) = F(\alpha_2) - F(\alpha_1).$$

(Algunos autores destacan esta circunstancia escribiendo $đw$ en lugar de dw).

En la teoría termodinámica son de especial interés los procesos *cíclicos*, en los cuales el gas experimenta una serie continua de cambios, para terminar con las mismas coordenadas termodinámicas que tenía al principio. En la figura 1.3 viene representado uno de tales ciclos, en el diagrama p,α: el gas parte del estado A y evoluciona hacia el B, a lo largo de la curva que se indica; lo mismo que antes, el área limitada por esta curva representa el trabajo hecho por el

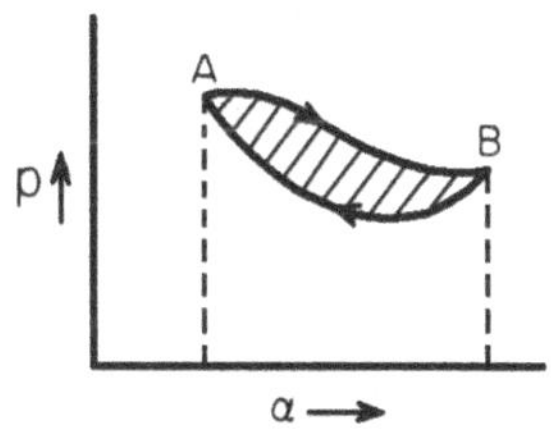

FIG. 1.3. Proceso cíclico.

gas en su expansión de α_1 a α_2. A continuación el gas es comprimido y obligado a recuperar su estado A, a lo largo de la curva inferior. En esta etapa del proceso, se ha realizado un trabajo sobre el gas. El trabajo neto hecho por el gas, en el proceso cíclico completo, viene representado por el área rayada. Adviértase que si el proceso hubiera tenido lugar en sentido opuesto, con las flechas invertidas, el área rayada correspondería al trabajo hecho contra el gas. En un proceso cíclico, el trabajo neto viene descrito matemáticamente por una integral curvilínea, a lo largo de la trayectoria de la evolución

$$\int_c dw = \int_c p d\alpha.$$

Para integrandos que fueran diferenciales exactas, cualquier integración a lo largo de un ciclo sería nula, ya que como sabemos sólo depende de los límites de integración; éste no es el caso, en general, para dw, tal como hemos explicado anteriormente.

Consideremos ahora el término du en la ecuación (1.7); para un gas ideal, cualquier aumento de energía interna aparece en forma de incremento de temperatura, siendo el cambio de temperatura proporcional a la cantidad de calor suministrado, de acuerdo con

$$dT = \frac{1}{c} dq, \tag{1.10}$$

donde c es el calor específico y viene medido en cal g^{-1} $^{\circ}C^{-1}$. Para un gas, c no es constante, ya que su valor depende de que haya o no intercambio de trabajo durante el proceso de calentamiento; si no lo hay, $d\alpha = 0$, según (1.9), y podremos escribir para el calor específico

$$c_v = \left(\frac{dq}{dT}\right)_\alpha, \tag{1.11}$$

que se conoce por el nombre de calor específico a volumen constante.

Otro caso de interés, es cuando se suministra calor, pero se mantiene la presión constante, para cuyo proceso el calor específico es

$$c_p = \left(\frac{dq}{dT}\right)_p, \tag{1.12}$$

y se conoce con el nombre de calor específico a presión constante.

Evidentemente, $c_p > c_v$, puesto que en el proceso que ocurre a presión constante, parte del calor recibido será utilizado en realizar trabajo, de acuerdo con el término $pd\alpha$, mientras que si tiene lugar a volumen constante, todo el calor recibido se utiliza en producir aumento de T. Para el aire seco:

$$c_p = 0{,}24 \text{ cal g}^{-1}\,{}^\circ\text{C}^{-1} = 1{,}005 \text{ joules g}^{-1}\,{}^\circ\text{C}^{-1}$$
$$c_v = 0{,}17 \text{ cal g}^{-1}\,{}^\circ\text{C}^{-1} = 0{,}716 \text{ joules g}^{-1}\,{}^\circ\text{C}^{-1}.$$

Del calor total recibido, la cantidad que se convierte en energía interna es

$$du = c_v dT \tag{1.13}$$

y el resto va al término correspondiente al trabajo. Por tanto, la expresión general de la conservación de la energía es

$$dq = c_v dT + pd\alpha. \tag{1.14}$$

Procesos especiales

Por diferenciación en (1.4) obtenemos

$$pd\alpha + \alpha dp = R' dT \tag{1.15}$$

ecuación diferencial que relaciona los cambios de presión, volumen específico y temperatura, en condiciones de equilibrio termodinámico. Combinando (1.15) y (1.14)

$$dq = (c_v + R')dT - \alpha dp.$$

pero

$$c_p = \left(\frac{dq}{dT}\right)_p = c_v + R',$$

de modo que:

$$dq = c_p dT - \alpha dp \tag{1.16}$$

que podremos utilizar, en lugar de la (1.14), como otra expresión de la primera ley.

Vamos a definir algunos procesos especiales, mediante estas ecuaciones:

(a) Proceso isobárico: $dp = 0$

$$dq = c_p dT = \left(\frac{c_p}{c_v}\right) c_v dT = \left(\frac{c_p}{c_v}\right) du. \tag{1.17}$$

(b) Proceso isotermo: $dT = 0$

$$dq = -\alpha dp = p d\alpha = dw. \tag{1.18}$$

(c) Proceso isostérico: $d\alpha = 0$

$$dq = c_v dT = du. \tag{1.19}$$

(d) Proceso adiabático: $dq = 0$

$$c_p dT = \alpha dp \tag{1.20}$$

o

$$c_v dT = -p d\alpha. \tag{1.21}$$

El proceso adiabático es de una especial importancia, dado que muchos de los cambios de temperatura que tienen lugar en la atmósfera pueden considerarse, aproximadamente, como adiabáticos. A partir de la (1.20) y de la ecuación de estado se obtiene:

$$c_p dT = R' T \frac{dp}{p}, \tag{1.22}$$

que por integración conduce a:

$$\left(\frac{T}{T_0}\right) = \left(\frac{p}{p_0}\right)^k, \tag{1.23}$$

donde $k = R'/c_p = (c_p - c_v)/c_p = 0{,}286$.

Este resultado (1.23) se conoce con el nombre de ecuación de Poisson válida para los procesos adiabáticos; es posible y sencillo deducir otras ecuaciones equivalentes a la (1.23), en las que intervengan cualquiera de las otras parejas de las variables termodinámicas presión, temperatura y volumen específico.

Mediante la ecuación (1.23) se define una cuarta variable termodinámica, denominada temperatura potencial, que designaremos por θ, de la siguiente manera:

$$\left(\frac{T}{\theta}\right) = \left(\frac{p}{1000 \text{ mb}}\right)^k$$

o

$$\theta = T\left(\frac{1000 \text{ mb}}{p}\right)^k \tag{1.24}$$

y que puede interpretarse como la temperatura que alcanzaría una burbuja de aire, inicialmente a la temperatura T y presión p, sometida a una compresión o expansión adiabática que la lleva a la presión final de 1000 mb. (1 mb = 10^{-3} bars = 10^3 dinas/cm.^{2}). La temperatura potencial es una variable de estado, porque puede expresarse en función de las variables de estado p y T. En cualquier proceso adiabático, θ se mantiene constante; por esta razón decimos que la temperatura potencial es una propiedad *conservativa,* respecto a los procesos adiabáticos.

Entropía

La segunda ley de la termodinámica implica la existencia de otra variable de estado, llamada entropía, que puede definirse mediante la ecuación

$$d\phi = \frac{dq}{T}, \tag{1.25}$$

donde $d\phi$ representa el aumento de entropía específica que acompaña a la adición de una cantidad de calor dq a la unidad de masa del gas, a la temperatura T. Se deduce de la (1.16) que

$$d\phi = \frac{1}{T}\left[c_p dT - \alpha dp\right] = c_p\frac{dT}{T} - R'\frac{dp}{p} = c_p\left[\frac{dT}{T} - k\frac{dp}{p}\right] = c_p\frac{d\theta}{\theta}. \tag{1.26}$$

que por integración conduce a:

$$\phi = c_p \ln \theta + \text{const.}, \tag{1.27}$$

que liga la entropía a la temperatura potencial. Resulta evidente, a partir de la ecuación de definición (1.25), que los procesos adiabáticos ($dq = 0$) son también isoentrópicos.

Diagramas termodinámicos meteorológicos

(*a*) *Diagrama de Stüve*

El diagrama de Stüve (o simplemente diagrama adiabático) es un diagrama termodinámico basado en la ecuación adiabática (1.24); esta ecuación pone de manifiesto que, para un valor dado de θ, existe una relación lineal entre T y p^k; en consecuencia, los procesos adiabáticos, en un diagrama termodinámico cuyas coordenadas sean T y p^k, vendrán representados por trayectorias rectilíneas.

Este tipo de diagrama resulta conveniente para representar los procesos adiabáticos atmosféricos. Una línea a lo largo de la que θ = constante, se denomina *adiabática*. La figura 1.4 nos da una visión esquemática del diagrama de Stüve, con las coordenadas de entrada, presión y temperatura, así como el aspecto de las isobaras, adiabáticas e isotermas.

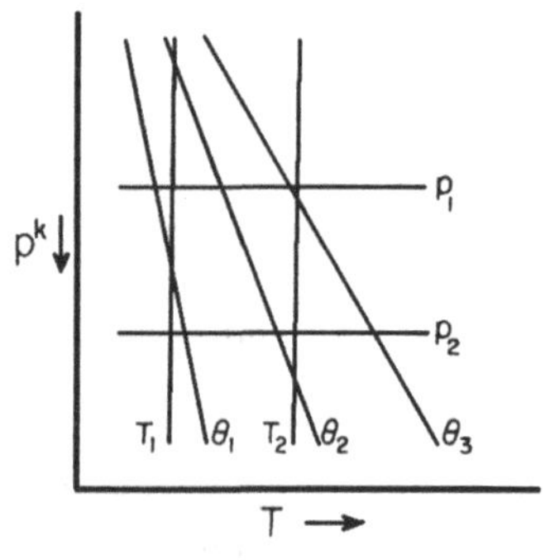

FIG. 1.4. Diagrama de Stüve.

(*b*) *Emagrama*

Se denominan diagramas termodinámicos *verdaderos* o *reales* aquellos en los que el área es proporcional a la energía (o trabajo), siendo la constante de proporcionalidad la misma para todo el diagrama. Por tanto un diagrama p,α, es de este tipo, pues el área de cualquier contorno cerrado es proporcional al trabajo realizado en un proceso cíclico definido por dicho contorno.

En meteorología, las variables de estado que con mayor frecuencia se utilizan para describir el estado del aire, son la presión y la temperatura. Es posible construir un diagrama termodinámico real, a base de las coordenadas p y T, a partir de las ecuaciones (1.9) y (1.15); en efecto, tenemos que

$$dw = pd\alpha = R'dT - \alpha dp$$

y, para un proceso cíclico,

$$\int_c dw = \int_c R'\,dT - \int_c R'T\frac{dp}{p}. \qquad (1.28)$$

Pero en (1.28), $R'dT$ es una diferencial exacta cuya integral se anula, de modo que el trabajo realizado se reduce a

$$\int_c dw = -R'\int_c Td(\ln p). \qquad (1.29)$$

Resultado que indica que un diagrama en el que las variables de entrada sean T y $\ln p$, será un diagrama termodinánico real; este tipo de diagramas se denomina emagrama, abreviación de diagrama de energía por unidad de masa, y viene ilustrado, esquemáticamente, en la figura 1.5.

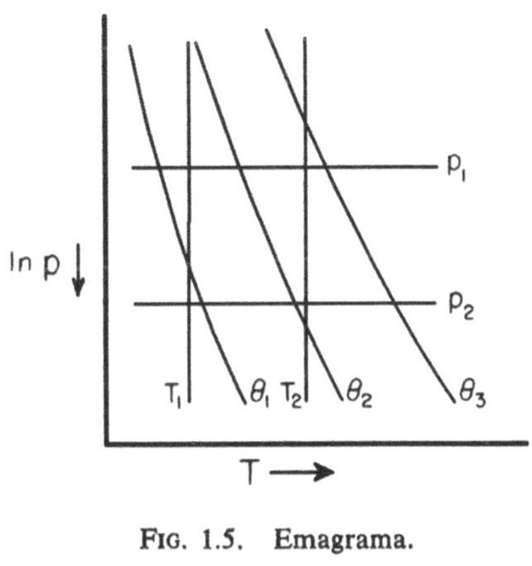

FIG. 1.5. Emagrama.

(*c*) *Tefigrama*

A partir de la ecuación en que se define la entropía, se deduce que la cantidad total de calor involucrado en un proceso cíclico es

$$\int_c dq = \int_c Td\phi = c_p \int_c Td(\ln \theta). \tag{1.30}$$

En consecuencia, en un diagrama cuyas coordenadas de entrada sean T y ϕ, o lo que es equivalente, T y $\ln \theta$, se satisface la condición requerida, respecto a la relación área-energía, para que sea un diagrama termodinámico real. Este tipo de diagramas se denomina tefigrama, o diagrama T,ϕ, y viene representado esquemáticamente en la figura 1.6.

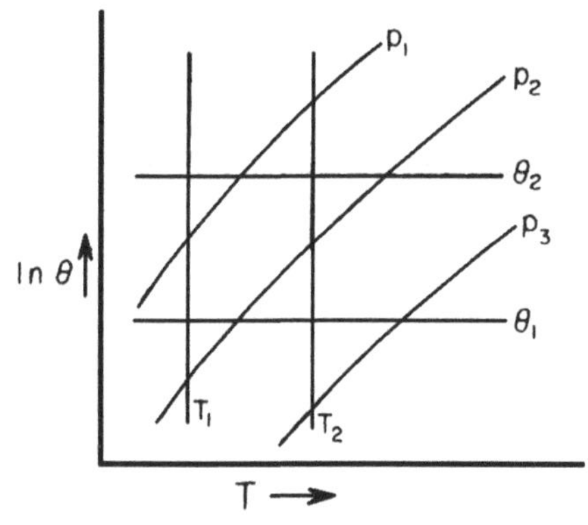

FIG. 1.6. Tefigrama esquemático.

El tefigrama suele presentarse dándole un pequeño giro, mediante el cual el final de las isobaras queda más o menos horizontal, y con la presión decreciendo hacia la parte superior del diagrama. La figura 1.7 ilustra un diagrama con dicha orientación; está basado en el tefigrama del servicio meteorológico canadiense, y será utilizado en los ejemplos que siguen.

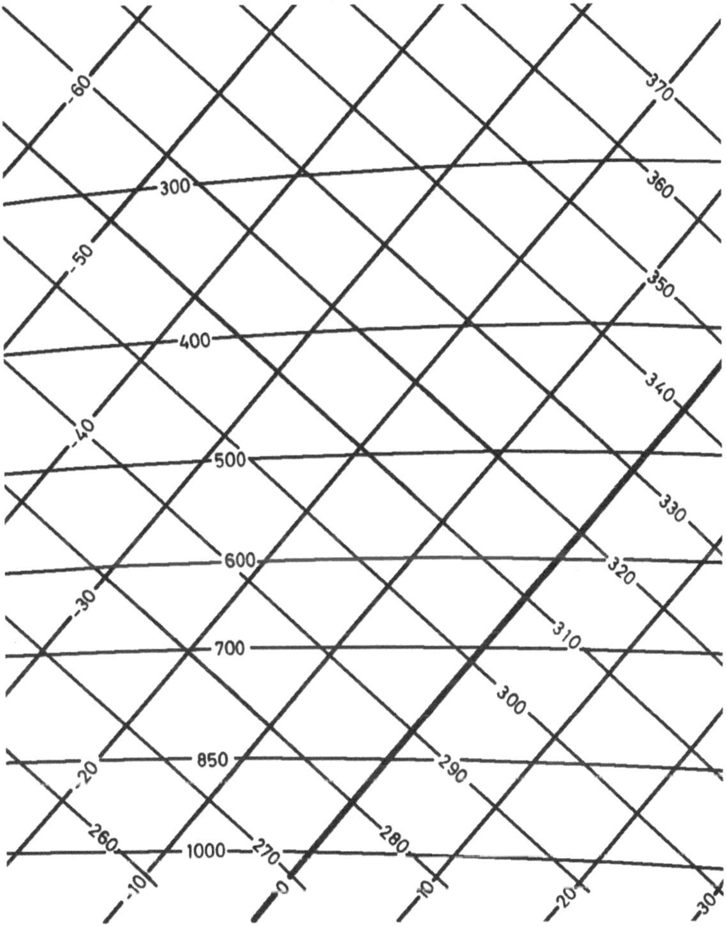

FIG. 1.7. Tefigrama esquemático; las isobaras son aproximadamente horizontales, acotadas en mb. Las isotermas, en °C, orientadas hacia arriba y a la derecha. Las adiabáticas secas o normales a las isotermas y acotadas de acuerdo con su temperatura potencial (K).

Problemas

1. La siguiente tabla da los porcentajes, en masa, aproximados, de los gases permanentes principales de la atmósfera. A partir de estos datos, demuestre que el peso molecular efectivo del aire es 28,96 g/mol.

Gas	Peso molecular	Masa en %
Nitrógeno	28,016	75,57
Oxígeno	32,000	23,15
Argón	39,944	1,28

2. Una masa de aire seco unidad se expansiona desde su presión inicial de 500 mb hasta una presión final de 400 mb.
(a) Calcular el trabajo realizado, supuesta la expansión isoterma a $T = 300$ K.
(b) Calcular la cantidad de calor recibido en el proceso
(c) Calcular el trabajo realizado, supuesta la expansión adiabática a $\theta = 300$ K.
(d) Calcular el cambio de temperatura en este proceso.

3. Una muestra de 50 g de aire está inicialmente a la presión de 1000 mb y a la temperatura de 180 K. Se la calienta isobáricamente hasta que su volumen aumenta en un 10 %. Calcular la temperatura final de la muestra, el trabajo hecho en la expansión, y la cantidad de calor recibido.

4. Consideremos un proceso cíclico en el que una masa de aire seco unidad, inicialmente a 0 °C, sufre las siguientes transformaciones:
(1) Expansión isoterma de 700 a 600 mb
(2) Enfriamiento isobárico a —10 °C
(3) Compresión adiabática hasta volver a los 700 mb
(4) Calentamiento isobárico hasta 0 °C.
Calcular el trabajo realizado en el proceso. Compruebe la respuesta recurriendo a un tefigrama o a un diagrama termodinámico análogo.

5. En cualquier diagrama termodinámico las coordenadas x e y son de la forma: $x = x(p, \alpha)$ e $y = y(p, \alpha)$. Por ejemplo, en el caso del emagrama, $x = p\alpha/R' = T$, e $y = -R' \ln p$. Un diagrama termodinámico real es tal que sus coordenadas (x, y) pueden transformarse en (p, α), mediante un Jacobiano unidad. Es decir, la condición suficiente para que un diagrama termodinámico sea real es que

$$J\left(\frac{x,y}{p,\alpha}\right) = 1.$$

(a) Demostrar que el diagrama de Stüve no es un verdadero diagrama termodinámico.
(b) ¿Cómo construiríamos un diagrama termodinámico real, con las coordenadas de entrada temperatura y densidad? Indique como sería, esquemáticamente dicho diagrama y el aspecto que tendrían, aproximadamente, las isotermas y las adiabáticas secas.

6. Las coordenadas fundamentales de un tefigrama son T y $\ln \theta$; sus ejes tienen una escala tal que las isobaras se hacen, aproximadamente horizontales, cuando todo el diagrama gira de unos 45° en sentido horario. No obstante las isobaras no son líneas rectas, y por lo tanto tampoco son horizontales excepto en aquellos puntos particulares en que su pendiente se anula. Demostrar que la pendiente de la isobara, en cualquier punto del tefigrama, depende tan sólo de la temperatura.

CAPÍTULO 2

EL VAPOR DE AGUA Y SUS EFECTOS TERMODINÁMICOS

Ecuación de estado del vapor de agua

Contrariamente a lo que sucede con otros componentes de la atmósfera, el agua está presente en las tres fases, sólida, líquida y gaseosa. En su fase de vapor, el agua en la atmósfera se comporta, con buena aproximación, como un gas ideal. Su ecuación de estado es

$$e = \rho_v R_v T, \tag{2.1}$$

donde e = presión de vapor, ρ_v = densidad del vapor, y R_v = constante individual de los gases para el vapor de agua (0,461 joules g^{-1} K^{-1}). Esta ecuación se escribe, a veces, en la forma

$$e = \rho_v \frac{R'}{\varepsilon} T, \tag{2.2}$$

donde $\varepsilon = R'/R_v = m_v/m = 0{,}622$.

El calor específico del vapor, a presión constante, vale 1,81 joules g^{-1} K^{-1}; a volumen constante es 1,35 joules g^{-1} K^{-1}.

La ecuación de Clausius-Clapeyron

Consideremos un recipiente, aislado térmicamente y cerrado, parcialmente lleno de agua, como se indica en la figura 2.1. Las moléculas de la superficie libre del agua están en constante agitación y algunas logran escapar en forma de mo-

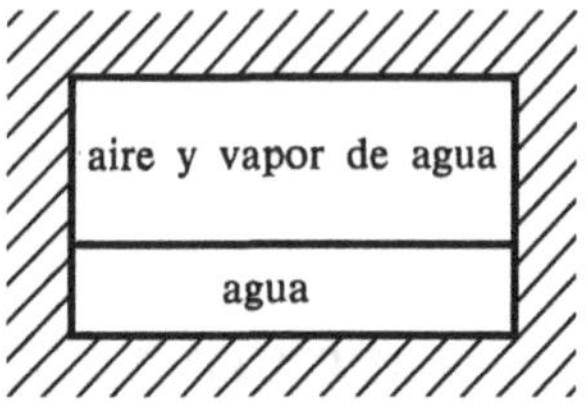

FIG. 2.1. Vapor en equilibrio con superficie líquida.

léculas de vapor. Por otra parte, algunas de las moléculas de vapor chocan con la superficie líquida y se fijan sobre ella. Esta condensación y evaporación tiene lugar simultáneamente; para una temperatura determinada se alcanza eventualmente una condición de equilibrio, cuando los dos procesos tienen lugar con la misma velocidad. Entonces las temperaturas del aire y del vapor son iguales a la del líquido, y ya no hay transferencia neta de moléculas de una a otra fase. Se dice, que en estas condiciones, el espacio por encima de la superficie líquida está *saturado* de vapor de agua. La presión parcial debida al mismo, en tal caso, se denomina presión de saturación del vapor, y resulta que tan sólo depende de la temperatura; esta dependencia funcional viene descrita por una importante ecuación diferencial que vamos a deducir.

Para pasar de la fase líquida a la de vapor hace falta calor, debido a que las moléculas gaseosas tienen una energía cinética superior a la de las del líquido, a igualdad de temperatura. Designemos por L la cantidad de calor necesario para convertir a la unidad de masa líquida en vapor, manteniendo constante la presión y la temperatura; es el calor latente de vaporización. Para dicha transición de la fase 1 (líquido) a la 2 (vapor),

$$L = \int_{q_1}^{q_2} dq = \int_{u_1}^{u_2} du + \int_{\alpha_1}^{\alpha_2} p d\alpha = u_2 - u_1 + e_s(\alpha_2 - \alpha_1), \tag{2.3}$$

donde e_s designa la presión de saturación del vapor, y se mantiene constante durante todo el proceso. Como la temperatura también es constante, podemos escribir asimismo:

$$L = T\int_{q_1}^{q_2} \frac{dq}{T} = T(\phi_2 - \phi_1). \tag{2.4}$$

y por igualación, resulta

$$u_1 + e_s\alpha_1 - T\phi_1 = u_2 + e_s\alpha_2 - T\phi_2, \tag{2.5}$$

que demuestra que esta particular combinación de variables termodinámicas permanece constante en un proceso, isotermo e isobárico, de cambio de fase; tal combinación se conoce con el nombre de función de Gibbs del sistema, y se designa por *G;* así pues, para la fase 1

$$G_1 = u_1 + e_s\alpha_1 - T\phi_1 \tag{2.6}$$

es decir, que la (2.5) podrá escribirse simplemente como $G_1 = G_2$.

La función de Gibbs, aunque se mantiene constante en la transición de fase, varía con la temperatura y presión, y su dependencia respecto a dichas variables, puede determinarse por diferenciación:

$$dG = du + e_s d\alpha + \alpha de_s - Td\phi - \phi dT. \tag{2.7}$$

Pero $du + e_s d\alpha = dq = Td\phi$, y la (2.7) se reduce a

$$dG = \alpha de_s - \phi dT. \tag{2.8}$$

Puesto que *G* es la misma para las dos fases, $dG_1 = dG_2$, y con ello se deduce de la (2.8) que:

$$\frac{de_s}{dT} = \frac{\phi_2 - \phi_1}{\alpha_2 - \alpha_1} = \frac{L}{T(\alpha_2 - \alpha_1)}. \tag{2.9}$$

Este resultado expresa la dependencia de la presión de saturación del vapor de la temperatura y se conoce con el nombre de ecuación de Clausius-Clapeyron. Como en condiciones atmosféricas ordinarias $\alpha_2 \gg \alpha_1$, y el vapor de agua se comporta como un gas ideal, la (2.9) se reduce a

$$\frac{de_s}{dT} = \frac{L}{T\alpha_2} = \frac{Le_s}{R_v T^2}. \tag{2.10}$$

Si el calor latente fuera constante, esta ecuación podría integrarse, dando

$$\ln\frac{e_s}{e_{s0}} = \frac{L}{R_v}\left(\frac{1}{T_0} - \frac{1}{T}\right), \tag{2.11}$$

donde e_{s0} es el valor de la presión del vapor saturante a T_0, una constante de integración que tiene que ser determinada experimentalmente o por consideraciones teóricas adicionales. De hecho, no obstante, L depende muy poco de la temperatura, de modo que la (2.11) no es una descripción exacta de la dependencia de e_s con T; para el intervalo de temperaturas con que nos encontramos en la troposfera, L resulta siempre ser, con un error de unas unidades por cien, igual a 600 cal/g = 2,5 × 10³ joules/g; utilizando este valor en la (2.11) se obtiene, con buena aproximación, un valor utilizable para la presión real de saturación del vapor. La constante de integración es e_{s0} = 6,11 mb a T_0 = 273 K.

Para temperaturas inferiores a los 0 °C, la presión de vapor en equilibrio con el hielo viene dada por (2.10), en donde L se sustituye por L_s, que es el calor latente de sublimación.

TABLA 2.1. *Calor latente de condensación (sublimación) y presión de saturación del vapor para varias temperaturas (de Smithsonian Meteorological Tables)*

T (°C)	e_s (mb)	e_i (mb)	L (cal g⁻¹)	L_s (cal g⁻¹)
−40	0,189	0,128	621,7	678,0
−35	0,314	0,223		
−30	0,509	0,380	615,0	678,0
−25	0,807	0,632		
−20	1,254	1,032	608,9	677,9
−15	1,912	1,652		
−10	2,863	2,600	603,0	677,5
−5	4,215	4,015		
0	6,108	6,107	597,3	677,0
5	8,719			
10	12,272		591,7	
15	17,044			
20	23,373		586,0	
25	31,671			
30	42,430		580,4	
35	56,236			
40	73,777		574,7	

En la Tabla 2.1 se dan los valores de e_s y L, para un amplio intervalo de temperaturas. Para temperaturas de 0 °C e inferiores, también están tabulados el calor latente de sublimación y la presión de vapor en equilibrio sobre hielo, e_i.

Aire húmedo: su contenido de vapor

El aire en la atmósfera es una mezcla de aire seco y de vapor de agua; existen diversas formas de expresar el contenido de vapor.

(a) Presión de vapor, e, o presión parcial del vapor de agua.

(b) Densidad del vapor, ρ_v, denominada también humedad absoluta, y definida por (2.1).

(c) Razón de mezcla, w, definida como la masa de vapor por unidad de masa de aire seco.

$$w = M_v/M_d = \rho_v/\rho_d$$

Y como por la ecuación de estado, $\rho_v = e/R_vT$, y $\rho_d = (p - e)/R'T$, la última puede escribirse así

$$w = \varepsilon \frac{e}{p - e} \approx \varepsilon \frac{e}{p} \qquad (2.12)$$

(d) Humedad específica, q, o masa de vapor de agua por unidad de masa de aire húmedo.

$$q = \rho_v/\rho = \frac{\rho_v}{\rho_d + \rho_v} = \varepsilon \frac{e}{p - (1 - \varepsilon)e} \approx \varepsilon \frac{e}{p} \qquad (2.13)$$

La razón de mezcla de saturación y la humedad específica de saturación, designadas por w_s y q_s, vienen definidas por (2.12) y (2.13), en las que se ha sustituido e por e_s. Como $e_s = e_s(T)$, sucede que tanto w_s como q_s, son tan sólo funciones de la temperatura y presión, y no dependen del contenido de vapor en el aire. Todos los diagramas meteorológicos contienen "líneas de vapor", que en general son isopletas de w_s.

(e) Humedad relativa, f, que es la relación entre la razón de mezcla y su valor de saturación, expresada en tanto por cien.

$$f = 100 \frac{w}{w_s} \approx 100 \frac{e}{e_s} \qquad (2.14)$$

(f) Temperatura virtual, T_v, que es aquella temperatura a la que el aire seco tendría la misma densidad que la muestra de aire húmedo, a idéntica presión.

Para una muestra de aire de volumen V, a una presión total p y una presión de vapor e,

$$\begin{aligned} p = p_d + e &= \rho_d \frac{R^*}{m_d} T + \rho_v \frac{R^*}{m_v} T \\ &= \frac{R^* T}{V} \left[\frac{M_d}{m_d} + \frac{M_v}{m_v} \right] \\ &= \rho R^* T \left[\frac{M_d}{m_a} + \frac{M_v}{m_v} \right] \frac{1}{M_d + M_v} \\ &= \rho R' T \left[\frac{1 + w/\varepsilon}{1 + w} \right]. \end{aligned}$$

Este resultado indica que la ecuación de estado del aire seco puede aplicarse al aire húmedo, si incluimos el factor de corrección que figura dentro del corchete. Con objeto de tener en cuenta dicho factor de corrección, se introduce la temperatura virtual.

$$T_v = T \left[\frac{1 + w/\varepsilon}{1 + w} \right] \approx T[1 + 0{,}6w]. \tag{2.15}$$

Termodinámica del aire húmedo no saturado.

(*a*) *Constante del gas*

La ecuación de estado del aire seco podrá ser aplicada al aire húmedo, con la formalidad de sustituir T por T_v. Así pues:

$$p\alpha = R' T_v \tag{2.16}$$

es una ecuación del estado general, aplicable al aire seco y al húmedo. Con frecuencia, la diferencia entre la temperatura real y la virtual puede ser despreciada.

La ecuación de estado para el aire húmedo también puede escribirse de esta otra forma

$$p\alpha = R_m T, \tag{2.17}$$

donde R_m es la constante particular de los gases, para el aire húmedo, y que depende de la razon de mezcla de acuerdo con la relación

$$R_m = R'[1 + 0{,}6w]. \qquad (2.18)$$

Naturalmente, las (2.16) y (2.17) son equivalentes; no difieren más que en la forma escogida para aplicar el factor de corrección.

(b) Calor específico

Para determinar c_{vm}, calor específico a volumen constante, del aire húmedo, vamos a considerar la adición de calor a una muestra de aire que consta de un gramo de aire seco más w gramos de vapor de agua.

$$(1 + w)dq = c_v dT + w c_{vv} dT,$$

donde, c_v y c_{vv}, son, respectivamente, los calores específicos del aire seco y del vapor. Esto muestra que:

$$c_{vm} = \left(\frac{dq}{dT}\right) = c_v\left[\frac{1 + wr}{1 + w}\right],$$

donde

$$r = c_{vv}/c_v = 1{,}35/0{,}717 \approx 1.9.$$

Y por tanto

$$c_{vm} \approx c_v[1 + 0{,}9w]. \qquad (2.19)$$

De la misma forma puede demostrarse que el calor específico, a presión constante, para el aire húmedo es:

$$c_{pm} \approx c_p[1 + 0{,}8w]. \qquad (2.20)$$

Combinando la (2.18) con la (2.20), encontraremos que el exponente de la ecuación de Poisson (1.23), para los procesos adiabáticos del aire húmedo, es:

$$\frac{R_m}{c_{pm}} \approx k[1 - 0{,}2w]. \qquad (2.21)$$

Debido a que w es del orden de 10^{-2}, o inferior, con frecuencia puede prescindirse del factor de corrección en las (2.18)-(2.21).

Formas de alcanzar la saturación

Una muestra de aire húmedo puede experimentar una serie de procesos que conducen a la saturación. Algunos son de importancia teórica y dan lugar a la introducción de ciertas temperaturas para expresar el contenido de vapor existente.

(a) Temperatura del punto de rocío, T_d, es aquella temperatura a la cual debe ser enfriado el aire húmedo, manteniendo constantes p y w, con objeto de que alcance justamente la saturación respecto al agua. (Análogamente puede definirse el punto, o temperatura, de escarcha, cuando la saturación sea respecto al hielo.) Naturalmente, en el punto de rocío, la razón de mezcla de saturación es igual a la razón de mezcla del aire húmedo: $w = w_s(T_d)$.

(b) Temperatura del termómetro húmedo, T_w, que es la temperatura hasta la cual puede ser enfriado el aire por evaporación de agua en el mismo, a presión constante, hasta que se alcanza la saturación. (Adviértase que w no se mantiene constante, de modo que, en general, $T_d \neq T_w$.)

Consideremos una muestra de aire húmedo que consta de un gramo de aire seco y w gramos de vapor de agua. La primera ley de la termodinámica, aplicada a esta muestra, en un proceso isobárico, resulta ser (según 2.20):

$$dq = c_p dT[1 + 0{,}8\ w]$$

En la evaporación de dw gramos de agua, se produce una pérdida de calor dada por

$$(1 + w)dq = -Ldw$$

y en consecuencia

$$c_p dT = -Ldw\left(\frac{1}{1+w}\right)\left(\frac{1}{1+0{,}8w}\right) \approx -Ldw\,[1 - 1{,}8w].$$

El factor de corrección, generalmente, puede ser despreciado y

$$c_p dT = -Ldw, \tag{2.22}$$

resultado que nos describe el proceso que tiene lugar en el termómetro húmedo. Si no tenemos en cuenta la ligera dependencia de L, respecto a la temperatura, la ecuación anterior puede integrarse y conduce a:

$$\frac{T - T_w}{w_s - w} = \frac{L}{c_p}. \tag{2.23}$$

En consecuencia, la temperatura del termómetro húmedo puede expresarse en función de la temperatura y la razón de mezcla; w_s es la razón de mezcla de saturación a la temperatura T_w.

(c) Temperatura equivalente, T_e, es la temperatura que alcanzaría una muestra de aire húmedo, si todo su contenido de vapor de agua se condensara, a presión constante. De la (2.23) puede deducirse una expresión para T_e, haciendo $w_s = 0$ (razón de mezcla final) y $T_w = T_e$, y nos quedará:

$$T_e = T + \frac{Lw}{c_p}. \tag{2.24}$$

(d) Temperatura de condensación isoentrópica, T_c, que es la temperatura para la cual se alcanzaría la saturación, en una muestra de aire húmedo adiabáticamente enfriada, a w constante. Esta temperatura resulta fácilmente comprensible con la ayuda de un diagrama termodinámico (fig. 2.2).

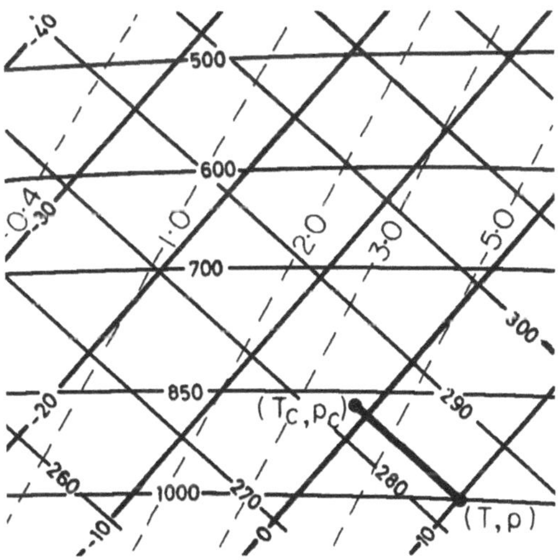

FIG. 2.2. Presión y temperatura de condensación isoentrópica, en un tefigrama. Las líneas de trazos son las de razón de mezcla de saturación, acotadas en gramos/kilogramo. En el ejemplo indicado, la muestra de aire está a 10 °C y 1000 mb, tiene una razón de mezcla de 4 g/kg, con una temperatura de condensación isoentrópica de —1 °C y una presión de condensación isoentrópica de 870 mb.

En el estado inicial las coordenadas del aire son (T p), con una razón de mezcla w; se enfría adiabáticamente hasta que su adiabática corta a la línea de vapor, definida por $w_s = w$; la presión, en este punto de intersección, se denomina presión de condensación isoentrópica y la temperatura es T_c.

En realidad, no es evidente que la condensación se produzca tan pronto como se alcanza la saturación; la experiencia demuestra que con frecuencia tal retraso se observa en la atmósfera, por cuyo motivo hablaremos indistintamente de punto de condensación o de saturación.

Procesos pseudoadiabáticos *

Cuando, tras de alcanzarse el punto de condensación isoentrópica, la expansión continúa, se produce la condensación y el calor latente desprendido tiende a calentar el aire; en consecuencia, la temperatura disminuirá, con la presión, a un ritmo más lento después de la condensación, respecto al que venía haciéndolo antes. Para calcular, en este proceso, la dependencia de la T con la p, es preciso hacer algunas suposiciones, en relación al agua condensada. ¿Queda en el aire, en forma de gotitas nubosas o precipita? ¿A temperaturas inferiores a los 0 °C, el producto de la condensación es agua o hielo? Todas estas cuestiones son analizadas en los textos clásicos de meteorología dinámica, y resulta ser que la dependencia de T con la presión, no viene afectada significativamente por la elección del supuesto. En consecuencia, tan sólo describiremos aquí el caso más sencillo, el denominado proceso pseudoadiabático, en el cual se supone que el producto condensado es agua y que ésta precipita inmediatamente. Es el más sencillo, debido a que el contenido calorífico del material condensado no tendrá que ser tenido en cuenta al calcular los cambios de temperatura del aire; además, con ello nos evitamos la cuestión de averiguar a qué temperatura podría ser importante la sublimación.

Consideremos una muestra de aire saturado que contiene un gramo de aire seco y w_s gramos de vapor de agua; supongamos que su presión varía en dp; la temperatura variará en dT y al mismo tiempo tendrá lugar la correspondiente variación, dw_s, del contenido de vapor. Con bastante aproximación, la ecuación que relaciona entre sí a todas estas variaciones diferenciales, es

* En una breve historia acerca de los primeros estudios relativos al proceso adiabático saturado, McDonald (1963a) explica que Lord Kelvin, en 1862, dio la primera descripción correcta del proceso; que Heinrich Hertz construyó un diagrama adiabático, en 1884, que fue el prototipo de todos los subsiguientes diagramas termodinámicos usados en meteorología, y que Wilhem von Bezold, en 1888, formuló la teoría y las ecuaciones de los procesos pseudoadiabáticos.

$$\frac{dT}{T} = k\frac{dp}{p} - \frac{L}{Tc_p}\,dw_s, \tag{2.25}$$

descripción matemática del proceso pseudoadiabático; esta fórmula es la base de todas las líneas "pseudoadiabáticas" que se trazan en los diagramas termodinámicos.

En la figura 2.3 se ilustra el proceso de expansión pseudoadiabática; en una expansión adiabática, la temperatura disminuye, según una adiabática seca, hasta alcanzar el punto de condensación isoentrópica, *P*. Si continúa la expansión, va acompañada del desprendimiento del calor latente, y el descenso de temperatura prosigue, en adelante, a lo largo de la pseudoadiabática que pasa por *P*.

Con referencia a la figura última, cabe definir algunas nuevas temperaturas especiales:

(a) Temperatura adiabática del termómetro húmedo, T_{sw}, que se obtiene siguiendo, a partir de *P*, hacia abajo, la pseudoadiabática hasta la presión inicial; el resultado es, dentro de unos ± 0,5 °C, la temperatura del termómetro húmedo definida por (2.23).

(b) Temperatura potencial del termómetro húmedo, θ_w, definida por la intersección de la pseudoadiabática que pasa por *P*, con la isobara $p = 1000$ mb.

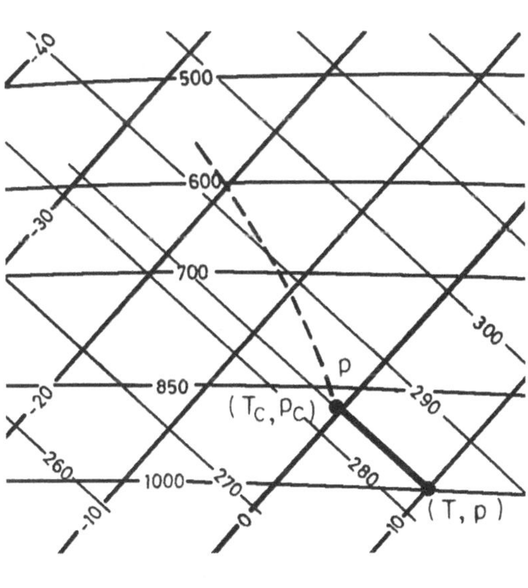

FIG. 2.3. Tefigrama con pseudoadiabática.

(c) Temperatura equivalente (definición adiabática), T_e, obtenida siguiendo, a partir de P, hacia arriba, la pseudoadiabática, hasta una presión muy baja, con lo cual todo el vapor de agua se habrá condensado, y eliminado, y luego regresando a la presión original, a lo largo de una adiabática seca. Esta temperatura se deduce por integración de (2.25), desde la temperatura inicial T hasta la final T_e; puede demostrarse, que aproximadamente, es

$$T_e = T \exp\left[\frac{Lw_s}{c_p T_c}\right]. \tag{2.26}$$

El valor de T_e, resulta ser, prácticamente, el mismo, tanto si lo determinamos gráficamente, como a partir de (2.26) o (2.24).

(d) Temperatura potencial equivalente, θ_e, definida como la temperatura que tendría una burbuja de aire, llevada en un proceso adiabático seco, desde su temperatura equivalente, a una presión de 1000 mb.

Problemas

1. En un diagrama p, α, para el agua, se ve que, efectivamente, tiene lugar la condensación cuando el vapor de agua se comprime isotérmicamente. Este tipo de proceso no tiene importancia en la atmósfera; de hecho, la condensación ocurre generalmente, como resultado de procesos de expansión que pueden considerarse, aproximadamente, como adiabáticos. Demostrar que dentro del intervalo de temperaturas meteorológicas, la expansión de vapor del agua pura produce condensación.

2. Los humidificadores caseros operan evaporando agua en el aire de la casa, y por tanto, elevando su humedad relativa. Consideremos una casa que tenga un volumen de 200 m^3, en la que inicialmente la temperatura del aire era de 21 °C y la humedad relativa del 10 %. Calcular la cantidad de agua que habrá que evaporar, para elevar aquélla hasta el 60 %. Supóngase una presión constante de 1010 mb durante el proceso, en el cual el calor requerido para la evaporación vendrá suministrado por el propio aire. Un diagrama metereológico, tal como el tefigrama, es de utilidad para resolución de este problema.

3. El cambio de temperatura asociado a un proceso de expansión pseudoadiabática, viene dado por

$$\frac{dT}{T} = k\frac{dp}{p} - \frac{L}{Tc_p}\,dw_s.$$

Determinar si la temperatura puede, alguna vez, aumentar durante una expansión pseudoadiabática y en caso afirmativo, bajo qué condiciones.

4. Supongamos que el aire exhalado por los pulmones está saturado a la temperatura del cuerpo. Determinar la temperatura del aire ambiente por debajo de la cual se producirá siempre la condensación del aliento. ¿Está el resultado de acuerdo con su propia experiencia o intuición?. En caso contrario ¿qué razones se le ocurren para justificar la discrepancia?

5. Una muestra de aire húmedo tiene una temperatura de 280 K, a la presión de 900 mb, con una razón de mezcla de 5 g/kg. Calcular, para dicha muestra, las siguientes magnitudes:

   (a) temperatura virtual
   (b) humedad absoluta
   (c) humedad relativa
   (d) temperatura del punto de rocío
   (e) temperatura del termómetro húmedo
   (f) temperatura potencial
   (g) temperatura equivalente
   (h) temperatura potencial equivalente

CAPÍTULO 3

ESTABILIDAD ESTÁTICA Y EMPUJE HIDROSTÁTICO SOBRE UNA BURBUJA

Equilibrio hidrostático

Decimos que el aire está en equilibrio hidrostático, cuando sobre el mismo la fuerza neta vertical es nula. En estas condiciones, sucede que la fuerza debida al gradiente vertical de presión está justamente equilibrada por la de la gravedad (fig. 3.1). En tal equilibrio ocurre que

$$\frac{\partial p}{\partial z} = -\rho g, \tag{3.1}$$

que es la bien conocida ecuación hidrostática.

Sustituyendo ρ por su valor deducido de la ecuación de estado, se obtiene:

$$\frac{dp}{p} = -\frac{g}{R' T_v}\, dz. \tag{3.2}$$

que en forma finita, tras integrar, tenemos,

$$p = p_0 \exp\left[-\frac{g}{R' \overline{T}_v}(z - z_0)\right], \tag{3.3}$$

donde p es la presión, a la altura z, y $\overline{T}_v$ la temperatura media virtual, para el intervalo de presión comprendido entre p y p_0, que vendrá dada por:

$$\overline{T_v} = \frac{\int_{\ln p_0}^{\ln p} T_v d(\ln p)}{\ln p - \ln p_0}. \tag{3.4}$$

Mediante la (3.3) puede construirse, sobre un diagrama termodinámico, una escala de alturas, que permita convertir presiones en alturas. Aunque la relación exacta, entre z y p, depende de la temperatura, en la mayor parte de los diagramas, para calcular las escalas de altura, se recurre a una "atmósfera standard", en la que se supone una dependencia media de la temperatura con la altura.

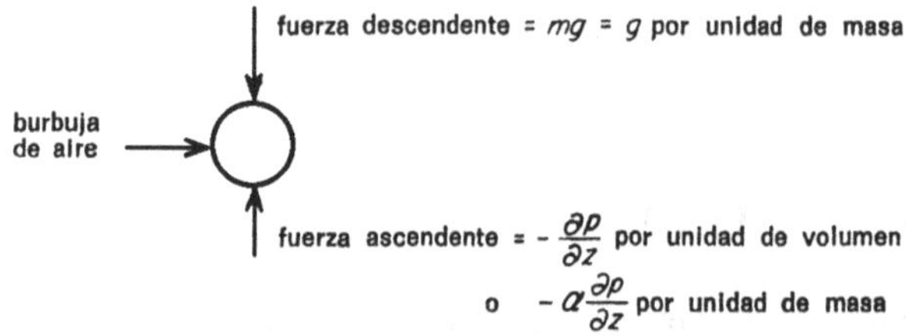

FIG. 3.1. Burbuja de aire en equilibrio hidrostático.

Gradiente adiabático seco

Cuando el aire seco experimenta una variación adiabática de presión:

$$c_p dT = \frac{R'T}{p} dp.$$

De modo que para el aire seco que asciende, expansionándose:

$$\frac{dT}{dz} = \frac{R'}{c_p} \frac{T}{p} \frac{dp}{dz}. \tag{3.5}$$

En una burbuja, o paquete de aire, no confinado, la presión se ajustará inmediatamente a la presión ambiental, de modo que:

$$\frac{dp}{dz} = \frac{\partial p}{\partial z} = -\rho' g, \tag{3.6}$$

donde ρ' representa la densidad del medio ambiente:

$$\rho' = \frac{p}{R'T'} \tag{3.7}$$

siendo T' la temperatura ambiente.

Combinando estas ecuaciones se obtiene:

$$\frac{dT}{dz} = -\frac{g}{c_p}\frac{T}{T'}.$$

Teniendo en cuenta que la temperatura de la burbuja no será muy distinta de la que exista en el ambiente, $T/T' \approx 1$, y el resultado anterior se simplifica:

$$\frac{dT}{dz} = -\frac{g}{c_p} \equiv -\Gamma, \tag{3.8}$$

donde $\Gamma = g/c_p = 0{,}98\ ^\circ\mathrm{C}/_{100\mathrm{m}} \approx 1\ ^\circ\mathrm{C}/100$ m, representa el *gradiante adiabático seco;* es, por tanto, la velocidad a la que disminuye la temperatura con la altura, en un proceso de ascensión adiabática. Puede demostrarse que el gradiente adiabático, para el aire húmedo (pero no saturado) es igual también a Γ, con bastante aproximación.

Empuje hidrostático sobre una burbuja de aire

Consideremos una burbuja, o paquete, de aire cuyo volumen sea V, esté a la temperatura T y tenga una densidad ρ. Dicha burbuja desplaza a un volumen igual de aire ambiental, a la temperatura T' y. densidad ρ'. La fuerza vertical, hacia abajo, que actúa sobre la burbuja es $\rho g V$; la análoga sobre el aire desplazado será $\rho' g V$. En cambio, la fuerza vertical hacia arriba es idéntica para la burbuja y para el aire desplazado, — $V(\partial p/\partial z)$. En consecuencia, el empuje neto vertical (hacia arriba) es $Vg(\rho' - \rho)$; de modo que por unidad de masa, el empuje hidrostático es

$$F_B = g\left(\frac{\rho' - \rho}{\rho}\right) = g\left(\frac{T - T'}{T'}\right). \tag{3.9}$$

Naturalmente, dicha fuerza es positiva cuando la burbuja se encuentra más caliente que el ambiente y negativa cuando está más fría. La fórmula (3.9) puede generalizarse al aire húmedo, para lo que bastará simplemente, sustituir la temperatura por la temperatura virtual.

Criterios de estabilidad para el aire seco

Una de las aplicaciones más frecuentes del gradiente adiabático seco, es con vistas al estudio de la estabilidad de las capas atmosféricas, frente al desplazamiento vertical de una burbuja. Si tras un pequeño desplazamiento vertical de la burbuja, ésta se encuentra sometida a una fuerza restauradora, que tiende a acelerarla hacia su posición original, la capa, o estrato, diremos que es estable; mientras que si después del desplazamiento, la burbuja se encuentra sometida a una fuerza que actúa en la misma dirección del desplazamiento, el estrato resulta ser inestable. De modo que el hecho de que una capa sea o no estable, depende del gradiente térmico ambiental, es decir de la disminución de la temperatura, con la altura, en dicha capa o estrato.

Consideremos un paquete de aire que inicialmente se encuentra a la temperatura ambiente T. Si es desplazado, adiabáticamente, hacia arriba, de una distancia Δz se enfriará en $\Gamma\Delta z$, y con ello su temperatura quedará reducida a $T - \Gamma\Delta z$. Designemos por γ al gradiente térmico ambiental, es decir

$$-\left(\frac{\partial T}{\partial z}\right) = \gamma,$$

que no debe ser confundido con un gradiente térmico correspondiente a un proceso. Al nivel Δz, por encima de la cota inicial en la que se encuentra la burbuja, la temperatura ambiente es $T - \gamma\Delta z$. En consecuencia, el exceso de temperatura de la burbuja, respecto al ambiente, será $\Delta z(\gamma - \Gamma)$. Cuando esta magnitud sea positiva, el paquete o burbuja estará más caliente que el aire situado a su alrededor y, según (3.9), será acelerado hacia arriba; en consecuencia el aire es inestable siempre que $\gamma - \Gamma > 0$. Viceversa, la burbuja estará sometida a una fuerza recuperadora (hacia abajo), siempre que $\gamma - \Gamma < 0$. En el caso particular de que suceda que $\gamma = \Gamma$, sobre la burbuja desplazada no actúa ningún empuje. Los criterios de estabilidad para el aire seco pueden ser resumidos así:

$\gamma < \Gamma$ ESTABLE $\quad$ $\gamma = \Gamma$ NEUTRO O INDIFERENTE $\quad$ $\gamma > \Gamma$ INESTABLE

Estos mismos criterios pueden expresarse también de otra forma, en función de la temperatura potencial. A partir de la ecuación de definición (1.24),

$$\frac{1}{\theta}\frac{\partial\theta}{\partial z}=\frac{1}{T}\frac{\partial T}{\partial z}-\frac{k}{p}\frac{\partial p}{\partial z}=\frac{1}{T}(\Gamma-\gamma), \tag{3.10}$$

donde hemos utilizado (3.1), (3.8) y la ecuación de estado. Por tanto, las condiciones de estabilidad pueden ser también expresadas de la siguiente forma:

$\dfrac{\partial\theta}{\partial z}>0$ ESTABLE

$\dfrac{\partial\theta}{\partial z}=0$ NEUTRO O INDIFERENTE

$\dfrac{\partial\theta}{\partial z}<0$ INESTABLE

El gradiente pseudoadiabático

Al derivar la (2.25), respecto a la altura, obtendremos para los procesos pseudoadiabáticos

$$\frac{dT}{dz}=\frac{kT}{p}\frac{dp}{dz}-\frac{L}{c_p}\frac{dw_s}{dz}. \tag{3.11}$$

Recurriendo a la ecuación hidrostática y a la de Clausius-Clapeyron, el resultado anterior puede reducirse a una expresión del gradiente pseudoadiabático (o adiabático saturado):

$$\Gamma_s\equiv-\frac{dT}{dz}=\Gamma\frac{\left[1+\dfrac{Lw_s}{R'T}\right]}{\left[1+\dfrac{L^2\varepsilon w_s}{R'c_pT^2}\right]}. \tag{3.12}$$

Se observa, a partir de la (3.12) que $\Gamma_s<\Gamma$, siempre que $L\varepsilon>c_pT$. Debido al elevado valor de L para el agua, en la atmósfera dicha desigualdad se satisface siempre.

Criterios de estabilidad para el aire húmedo

Cuando una burbuja saturada se desplaza hacia arriba, su temperatura disminuirá, pero lo hará al ritmo correspondiente al gradiente pseudoadiabático. Si el gradiente ambiental es superior al pseudoadiabático, la burbuja se encontrará más caliente que su entorno y resultará acelerada en la dirección de su desplazamiento. Dicho aire será inestable, respecto al desplazamiento pseudoadiabático de la burbuja. Considerando la posibilidad de que se produzca condensación, durante la ascención, caben cinco tipos de estabilidad para el caso del aire húmedo:

$\gamma < \Gamma_s$	ABSOLUTAMENTE ESTABLE
$\gamma = \Gamma_s$	NEUTRO O INDIFERENTE SATURADO
$\Gamma_s < \gamma < \Gamma$	CONDICIONALMENTE INESTABLE
$\gamma = \Gamma$	NEUTRO O INDIFERENTE SECO
$\gamma > \Gamma$	ABSOLUTAMENTE INESTABLE

Inestabilidad convectiva

El peso de una columna de aire, de sección transversal unidad, que se extiende desde una cota donde la presión es p_1 hasta otra donde vale p_2, es igual a $(p_1 - p_2)$. Vamos a considerar desplazamientos verticales de tal columna, en el supuesto de que su peso se mantiene constante. (Como g puede considerarse constante, con aceptable aproximación, esto equivale a decir que los desplazamientos verticales tienen lugar sin que varíe la masa). En tal caso, $\Delta p = p_1 - p_2$ es constante.

En virtud de la ecuación hidrostática, la altura de la columna y su espesor medido en diferencia de presión, están relacionados por $\Delta p = g\bar{\rho}\Delta z$, siendo $\bar{\rho}$ la densidad media del aire en la columna. Como la densidad, ρ, disminuye con la altura, es evidente que el ascenso de la columna debe llevar consigo un alargamiento de la misma, mientras que una contracción acompañará al descenso. Generalmente la estabilidad del aire viene afectada por este tipo de proceso.

Consideremos, en primer lugar, el caso del aire seco; antes del desplazamiento la estabilidad viene medida por $\partial\theta/\partial z$, de acuerdo con el criterio establecido anteriormente. Sucede que a lo largo de un pequeño intervalo de altura, ∂z, la temperatura potencial varía en $\delta\theta = (\partial\theta/\partial z)\delta z$; para este estrato elemental, $\delta\theta$ permanece constante en los desplazamientos adiabáticos. No obstante, cuando el estrato sube, con todas las condiciones restrictivas supuestas, δz aumentará, a consecuencia del alargamiento, que como vimos tiene lugar, y de esto se deduce que $(\partial\theta/\partial z)$ debe disminuir. Por otra parte, si la columna de aire desciende $\partial\theta/\partial z$ debe aumentar; una excepción se da en el caso de que el aire se encuentre en condiciones de neutralidad, pues entonces sucede que $(\partial\theta/\partial z) = 0$, antes y después del desplazamiento.

Estos resultados ponen de manifiesto que el ascenso no afecta la estabilidad de un estrato en el que inicialmente exista estabilidad neutra. Una capa, inicialmente inestable, pierde, en cambio, parte de su inestabilidad; mientras que otra que sea inicialmente estable, resulta tras el ascenso, menos estable. En una palabra, la ascensión hace que el gradiente térmico tienda hacia el gradiente adiabático seco. Lo contrario tiene lugar cuando un estrato desciende, pues en tal caso su gradiente térmico se aleja cada vez más del adiabático.

Este efecto puede comprenderse fácilmente mediante un diagrama termodinámico. En la figura 3.2 puede verse un estrato de 100 mb de espesor, antes y después del ascenso, para las tres posibles condiciones de estabilidad. Es digno de subrayar que un aire, inicialmente estable, sigue siéndolo tras el ascenso.

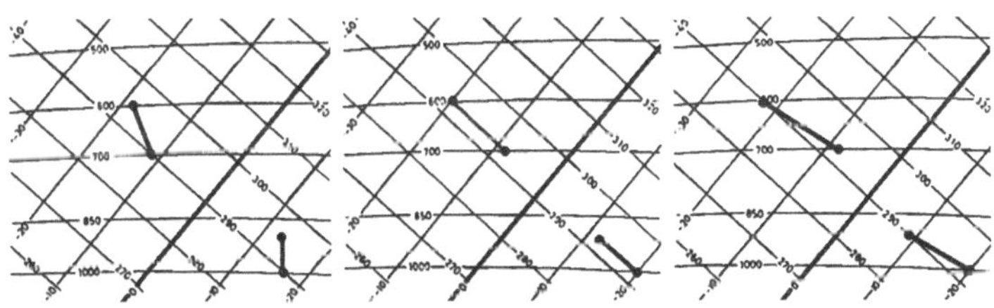

FIG. 3.2. Efecto de la ascensión sobre la estabilidad de un estrato (caso de aire seco).

La ascensión de una columna de aire húmedo, hasta que resulta totalmente saturada, también afecta a su estabilidad, pero existe una notable diferencia entre el aire seco y el húmedo, y es que este último, supuesto inicialmente estable, puede llegar a ser absolutamente inestable o condicionalmente inestable, por la ascención. Como puede verse en la figura, esto no ocurre con el aire seco.

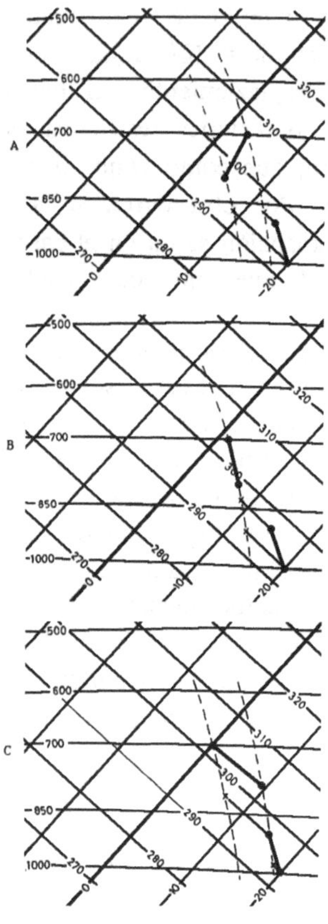

FIG. 3.3. Explicación del criterio para la inestabilidad convectiva. En cada caso el estrato, situado entre 900 y 1000 mb es elevado a 700 mb, produciéndose condensación en toda la masa del aire ascendente. En el caso A, $\partial\theta_w/\partial z > 0$ y el ascenso, hasta determinar la condensación produce una estabilización del estrato. En el caso B, existe estabilidad neutra convectiva, con $\partial\theta_w/\partial z = 0$. El caso C, con $\partial_w\theta/\partial z < 0$, es convectivamente inestable.

De una columna de aire que se ha transformado en inestable, mediante un proceso ascencional hasta alcanzar la saturación, se dice que es convectivamente inestable. (Algunos textos usan la expresión potencialmente inestable). Los criterios de estabilidad convectiva pueden expresarse en función del gradiente de la temperatura potencial del termómetro húmedo.

$$\frac{\partial \theta_w}{\partial z} > 0 \qquad \text{CONVECTIVAMENTE ESTABLE}$$

$$\frac{\partial \theta_w}{\partial z} = 0 \qquad \text{CONVECTIVAMENTE NEUTRO}$$

$$\frac{\partial \theta_w}{\partial z} < 0 \qquad \text{CONVECTIVAMENTE INESTABLE}$$

Estos criterios se comprenden mejor refiriéndolos al tefigrama (Fig. 3.3).

La inestabilidad convectiva se refiere al ascenso de capas o estratos, y no debe ser confundida con la inestabilidad condicional que se aplica a estratos fijos, que no se desplazan. Una capa que es condicionalmente inestable, no tiene por qué ser convectivamente inestable, como tampoco un estrato convectivamente inestable tiene que ser, necesariamente, condicionalmente inestable.

Problemas

1. La "atmósfera homogénea" es una atmósfera teórica a través de la cual la densidad se mantiene constante. Contrariamente a lo que ocurre con la real, la atmósfera homogénea tiene un "tope o cima" perfectamente definido, donde la presión se anula. Deducir expresiones para:
   (a) el gradiente térmico en una atmósfera homogénea seca;
   (b) la altura de la cima de tal atmósfera.

2. Otra atmósfera teórica, algo más general, es la que tendría un gradiente térmico constante, $\partial T/\partial z = -B$. En una atmósfera de este tipo, deducir expresiones para
   (a) la temperatura potencial en función de la altura;
   (b) volumen específico en función de la altura.

3. El geopotencial $\psi(h)$ se define como la energía potencial que tendría la unidad de masa, situada en la cota h, en relación a una superficie de nivel de referencia que, generalmente, es el nivel del mar. De tal definición se deduce que $d\psi = g\,dz$ y $\psi(h) = \int_0^h g\,dz, = gh$ en el supuesto de que establezcamos que $\psi(0) = 0$. Demostrar que el potencial correspondiente a un nivel p, vendrá dado por

   $$\psi(p) = R'\overline{T}_v \ln(p_0/p),$$

   donde $\psi(p_0) = 0$.

4. En una capa de aire situada junto al suelo, se encuentra que la temperatura disminuye con la altura a razón de 2,5 $^{\circ}C/100$ m. Una burbuja de aire, situada en la base de dicha capa, cuya temperatura es de 280 K, recibe un impulso

vertical ascendente inicial que le imprime una velocidad de 1 m/s. En el supuesto de que la burbuja asciende en un proceso adiabático seco, sin encontrar ninguna resistencia de fricción, demostrar que transcurrido un minuto, se encuentra a unos 80 metros sobre el suelo, ascendiendo a una velocidad de 2,1 m/s.

5. En la regiones costeras, a primeras horas de la tarde, se establece una brisa de mar, al estar el aire junto al suelo más caliente que sobre el agua. El aire frío tiende a desplazarse hacia la tierra a todas las alturas donde exista un gradiente horizontal de presión dirigido hacia el mar. La cima hasta la que se produce la brisa marina, puede considerarse como la altura a la cual dicho gradiente de presión se anula. En el supuesto de que la presión superficial sobre el mar es 2 mb. superior que sobre la tierra, y que la diferencia de temperatura es de 5 °C, calcular la altura hasta la que se extiende la brisa. Tómese como presión superficial la de 1000 mb y, para simplificar, admítase que tanto sobre la tierra, como en el mar, el perfil de temperatura es isotermo. La temperatura superficial en tierra es de 15 °C.

CAPÍTULO 4

MEZCLA Y CONVECCIÓN

Mezcla de masas de aire

(*a*) *Mezcla isobárica*

Consideremos dos masas de aire húmedo a la presión p: la primera de masa M_1 temperatura T_1 y humedad específica q_1, y la segunda con masa M_2, temperatura T_2 y humedad específica q_2. Supongamos que dichas masas se mezclan completamente, a presión constante.

La humedad específica de la mezcla resultante vendrá dada por una media, ponderada en masa, entre las humedades específicas individuales.

$$q = \frac{M_1}{M_1 + M_2} q_1 + \frac{M_2}{M_1 + M_2} q_2. \tag{4.1}$$

A partir de (2.12) y (2.13) se deduce que, con buena aproximación, la razón de mezcla y la presión de vapor de la mezcla, resultarán también de una media ponderada.

$$w \approx \frac{M_1}{M_1 + M_2} w_1 + \frac{M_2}{M_1 + M_2} w_2 \tag{4.2}$$

$$e \approx \frac{M_1}{M_1 + M_2} e_1 + \frac{M_2}{M_1 + M_2} e_2. \tag{4.3}$$

Suponiendo que no hay ganancia, ni pérdida, neta de calor durante el proceso de mezcla, la cantidad de calor perdido por la masa más caliente será igual a la ganada por la otra. Es decir, si T representa la temperatura final de la mezcla:

$$M_1(c_p + w_1 c_{pv})(T_1 - T) = M_2(c_p + w_2 c_{pv})(T - T_2).$$

Despreciando, en este balance, la pequeña contribución del vapor de agua:

$$T \approx \frac{M_1}{M_1 + M_2} T_1 + \frac{M_2}{M_1 + M_2} T_2, \tag{4.4}$$

lo que demuestra que la temperatura de la mezcla resulta ser una media ponderada de las temperaturas de las dos muestras de aire.

Este tipo de proceso de mezcla viene descrito fácilmente mediante un diagrama higrométrico, que es una representación de e en función de T (ver fig. 4.1). Como se indica en la figura, cada una de las dos muestras que van a mezclarse viene representada por un punto, mediante dichas coordenadas; las ecuaciones (4.3) y (4.4) implican que la temperatura y presión de vapor de la mezcla se situarán sobre algún punto de la recta que une a los otros dos. Tal posición dependerá de la relación entre M_1 y M_2; por ejemplo, si se mezclan 4 kg. de la muestra 1, con 3 kg. de la muestra 2, el punto característico de la mezcla se sitúa a los 4/7 de la distancia entre el punto 2 y el 1, contada a partir del punto 2, como se indica.

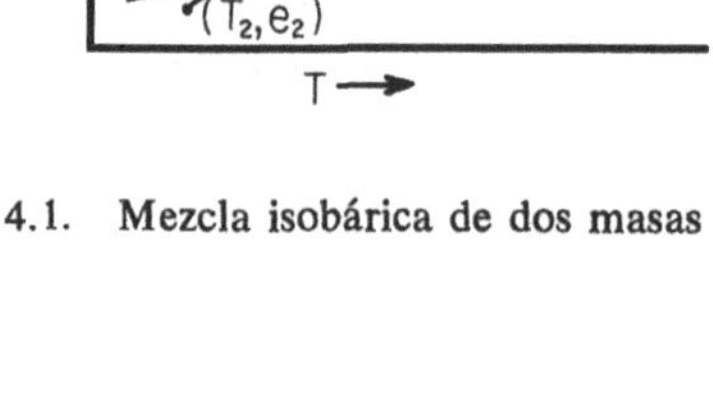

FIG. 4.1. Mezcla isobárica de dos masas de aire.

La línea continua, e_s corresponde a la presión de vapor de saturación, que, de acuerdo con la ecuación de Clausius-Clapeyron, es sólo función de la temperatura (2.10). Cuando se mezclan masas de aire, en las condiciones supuestas, cabe la posibilidad de que la mezcla resultante sea sobresaturada, es decir, con una humedad por encima del 100 %. En tal caso, se produce condensación, y se forma una nube en la mezcla.* El diagrama higrométrico ilustra, también en este caso, el proceso que tiene lugar.

En el ejemplo anterior, la mezcla está sobresaturada, y por tanto tendrá lugar la condensación; ésta continuará hasta que la mezcla resulte justamente saturada. Esto no ocurrirá a la temperatura T, puesto que durante la condensación, la mezcla se irá calentando debido al calor latente de condensación. Como la razón de mezcla disminuye en dw, durante la condensación, el calor latente determinará un calentamiento dado aproximadamente, por:

$$dq = -Ldw. \tag{4.5}$$

Introduciendo la (2.12), para expresar w en función de e, y suponiendo que el proceso es isobárico, resulta:

$$\frac{de}{dT} = -\frac{pc_p}{L\varepsilon}, \tag{4.6}$$

que da la pendiente de la línea que, en el diagrama higrométrico, nos describe el proceso de condensación isobárica. La intersección de esta línea, con la curva e_s, define un punto, de coordenadas T' y e', que corresponde a la mezcla de las dos masas de aire, tras haberse producido la condensación.

(*b*) *Mezcla adiabática*

Supongamos que las dos masas de aire, antes consideradas, están inicialmente a presiones distintas, y que su mezcla tiene lugar después que cada una de ellas ha sido llevada, adiabáticamente, hasta la misma presión. Lo mismo que antes, la humedad específica de la mezcla vendrá dada por (4.1). Por otra parte, en este proceso de mezcla adiabática, la temperatura potencial de la mezcla resulta ser también una media ponderada de las temperaturas potenciales individuales, de la misma forma que las temperaturas estaban relacionadas por (4.4).

En consecuencia, cuando una columna de aire está completamente mezclada,

* A partir de que el aliento se hace visible, en tiempo frío, y utilizando un razonamiento similar al descrito en la figura 4.1, el geólogo escocés James Hutton, en 1784, dedujo la forma de la curva con la concavidad hacia arriba, que un siglo después era explicada y descrita por la ecuación de Clausius-Clapeyron. Ésta y otras curiosidades históricas, de la física de las nubes, han sido descritas en un libro, por Middleton (1966).

la humedad específica tenderá a alcanzar un valor constante, en toda ella, dado por

$$q_m = \frac{1}{M} \int_{z_1}^{z_2} \rho q dz,$$

donde $M = \int_{z_1}^{z_2} \rho dz$, es la masa total de la columna.

Mediante la ecuación hidrostática, la última expresión puede escribirse en función del espesor de la columna expresado en presión, lo que conduce a

$$q_m = \frac{1}{\Delta p} \int_{p_2}^{p_1} q dp. \tag{4.7}$$

Análogas expresiones pueden escribirse para la razón de mezcla y la presión de vapor de las masas mezcladas.

La temperatura potencial de dicha mezcla tiende a un valor constante de

$$\theta_m = \frac{1}{\Delta p} \int_{p_2}^{p_1} \theta dp. \tag{4.8}$$

Mediante una mezcla total, el gradiente térmico en una columna vertical tiende al gradiente adiabático seco y la razón de mezcla a un valor constante; los valores límites de la temperatura potencial y de la razón de mezcla son promedios, respecto a la presión.

Nivel de condensación por convección

La mezcla vertical de una columna de aire junto al suelo, tiene lugar a consecuencia del calentamiento producido por el sol en la superficie terrestre. El calor pasa, por conducción, del suelo a la capa de aire en contacto con aquél, dando lugar a un fuerte gradiente de temperatura en las capas de aire inferiores. Cuando el gradiente térmico llega a ser superadiabático, cualquier pequeña perturbación dará lugar a movimientos verticales del aire, en dichas capas, produciéndose la consiguiente mezcla y subversión. En la capa de mezcla, el perfil de temperaturas tenderá al correspondiente al adiabático seco y la razón de mezcla se aproximará, en toda la columna, a su valor medio respecto a la presión. Si el fuerte calentamiento, sobre la superficie terrestre, continúa, tal calor, transportado por convección hacia arriba, determinará un aumento de la temperatura potencial del aire, en toda la capa o zona de mezcla. Este proceso viene indicado, esquemáticamente, en la figura 4.2.

La línea continua gruesa corresponde al perfil inicial de temperatura, con T_0 como valor de la temperatura junto al suelo; el calentamiento eleva esta temperatura, y da lugar a que temporalmente, se establezca un gradiente superadiabático; éste ocasiona la convección, mediante la cual tiende a producirse un gradiente adiabático seco, con una temperatura en superficie, igual a T_1. Un calentamiento adicional, eleva la temperatura y aumenta el espesor de la capa de

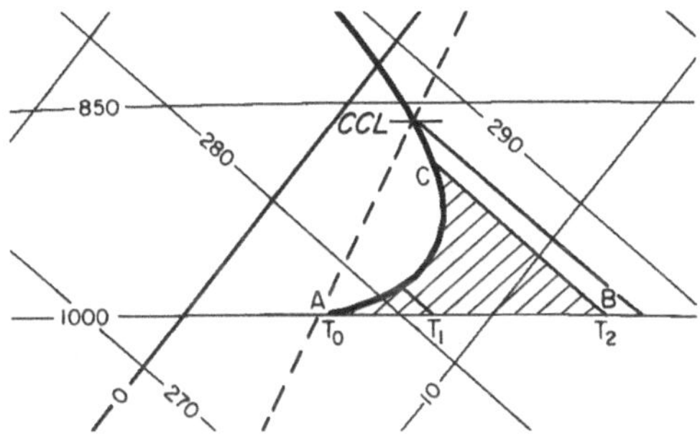

FIG. 4.2. Ejemplo de cómo se determina el nivel de condensación por convección.

mezcla; eventualmente, la temperatura superficial alcanza el valor T_2, y el calor total aportado por la convección es proporcional al área rayada ABC. Entretanto, la razón de mezcla se ha hecho prácticamente constante, hasta la cota correspondiente al punto C, e igual al valor medio en la capa; la línea de trazos indica el perfil de T_d, supuesta w constante. Se observa que un pequeño calentamiento adicional, dará lugar a una elevación de la cima de la capa de mezcla, hasta el punto en que la adiabática corta a la línea de vapor; a esta altura, denominada nivel de condensación por convección (CCL), es donde cabe esperar se produzca la condensación y se encuentre la base de las nubes cumuliformes. Si el aire es condicionalmente inestable, por encima del CCL, proseguirá la ascensión de los elementos convectivos, pero el descenso de temperatura, a partir de tal nivel, tendrá lugar de acuerdo con el gradiente pseudoadiabático. Esta descripción esquemática ilustra el principio de acuerdo con el cual tiene lugar la formación de nubes por convección, pero el proceso real resulta, frecuentemente, complicado por el hecho de que el calentamiento superficial determina evaporación adicional, y con ello da lugar a un aumento de la razón de mezcla, con el consiguiente descenso del nivel de condensación convectiva, CCL.

Además del CCL, y relacionado con él, cabe definir el nivel de condensación por ascendencia (LCL), que es el nivel al que una burbuja que asciende desde el suelo, en un proceso adiabático seco, alcanza, justamente, su saturación. Dicho nivel, LCL, depende exclusivamente de las propiedades de la burbuja de aire, junto a la superficie, sin tener en cuenta la existencia de ninguna mezcla vertical. En las condiciones bajo las que se observa la formación de los cúmulos, los niveles LCL y CCL, prácticamente, coinciden, con frecuencia entre sí, debido a que el aire por debajo de la nube, está bien mezclado.

Contenido acuoso adiabático

Consideremos una burbuja de aire, situada en la base de la nube, y que contiene un gramo de aire seco y w_s gramos de vapor; (w_s es la razón de mezcla de saturación, a la temperatura y presión existentes en la base de la nube). Cuando la burbuja asciende una pequeña altura dz, la razón de mezcla de saturación disminuye, a su vez, en dw_s; es decir, para seguir estando justamente saturada, en la burbuja condensan $-dw_s$ gramos de agua. Por lo tanto se condensarán

$$-\frac{dw_s}{1+w_s} = d\chi$$

gramos de agua, por gramo de aire. A la vez que esta condensación, tiene lugar un desprendimiento de calor latente (por gramo de aire) en cantidad igual a

$$dq = -\frac{L}{1+w_s}\, dw_s.$$

Pero como $dq = c_p dT - \alpha dp$, resulta que $d\chi = (1/L)[c_p dT - \alpha dp]$. Este resultado puede escribirse en la forma

$$d\chi = \frac{1}{L}\left[c_p \left(\frac{dT}{dz}\right)_{\text{sat.}} dz - \alpha \frac{dp}{dz}\, dz\right],$$

que se reduce a

$$d\chi = \frac{c_p}{L}(\Gamma - \Gamma_s)dz. \qquad (4.9)$$

La magnitud χ que aquí figura, se denomina contenido acuoso adiabático del aire, y se expresa en gramos de agua por unidad de masa de aire; representa el contenido en agua de la nube, bajo el supuesto de que no tiene lugar mezcla en el proceso de ascención de la burbuja con el aire y que por otra parte, toda el agua queda en la nube, sin que por tanto, escape parte de ella para formar precipitación. Se trata de un concepto que nos suministra una estimación muy útil acerca del límite superior, en relación al posible contenido acuoso de la nube.

Con frecuencia, resulta más conveniente medir el contenido acuoso adiabático, en gramos por unidad de volumen de aire, en lugar de por unidad de peso. En tal caso la magnitud se designa por M_a y está relacionada con χ por

$$M_a = \rho\chi.$$

La ecuación diferencial correspondiente a M_a, análoga a la (4.9), es:

$$\frac{dM_a}{dp} = \frac{M_a}{p}\left[1 - k\frac{\Gamma_s}{\Gamma}\right] - \frac{1}{L}\left[1 - \frac{\Gamma_s}{\Gamma}\right]. \qquad (4.10)$$

Aunque en principio, la dependencia de Γ_s, respecto a la temperatura, puede obtenerse a partir de (3.12) y (4.10), resuelta para M_a, en la práctica para estimar el contenido acuoso adiabático, se recurre a la utilización de un tefigrama, más que a las ecuaciones.

Convección: teoría elemental de la burbuja

El término convección se refiere a los movimientos verticales de elementos de aire; tales movimientos pueden tener lugar bajo la influencia de fuerzas de empuje hidrostático o impulsos mecánicos, y son el medio de que dispone la atmósfera, para que en su seno tenga lugar un transporte eficiente de calor, masa y cantidad de movimiento. Resulta de un interés especial, la convección por empuje hidrostático, ya que gracias a este proceso tiene lugar la formación de los cúmulos o nubes convectivas. La convección por empuje hidrostático representa una conversión de energía potencial en cinética, y es de esperar se produzca siempre que el calentamiento junto a la superficie terrestre, o el enfriamiento en capas superiores, dé lugar a la inestabilización de una capa de aire.

En el Capítulo 3, se dieron los criterios de estabilidad; asimismo, en un apartado anterior del presente capítulo, se ha hecho una descripción de la forma en que la convección modifica el gradiente térmico del aire inestable, por efecto del transporte hacia arriba de calor. Sin embargo, no se tuvo en consideración la estructura real del campo de movimientos verticales, y son de gran importancia tanto el tamaño y forma de los elementos sometidos al empuje ascensional, como sus propias velocidades e interacciones con el aire que los rodea. Un gran número de investigadores a lo largo de los últimos cien años han estudiado, teórica y experimentalmente desde diversos puntos de vista, tales detalles relativos a la convección.

En primer lugar el interés se centró en el estudio del campo de movimiento que se establece en un fluido incompresible, calentado uniformemente por su base inferior. Más tarde, el estudio se extendió considerando el efecto del movimiento uniforme, con cizalla, del fluido sobre la superficie calentada. Más recientes experiencias de laboratorio, relativas a la convección en fluidos, han permitido encontrar sorprendentes analogías con las nubes cumuliformes en la atmósfera, y han conducido al hallazgo de teorías de la convección que permiten interpretar algunas de las características observadas en las nubes. Las mismas nubes han podido ser investigadas mediante fotografías discontinuas, aviones dotados de medios de observación y radar, hasta obtener una idea del carácter del flujo de aire, dentro de la convección natural. Recientemente, mediante técnicas perfeccionadas para el sondeo a distancia de la atmósfera, con ondas acústicas o electromagnéticas, se ha logrado, incluso, el estudio de tipos o modelos de convección en el aire en ausencia de nubes. La mayor parte de estos trabajos, aunque de indudable interés para la física de las nubes, queda fuera del propósito de este libro; no obstante, en este apartado y el siguiente, serán presentados algunos aspectos de la física de la convección, y en capítulos posteriores se tratará de la observación de las nubes, así como de la simulación numérica de las mismas. Al lector interesado en estos temas se le recomienda la obra de Scorer (1958), *Natural Aerodinamics,* donde encontrará una visión asequible de la dinámica de la convección, así como el texto de Battan (1973), *Radar Observations of the Atmosphere,* que contiene un resumen de los estudios, llevados a cabo con radar, acerca de la convección en aire claro (sin nubes).

La forma más elemental para encontrar la velocidad vertical de un elemento convectivo, se basa en la (3.9), que expresa el empuje hidrostático sobre una burbuja de aire. Se supone que tal burbuja, o elemento flotante de aire de tamaño y forma cualquiera, mantiene su propia individualidad durante los procesos termodinámicos; que en ninguna forma perturba o interacciona con el aire ambiente; que tiene en toda su masa propiedades uniformes y que su presión se ajusta instantáneamente a la del medio ambiente. A partir de la (3.9), su ecuación de movimiento será:

$$\frac{d^2z}{dt^2} = gB, \tag{4.11}$$

donde

$$B = \frac{T - T'}{T'} \tag{4.12}$$

representa el término de empuje hidrostático. Introduciendo $w = dz/dt$, como velocidad vertical, la (4.11) se convierte en

$$wdw = gBdz, \tag{4.13}$$

que por integración respecto a la altura nos dará:

$$w^2 = w_0^2 + 2g\int_{z_0}^{z} B(z)dz, \tag{4.14}$$

siendo w la velocidad a la altura z, y w_0 a la z_0.

Recurriendo a la ecuación hidrostática, la integral $\int_{z_0}^{z} gBdz$ resulta ser igual a $R' \int (T - T')d(\ln p)$. Este resultado, en un diagrama termodinámico, representa el área limitada por la curva representativa del proceso de la temperatura de la burbuja y la del perfil de la temperatura ambiente, desde la presión $p(z_0)$, ascendiendo, hasta la $p(z)$. Tal área es proporcional al aumento de energía cinética de la burbuja flotante, entre z_0 y z; se conoce con el nombre de "área positiva" del sondeo.

La velocidad predicha por la (4.14), probablemente, resulta demasiado alta por las siguientes razones:

1. No se ha tenido en cuenta el arrastre aerodinámico.
2. Se ha despreciado la posible mezcla con el aire ambiental.
3. No se han tenido en cuenta los movimientos descendentes compensantes que pueden tener lugar en el aire de alrededor.
4. Se ha despreciado el peso del agua condensada, parte de la cual es arrastrada por la burbuja en su ascenso.

En consecuencia, el valor de w, en la (4.14), debe ser interpretado tan sólo como un valor límite superior, para la velocidad vertical, de que está animada la burbuja en su ascenso convectivo.

Modificación de la teoría elemental

Con objeto de obtener una descripción más correcta del comportamiento de los elementos convectivos o "térmicas", la teoría elemental de la burbuja ha sido modificada en varios aspectos, en parte como un intento de superar los defectos de la teoría elemental señalados. En este apartado vamos a esquematizar algunas de tales modificaciones.

(*a*) *El peso del agua condensada*

El empuje hidrostático, por unidad de masa de aire es gB, para aire seco, donde B viene dado por la (4.12); para el húmedo valdrá la misma expresión, con la salvedad de emplear la temperatura potencial en lugar de la corriente. La presencia de agua condensada en la burbuja, en forma de gotitas nubosas o de precipitación, da lugar a una fuerza vertical, hacia abajo, igual al peso de aquéllas. En tal caso el factor empuje hidrostático B, se convierte en

$$B = \frac{T}{T'} - (1 + m), \tag{4.15}$$

donde m representa la "razón de mezcla", en masa por *unidad de masa de aire* en la fase *condensada.* Para el caso de una expansión adiabática sin mezcla y despreciando la precipitación, $m = \chi$, contenido acuoso adiabático dado por la (4.9). La (4.15) parte del supuesto de que no existe condensación en el aire ambiente, alrededor de la térmica; circunstancia que no se dará en el caso de que la térmica ascienda a través de una nube. Si tenemos en cuenta tal posibilidad, se obtiene una expresión más general para el valor de B

$$B = \frac{T}{T'}(1 + m') - (1 + m), \tag{4.16}$$

donde m' es la razón de mezcla, de la fase condensada, en el aire ambiente.

(*b*) *Compensación por posibles movimientos descendentes*

Siempre que se produce el movimiento vertical ascendente de una térmica, en virtud del requisito impuesto por la ecuación de continuidad de la masa, en alguna parte otra masa de aire debe descender, para ocupar el volumen desalojado por la burbuja ascendente. Si el descenso tiene lugar en aire claro, libre de nubes, la masa descendente se calentará, de acuerdo con el gradiente adiabático seco. Por tanto, el aire a través del cual la térmica asciende puede ver su temperatura afectada por dicho descenso adiabático, y tales cambios de temperatura afectarán a su vez al factor B, que expresa el efecto del empuje hidrostático.

Para tener en cuenta este efecto del aire ambiente descendente, existe un método de análisis de estabilidad denominado del "estrato"; en tal método se centra la atención en lo que sucede en un estrato horizontal, a través del cual las térmicas suben y el aire ambiente desciende. El área ocupada por las térmicas será designada por A, y el resto, en que el aire es descendente, es designado por A'. La masa de aire, en el flujo ascendente a través del estrato, es $\rho w A$, donde w es la velocidad de las térmicas; la masa del flujo descendente es $\rho' A' w'$. Se supone que el estrato es lo bastante extenso, para que los dos flujos sean iguales, y por lo tanto

$$\frac{A}{A'} = \frac{\rho' w'}{\rho w} \approx \frac{w'}{w} \qquad (4.17)$$

donde hemos supuesto que $\rho' \approx \rho$.

Supondremos, además, que el aire descendente se calienta de acuerdo con el gradiente adiabático seco, mientras que el que sube se enfría según el pseudoadiabático. En consecuencia, tras un corto intervalo de tiempo dt, el aire que llega al estrato, procedente de abajo, tendrá una temperatura dada por $T_0 + \gamma w dt - \Gamma_s w dt$, donde T_0 es la temperatura inicial del estrato, Γ_s el gradiente pseudoadiabático, y γ el gradiente térmico ambiental. El aire que llega al estrato, procedente de arriba, tendrá una temperatura $T_0 - \gamma w' dt + \Gamma w' dt$. La situación resulta inestable cuando esta última es menor que la de la térmica; así pues, en caso de inestabilidad tendremos:

$$(\gamma - \Gamma_s) w > (\Gamma - \gamma) w'$$

o, en virtud (4.17),

$$(\gamma - \Gamma_s) A' > (\Gamma - \gamma) A. \qquad (4.18)$$

En el caso límite, cuando A tiende a cero, el resultado anterior coincide con el criterio de inestabilidad, dado anteriormente, para una burbuja elemental.

Con los mismos razonamientos del método del estrato, se observa que las condiciones de estabilidad neutra tendrán lugar cuando

$$\frac{\gamma - \Gamma_s}{\Gamma - \gamma} = \frac{A}{A'}.$$

Si $A/A' > 0$, es decir si la extensión horizontal de las térmicas no resulta despreciable, la ecuación anterior sólo puede satisfacerse cuando $\gamma > \Gamma_s$. Lo que equivale a decir que el gradiente térmico ambiental debe ser más acusado, en caso de inestabilidad, cuando son tenidos en cuenta los movimientos descendentes compensantes, que cuando no lo sean y se consideren despreciables.

(*c*) *Dilución por mezcla*

Es evidente que cuando un elemento de aire, o burbuja, asciende es de esperar que tendrá lugar algo de mezcla con el ambiente, a través de su contorno. Como el aire ambiente está, por lo general, más frío y seco que la burbuja ascendente, el efecto de la mezcla será doble, por un lado tendiendo a disminuir el empuje hidrostático que actúa sobre la térmica y por otro a reducir el valor de su razón de mezcla. Este tipo de mezcla se conoce con el nombre de "efecto de arrastre", y se ha desarrollado una teoría para tener en cuenta sus consecuencias termodinámicas.

Consideremos una masa de aire nuboso de masa m, que contiene aire seco, vapor de agua y agua condensada. Al ascender a través de una altura dz, una masa dm, del aire exterior es arrastrada. Sea T la temperatura del aire nuboso, y T' la del ambiente. La cantidad de calor necesaria para calentar el aire arrastrado, es

$$dQ_1 = c_p(T - T')dm,$$

despreciando el contenido calorífico del vapor y del agua, frente al del aire seco.

A continuación, supondremos que de la fase condensada, se evapora justamente la cantidad precisa para que la mezcla se mantenga saturada; el calor necesario para dicha evaporación es

$$dQ_2 = L(w_s - w')dm,$$

donde w' representa la razón de mezcla del aire arrastrado.

Por otra parte, en el ascenso, se produce condensación, con el consiguiente desprendimiento de calor, dado por

$$dQ_3 = -mLdw_s.$$

Durante el proceso, el paquete nuboso como tal, pierde calor en la cuantía de $dQ_1 + dQ_2$, por una parte, y gana por otra, dQ_3; en consecuencia, en virtud del primer principio de la termodinámica:

$$m\left(c_p dT - R'T\frac{dp}{p}\right) = -(dQ_1 + dQ_2) + dQ_3.$$

Dividiendo ambos miembros por mc_pT, y recurriendo a la (1.25), se deduce que en un proceso de arrastre, se cumple:

$$\frac{d\theta}{\theta} = -\frac{L}{c_pT}dw_s - \left[B + \frac{L}{c_pT}(w_s - w')\right]\frac{dm}{m} \qquad (4.19)$$

Cuando no exista efecto de arrastre ($dm = 0$), el resultado anterior queda reducido a una expresión que nos da la variación de temperatura potencial que tiene lugar en el proceso pseudoadiabático, como era de esperar. Dado que el término en el interior del corchete es siempre positivo, en los casos de interés, resulta que la temperatura disminuye a un ritmo más rápido, cuando se tiene en consideración el efecto de arrastre que cuando es despreciado. Lo que equivale a decir, que el efecto de flotación, o empuje hidrostático, viene debilitado por el de arrastre, como habíamos adelantado.

(*d*) *Resistencia aerodinámica: la teoría de la burbuja, chorros y penachos*

En la figura 4.3 damos el esquema de una térmica idealizada; está basado primordialmente en estudios llevados a cabo en el laboratorio acerca de la convección, aunque también tiene un parecido con las térmicas atmosféricas que aparecen en forma de protuberancias o "torres" observadas en nubes cumuliformes.

Tales térmicas parecen tener la propiedad de conservar su forma, es decir, mantener una similaridad geométrica durante gran parte del período de su desarrollo. Para explicar algunas de sus principales características, existe una teoría,

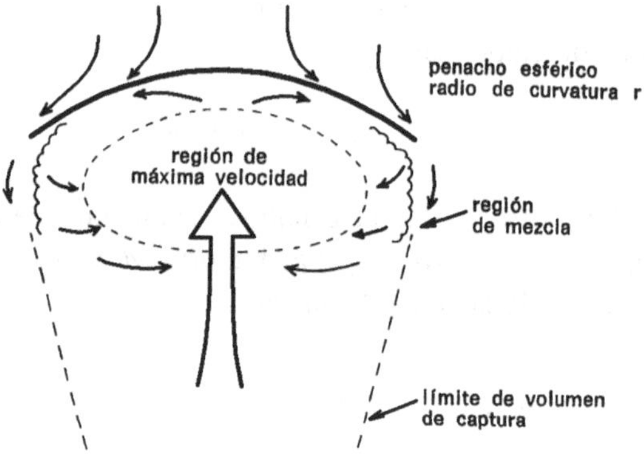

FIG. 4.3. Estructura de una burbuja convectiva.

basada en el análisis dimensional, en la que se establece que la velocidad vertical de la burbuja depende de su tamaño y del empuje hidrostático, de acuerdo con la siguiente relación

$$w = c(g\bar{B}r)^{1/2}, \tag{4.20}$$

donde w es la velocidad ascendente de su contorno superior, cima o penacho, $\bar{B}$ el valor medio del factor de empuje dentro de la burbuja, r el radio de curvatura del contorno superior y c una constante sin dimensiones que debe de ser determinada experimental o teóricamente. Por razones de similitud, la altura del penacho sobre el suelo puede expresarse por $z = nr$, y el volumen de la térmica por $V = mr^3$, donde n y m son constantes adimensionales a determinar. Se supone que el empuje ascencional total (producto de B por V) se conserva. Por tanto, en cualquier instante

$$V\bar{B} = V_0\bar{B}_0,$$

donde V_0 y $\bar{B}_0$, son el el volumen y empuje iniciales.

Con estos supuestos, la (4.20), puede escribirse:

$$w = cn(gr_0^3\bar{B}_0)^{1/2}/z.$$

que tras una integración se reduce a

$$z^2 = 2cn\sqrt{\beta/m}\,t, \tag{4.21}$$

donde $\beta = g\bar{B}_0 V_0$. Experiencias de laboratorio confirman la (4.21), con $m \approx 3$, $n \approx 4$ y $c \approx 1{,}2$.

En la atmósfera, las nubes cumuliformes resultan más complejas que las simples burbujas, producidas en el laboratorio y para cuya interpretación fue elaborada esta teoría. No obstante, es evidente que las torres esféricas individuales presentes en los cúmulos, sugieren fuertemente la idea de burbujas, y hasta cierto punto, su comportamiento parece estar en buen acuerdo con la teoría elemental. Su velocidad está íntimamente ligada a la estabilidad del aire y al tamaño y estado de desarrollo global de la nube, sin que pueda ser previsto para todas las nubes y para todas las ocasiones, mediante el conjunto de parámetros dado anteriormente. Esta teoría elemental incluso permite darnos una idea acerca de la interacción que cabe esperar entre las térmicas en las nubes cumuliformes. En virtud de esta ley de dependencia, de la altura y del tamaño, con la raíz cuadrada del tiempo, que hemos encontrado, sucederá que las sucesivas térmicas, surgidas del mismo lugar, tenderán a juntarse entre sí, determinando con ello un aumento del empuje y de la velocidad ascensional de la térmica global. Cuando las térmicas individuales, se suceden con gran continuidad, la convección que se produce toma la forma de chorro continuo o de penacho, en lugar de burbujas discontinuas. Para el conocimiento de los penachos se han llevado a cabo experiencias de laboratorio, confirmadas por un gran volumen de trabajos teóricos, con el resultado de que tales penachos, en algunos aspectos, parecen de naturaleza análoga al flujo de aire existente durante el desarrollo de las nubes cumuliformes.

En la figura 4.4 se representa la idealización de un penacho; su forma es cónica, y se indican los perfiles de velocidad y empuje hidrostático, para su sección transversal. Teniendo en cuenta que empuje y temperatura están relacionados, a través del factor B, el perfil térmico será esencialmente el mismo que el de empuje. En virtud de la forma cónica, el radio puede expresarse así

$$r = \alpha z. \tag{4.22}$$

El flujo másico, a través de un cierto nivel, es igual a $Awr^2\rho$, en g/s, siendo A un factor adimensional que viene determinado por la forma del perfil de velocidad; el de cantidad de movimiento será $Aw^2r^2\rho$, en g cm s^{-2}, lo mismo que una fuerza.

El flujo de la fuerza de empuje es $c\rho gBwr^2$, expresado en unidades g cm s^{-2}/s, idénticas a las de una fuerza por unidad de tiempo; c es el factor de forma, determinado por los perfiles de empuje y velocidad.

Puede ser de algún interés teórico el "penacho hidrostático puro", definido por

$$c\rho gBwr^2 = \text{const.}, \tag{4.23}$$

en el que el flujo de la fuerza-empuje es constante a lo largo de la altura. (El factor de forma c se supone constante.)

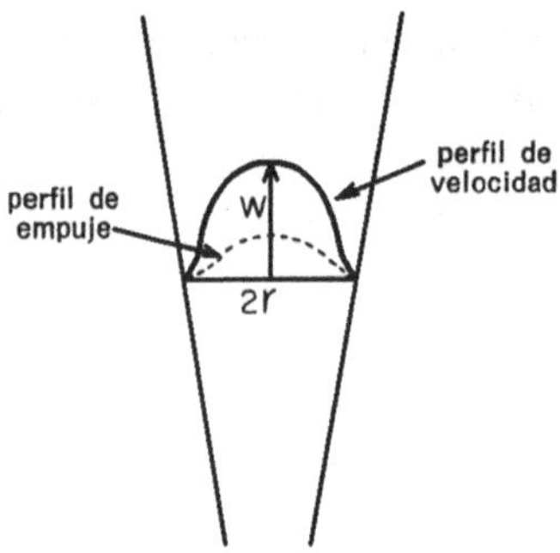

FIG. 4.4. Sección vertical de un penacho.

La fuerza de empuje y la cantidad de movimiento están relacionadas de la siguiente forma: dentro de un intervalo de altura igual a la unidad, el empuje neto es $c\rho gBr^2$ y la cantidad de movimiento $Awr^2\rho$. En este estrato de aire, el empuje es igual a la velocidad de variación de la cantidad de movimiento, con el tiempo; así pues:

$$c\rho gBr^2 = \frac{d}{dt}(Awr^2\rho) = w\frac{d}{dz}(Awr^2\rho). \tag{4.24}$$

Las (4.23) y (4.24), conjuntamente, pueden ser utilizadas para deducir la variación con la altura, del empuje y velocidad, dentro del penacho. Se supone que tales magnitudes son proporcionales a cierta potencia de la altura: $w \propto z^a$ y $B \propto z^b$. En tal caso, la única forma de que satisfagan a las (4.23) y (4.24), es con $a = -1/3$ y $b = -5/3$. De modo que para el caso de un penacho flotante puro, la teoría predice que

$$w \propto z^{-1/3}; \qquad B \propto z^{-5/3}. \tag{4.25}$$

La teoría elemental expuesta se refiere al caso de un penacho seco, en el que no se tiene en cuenta la condensación. El fenómeno atmosférico más análogo al penacho, es la corriente ascensional existente en el seno de nubes cumuliformes, en donde sí tiene lugar la condensación. Varios investigadores han elaborado una teoría que incluye los efectos de la condensación, y con estos refinamientos se consigue una descripción que se ajusta mejor al proceso de la convección natural. No obstante, siguen introduciéndose una serie de parámetros adimensionales, ajustables, que no resultan ser los mismos en todos los casos o condiciones.

El trabajo más reciente, en relación a la convección en las nubes, no centra su atención solamente en la corriente ascendente, ni recurre a razonamientos basados en análisis dimensional, sino que trata de obtener la integración de las ecuaciones de movimiento del aire, incluyendo la termodinámica de la condensación y de la producción de precipitación. Estos modelos dinámicos ponen de manifiesto el desarrollo de la nube y de la lluvia, en una forma que tiene un estrecho parecido con el proceso de la convección natural. Hasta muy recientemente, tales modelos han sido o bien bidimensionales (a lo más), o tridimensionales pero, en este caso, con la admisión de hipótesis de simetría adicionales. Además, la naturaleza de la supuesta perturbación inicial ha sido algo arbitraria. No obstante, existen prometedores indicios de que dentro los próximos años, logrará ser perfeccionado un modelo, totalmente tridimensional, así como su variación con el tiempo, e incluyendo la precipitación. En el capítulo 14 serán descritos algunos de los modelos recientes para la convección en las nubes.

Problemas

1. Deducir una expresión para la variación de la humedad relativa, respecto a la altura. Demostrar que en una capa de aire no saturado, bien mezclada, la humedad relativa siempre debe aumentar con la altura. Supuesto un estrato, bien mezclado, encontrar la expresión para $T = 250\,K$ y $f = 50\,\%$.

2. En la convección que tiene lugar en una nube, la masa del agua condensada y que es arrastrada por una burbuja de aire ascendente, ejerce sobre la misma una fuerza hacia abajo que determina una disminución de empuje ascendente. Tal efecto puede ser tenido en cuenta aplicando un factor de corrección a la temperatura de la burbuja, de modo que corrija el efecto del agua condensada sobre el empuje. (Es una corrección análoga a la que se introduce con la temperatura virtual, para tener en cuenta el efecto del vapor.) Deduzca una expresión para dicho factor de corrección, en función de la masa de agua presente.

3. Supongamos que el gradiente térmico ambiental es igual al adiabático seco,

con una temperatura de 280 K a 900 mb. Consideremos un paquete o burbuja de aire saturado, a 900 mb y a la temperatura ambiente. Si a esta burbuja le comunicamos un desplazamiento hacia arriba, el empuje hidrostático será positivo y continuará ascendiendo. Calcular la velocidad ascencional que tendrá a los 700 mb, despreciando el efecto de arrastre y la resistencia aerodinámica, en los siguientes supuestos:

(a) Según la teoría elemental de la burbuja y sin incluir la corrección que representa la temperatura virtual.
(b) Teoría elemental, pero con introducción de la temperatura virtual
(c) Según la teoría de la burbuja, con corrección por efecto del agua condensada, en el supuesto de que admitamos la presencia del contenido acuoso adiabático total.

4. Dos muestras de aire, de masas iguales, se mezclan completamente y se observa la formación de niebla. La primera muestra tiene una temperatura de 30 °C y una humedad relativa del 90 %; la segunda una temperatura de 2 °C y una humedad del 80 %. Suponiendo que la mezcla tiene lugar isobáricamente a 1000 mb, determinar la temperatura del aire nebuloso, así como su contenido en agua líquida, en gramos por kg. de aire. En la siguiente tabla se dan las presiones del vapor saturante, en función de la temperatura

T (°C)	e_s (mb)
0	6,11
2	7,05
4	8,13
6	9,35
8	10,73
10	12,28
12	14,02
14	15,98
16	18,17
18	20,63
20	23,37
22	26,43
24	29,83
26	33,61
28	37,80
30	42,43

5. La cantidad de vapor de agua en la atmósfera viene expresada por una magnitud denominada agua precipitable, y que se define como la masa del vapor de agua existente en una columna vertical, de sección unidad en la atmósfera. En el sistema c.g.s. el agua precipitable se mide en g/cm². No obstante, como

1 gramo de agua ocupa 1 cm^3, generalmente se expresa aquella magnitud en cm^3/cm^2, o simplemente en cm.

Deducir una expresión para el agua precipitable existente, entre el suelo y una altura H, en función de la razón de mezcla. Suponiendo que existe equilibrio hidrostático, calcular el agua precipitable que existe en una columna comprendida entre 1000 y 500 mb, para una situación en la que la razón de mezcla varíe linealmente con la presión, desde 7 g/kg a 1000 mb, a 1 g/kg a 500 mb.

6. Mientras se estaba desarrollando una tormenta, en Alberta central, se obtuvo el siguiente sondeo

Presión (mb)	Temperatura (°C)	Punto de rocío (°C)
910 (en tierra)	23,5	14,5
850	17,0	12,5
800	12,5	10,8
770	10,0	6,0
745	10,0	—1,5
660	2,0	—10,0
555	—10,0	—13,0
525	—12,0	—19,0
500	—13,0	—18,0
400	—24,5	—30,5
300	—39,5	—
215	—55,0	—
190	—53,0	—
180	—49,0	—
125	—53,0	—

(a) Considerando el aire junto al suelo, determinar para el mismo las siguientes magnitudes:

(1) temperatura potencial
(2) densidad
(3) razón de mezcla
(4) humedad relativa
(5) temperatura virtual
(6) temperatura equivalente
(7) temperatura potencial equivalente
(8) temperatura termómetro húmedo
(9) temperatura potencial del termómetro húmedo
(10) temperatura de condensación isoentrópica

(b) Supongamos que una burbuja de aire a partir de los 910 mb asciende adiabáticamente.

(1) ¿A qué presión alcanzará la saturación?
(2) ¿En el supuesto de que la ascensión prosiga más allá del nivel de condensación, cuál será el contenido acuoso adiabático a 500 mb?

(3) ¿Cuál será el aumento de entropía de la burbuja, cuando alcance los 500 mb?
(4) ¿Cuál será el calor latente que habrá desprendido cuando llegue a los 500 mb?
(5) Estimar la velocidad vertical de la burbuja a 500 mb despreciando el rozamiento y la masa de agua condensada.

(c) ¿Cuál es la cantidad de agua precipitable existente entre la superficie terrestre y los 500 mb?

CAPÍTULO 5

FORMACIÓN DE GOTITAS NUBOSAS

Aspectos generales de la formación de nubes y precipitación

Los cambios de fase del agua juegan un papel primordial en la microfísica de la nube. Los posibles cambios son los siguientes:

vapor $\rightleftharpoons$ líquido		(condensación, evaporación)
líquido $\rightleftharpoons$ sólido		(congelamiento, fusión)
vapor $\rightleftharpoons$ sólido		(condensación, sublimación)

Los cambios de izquierda a derecha son de importancia meteorológica primordial: son los cambios que tienen lugar en orden molecular creciente y son procesos que conducen a la formación de la nube. Uno de los problemas intrínsecos de la física de las nubes es que tales transiciones de fase ocurren en equilibrio termodinámico. Estas transiciones, en el sentido de orden creciente, deben superar una fuerte "barrera de energía libre". Las gotitas de agua, p.e., están caracterizadas por unas intensas fuerzas de tensión superficial, de modo que para que una pueda aumentar de tamaño, por condensación, a partir del vapor,la tensión superficial tiene que ser contrarrestada por un fuerte gradiente de presión de vapor.

La ecuación de Clausius-Clapeyron describe la condición de equilibrio para un sistema termodinámico consistente en vapor y una masa de agua. La saturación se define como una situación de equilibrio en la que las velocidades de evaporación y condensación son iguales. Debido a la barrera de energía libre de las pequeñas gotitas, el cambio de fase no tiene lugar en las condiciones de equilibrio correspondientes a la masa de agua; en otras palabras, si una masa de aire húmedo es enfriada adiabáticamente hasta el punto de saturación de equilibrio, no hay que esperar se formen gotitas; en realidad tales gotitas empezarán a condensarse solamente, en vapor de agua puro, cuando la humedad relativa (definida en términos del equilibrio respecto al agua) alcance valores del orden ¡de varios cientos por cien!

El problema clásico de la física de las nubes es explicar por qué las gotitas nubosas llegan a formarse en la atmósfera cuando el aire ascendente alcanza la saturación de equilibrio. La respuesta a esta cuestión se conoce desde hace casi un siglo, y está basada en el hecho de que la atmósfera contiene importantes concentraciones de partículas, de tamaño micrométrico y submicrométrico, que tienen una gran afinidad por el agua y actúan de centros de condensación; tales partículas se denominan núcleos de condensación. El proceso en virtud del cual las gotitas de agua se forman sobre los núcleos, a partir de la fase vapor, se denomina nucleación heterogénea. La condensación del vapor en forma de gotitas en un medio puro, gracias a la existencia de una elevada sobresaturación, no es importante en la atmósfera y se denomina homogénea. Todos los procesos en los que debe superarse una barrera de energía libre, tales como las transiciones de vapor a líquido o de líquido a hielo, se denominan procesos de nucleación.

En la atmósfera existen muchos tipos diferentes de núcleos de condensación; algunos de ellos se humedecen a humedades inferiores al 100 % y son los responsables de la producción de calimas perturbadoras de la visibilidad. Los núcleos de condensación, relativamente grandes, son aquellos que pueden crecer hasta alcanzar el tamaño de las gotitas nubosas. El aire húmedo al enfriarse por ascenso adiabático, llega a alcanzar una humedad relativa próxima al 100 %; en estas condiciones los núcleos más higroscópicos empiezan a actuar de centros de condensación. Si el ascenso continúa, el enfriamiento produce sobresaturación, y ésta se agota por condensación sobre los núcleos. Por sobresaturación se entiende el exceso de humedad relativa respecto al valor de equilibrio del 100 %; así por ejemplo un aire cuya humedad relativa es del 101,5 %, tiene una sobresaturación del 1,5 %. En el interior de las nubes, suelen existir núcleos suficientes para evitar que la sobresaturación supere el valor del 1 %; una importante característica de la atmósfera es la de contener siempre núcleos de condensación suficientes, en orden a facilitar la formación de nubes cuando la humedad relativa excede apenas del 100 %.

En caso de que la nube continúe ascendiendo, su cima, eventualmente, puede alcanzar temperaturas inferiores a los 0 °C; las gotitas de agua subfundidas, dentro de la nube, pueden o no congelar, pues ello depende de la existencia de núcleos de hielo. Para las gotitas de agua pura la congelación homogénea no tiene lugar hasta que no se alcanzan los —40 °C; no obstante cuando existen los núcleos adecuados, la congelación puede ocurrir a unos pocos grados por debajo de cero. Aunque el papel jugado por estos aerosoles no está del todo explicado, resulta curioso señalar que su número es más bien escaso en la atmósfera, frente a la gran abundancia de núcleos de condensación. En consecuencia, las sobresaturaciones de más de algunas décimas son extraordinariamente raras en la atmósfera, y sin embargo la presencia de gotitas subfundidas es de lo más corriente, hasta el extremo que sobreenfriamientos de 15 °C o más, son frecuentes. Por esta razón, como veremos más adelante, la forma más corriente de modificar, artificialmene, las nubes es mediante la adición de núcleos de hielo.

Una nube es un agregado de pequeñísimas gotitas, en número aproximado de unas 100 por centímetro cúbico, cuyos radios son del orden de las 10 micras. En general esta estructura es muy estable y las gotitas manifiestan muy poca tendencia a juntarse o a cambiar de tamaño, como no sea en un proceso general en el que toma parte toda la población. La precipitación se origina cuando el conglomerado se hace inestable, y entonces unas gotas crecen a expensas de otras. Dos son los mecanismos mediante los que la microestructura nubosa se inestabiliza; el primero implica la colisión o choque directo y la coalescencia (o reunión) de las gotitas de agua y puede resultar importante en cualquier tipo de nube; el segundo entraña la interacción entre gotitas de agua y cristales de hielo y está reservado a aquellas nubes cuyas cimas se extienden por encima del nivel de los 0 °C.

A partir del análisis de las fuerzas aerodinámicas involucradas se llega a la conclusión de que las gotitas muy pequeñas no pueden entrar en colisión; una pequeña gota que desciende dentro de una nube formada por gotitas aún menores, a lo largo de su trayectoria chocará tan sólo con una pequeña fracción de las gotas que encuentra en su camino, siempre que su radio sea inferior a unas 18 micras. En consecuencia, es de esperar que las nubes que contengan un número muy pequeño de gotas mayores de 18 micras serán relativamente estables, respecto a su posible crecimiento por coalescencia; en cambio las nubes con un contenido considerable de gotas de tamaño superior a las 18 micras, pueden dar lugar a precipitación.

Cuando existe un cristal de hielo, en presencia de gran número de gotas de agua en subfusión, la situación es inmediatamente inestable; la presión de vapor en equilibrio sobre el hielo es inferior a la correspondiente al agua, a la misma temperatura, y en consecuencia el cristal de hielo crece por difusión del vapor, al mismo tiempo que las gotas se evaporan para compensar la pérdida de vapor. La transferencia de vapor depende de la diferencia entre la presión de vapor en equilibrio sobre hielo y agua, y es máxima para una temperatura de unos —15 ºC.

Una vez que el cristal de hielo ha crecido hasta alcanzar un tamaño apreciablemente superior al de las gotas de agua, empieza a descender, relativamente a ellas, y las colisiones resultan posibles. Cuando los choques tienen lugar preferentemente con otros cristales de hielo se originan los copos de nieve, pero si también se une con gotas de agua se origina el granizo blando o nieve granulada. Una vez que las partículas en su caída se encuentran por debajo del nivel de los 0 ºC puede iniciarse su fusión y con ello emerger, por debajo de la base de la nube, en forma de gota de lluvia que no cabe distinguir de otra que haya sido originada en virtud del proceso de coalescencia. En tiempo frío o cuando la partícula sea de tamaño bastante grande, existe la posibilidad de que llegue hasta el suelo sin fundir.

Las partículas de interés en la física de las nubes presentan un amplio espectro de tamaños, concentración y velocidades de caída; la figura 5.1, tomada de McDonald (1958), resume comparativamente las propiedades mencionadas para

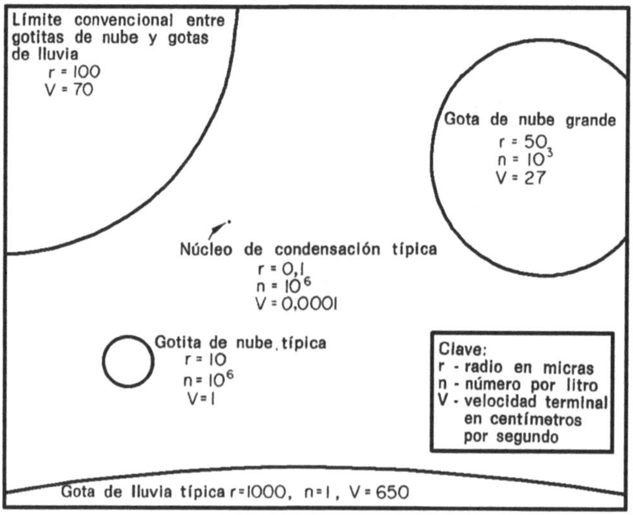

FIG. 5.1. Tamaños comparativos, concentraciones y velocidades terminales de caída de algunas de las partículas que intervienen en los procesos de formación de nubes o precipitación (según MacDonald, 1958).

algunas de las partículas que intervienen en los procesos de condensación y precipitación; resulta interesante observar las amplias diferencias del tamaño que existen entre un núcleo de condensación típico y una gotita de nube, así como entre dicha gotita y la de lluvia. Para interpretar la producción natural de lluvia, es preciso admitir que el proceso de crecimiento es lo bastante rápido para que el núcleo de condensación se transforme en gota de lluvia en unos 20 minutos.

Nucleación de agua líquida a partir del vapor

La cuestión que plantea esta nucleación es la siguiente: "¿Cómo puede realmente llegar a formarse una gotita embrión a partir de colisiones al azar, dando lugar a agregados de moléculas de agua, y cuáles serán estables, capaces de subsistir bajo condiciones ambientales dadas?"

La gotita será estable si su tamaño supera cierto valor crítico; en promedio tales gotitas crecerán, mientras que las de tamaño inferior desaparecerán. El tamaño crítico viene determinado por el equilibrio entre dos tendencias opuestas: la de crecimiento y la de desaparición; tales tendencias, a su vez, dependen de que la gota se forme en espacio libre (nucleación homogénea) o en contacto con otro cuerpo (nucleación heterogénea). En el caso de la nucleación homogénea del agua pura, el ritmo de crecimiento depende de la presión parcial del vapor de agua en el entorno, ya que éste determina el ritmo a que las moléculas de agua inciden sobre la gotita. El proceso de desaparición, o evaporación, depende estrechamente de la temperatura de la gota y de su tensión superficial, ya que las moléculas situadas en la superficie de la gota deben alcanzar suficiente energía para escapar, superando las fuerzas de enlace que se oponen a ello. Cuando se establece el equilibrio entre el líquido y su vapor, las velocidades de condensación y evaporación se compensan y la presión de vapor es justamente igual a la de equilibrio o presión de saturación del vapor. Pero la presión de vapor en equilibrio sobre la superficie de una gotita depende de su curvatura y viene dada por la expresión

$$e_s(r) = e_s(\infty) \exp(2\sigma / rR_v\rho_L T), \tag{5.1}$$

donde $e_s(r)$ es la presión de saturación del vapor sobre la superficie de una gota esférica de radio r, tensión superficial σ y densidad ρ_L a la temperatura T. R_v es la constante de los gases para el vapor de agua y $e_s(\infty)$ la presión de saturación del vapor respecto al agua; esta última es la magnitud más fácilmente medible.

Adviértase que a medida que el tamaño de la gota disminuye, la presión de vapor necesaria para mantenerla en equilibrio aumenta. Esta ecuación fue deducida por William Thomson (1870), posteriormente Lord Kelvin, en una forma ligeramente distinta, para explicar el ascenso de los líquidos en los tubos capilares.

La tensión superficial σ es la energía libre, por unidad de superficie, del líquido; puede definirse como el trabajo necesario, por unidad de superficie, para extender la superficie del líquido a temperatura constante; como trabajo es fuerza × distancia, el trabajo por unidad de superficie tiene las dimensiones de fuerza por unidad de longitud. Para el intervalo de temperaturas de interés meteorológico, la tensión superficial del agua se mantiene alrededor de 75 dinas/cm.

El ritmo neto de crecimiento de una gota de radio r es proporcional a la diferencia $e - e_s(r)$, donde e representa el valor de la presión de vapor ambiental. En consecuencia, las gotas cuyos radios son tales que $e - e_s(r) < 0$, tienden a desaparecer, mientras aquellas para las que dicha diferencia es positiva tienden a crecer de tamaño. El radio crítico r_c, es por lo tanto el valor del radio para el que aquella diferencia se anula o lo que es lo mismo, $e = e_s(\infty) \cdot \exp(2\sigma / r_c R_v \rho_L T)$. Por lo tanto:

$$r_c = \frac{2\sigma}{R_v \rho_L T \ln S}, \tag{5.2}$$

donde $S = e/e_s(\infty)$ es la razón de saturación. Para que una gotita formada por colisiones al azar entre moléculas de agua, pueda ser estable, debe crecer hasta un radio superior a r_c. En la siguiente tabla se dan valores para los radios

TABLA 5.1. *Radios y número de moléculas en gotas de agua pura en equilibrio con vapor a 0 °C*

Razón de saturación S	Radio crítico r_c (micras)	N.º de moléculas n
1	∞	∞
1,01	$1{,}208 \times 10^{-1}$	$2{,}468 \times 10^{8}$
1,10	$1{,}261 \times 10^{-2}$	$2{,}807 \times 10^{5}$
1,5	$2{,}964 \times 10^{-3}$	$3{,}645 \times 10^{3}$
2	$1{,}734 \times 10^{-3}$	730
3	$1{,}094 \times 10^{-3}$	183
4	$8{,}671 \times 10^{-4}$	91
5	$7{,}468 \times 10^{-4}$	58
10	$5{,}221 \times 10^{-4}$	20

críticos y el número de moléculas contenidas en la gota crítica, para distintas razones de saturación a 0ºC.

Como puede verse, para que las gotitas muy pequeñas puedan ser estables se requieren sobresaturaciones muy elevadas; cuando la sobresaturación es del 1 %, lo que corresponde a $S = 1{,}01$, las gotas cuyo radio es inferior a 0,121 micras son inestables y tenderán a evaporarse.

En la nucleación homogénea, las gotas de tamaño crítico se forman por choques fortuitos entre moléculas de agua; si tales conglomerados capturan otra molécula, se convierten en supercríticos, ya que con el aumento de tamaño $e_s(r)$ disminuye y el ritmo de crecimiento, que es proporcional a $e - e_s(r)$, aumenta. En consecuencia las gotas supercríticas crecen espontáneamente. El ritmo o la velocidad de nucleación es sencillamente el ritmo de formación de gotitas supercríticas y vendrá dado por el producto de la concentración de gotitas críticas y la velocidad a la que una gota crítica atrapa una nueva molécula para convertirse en supercrítica. Mediante métodos de termodinámica estadística (vease p.e. Hirth y Pound, 1963, o Frenkel, 1946), la velocidad de nucleación, por unidad de volumen, puede escribirse así:

$$J = 4\pi r_c^2 \frac{e}{\sqrt{2\pi m k T}} Zn \exp\left(-\frac{4\pi r_c^2 \sigma}{3kT}\right), \qquad (5.3)$$

donde m es la masa de la molécula de agua, k la constante de Boltzmann, n el número que expresa la densidad de las moléculas de vapor y Z un factor que toma valores del orden de 0,01. Si en dicha expresión sustituimos el valor de r_c, introduciendo el de S, obtendremos otra que nos dará la velocidad de la nucleación homogénea, en función de la relación de saturación, para una temperatura determinada. Una característica muy notable de esta ley de dependencia, es que la velocidad de nucleación pasa de valores prácticamente inapreciables a valores extraordinariamente grandes, para un intervalo de variación de S muy pequeño. El valor de S para el que este brusco aumento tiene lugar, se denomina razón de saturación crítica S_c, y corresponde a $J = 1$ cm^{-3} s^{-1}, valor realmente medido. Los valores experimental y teórico de S_c, a 275,2 K, son, respectivamente, $4{,}2 \pm 0{,}1$ y 4,2, y a 261,0 K, $5{,}0 \pm 0{,}1$ y 5,0. Estas razones de saturación tan elevadas no son nunca observadas en la atmósfera donde suelen ser, todo lo más, del orden del uno por cien o inferiores; por lo tanto la nucleación homogénea del agua líquida, a partir del vapor, es un proceso de importancia secundaria, frente a la nucleación heterogénea.

En la atmósfera las gotitas nubosas se forman sobre aerosoles, denominados núcleos de condensación o núcleos higroscópicos. La velocidad de formación de las gotitas viene determinada por el número de tales núcleos presentes y no por consideraciones estadísticas. En general, los aerosoles pueden clasificarse, de acuerdo con su afinidad por el agua, en higroscópicos, neutros e hidrófobos. La nucleación sobre un aerosol neutro requiere, prácticamente, la misma sobresaturación que la nucleación homogénea; sobre un aerosol hidrófobo, que se opone a ser humedecido, la nucleación es todavía más difícil y requiere mayor sobresaturación. En cambio, sobre las partículas higroscópicas, que son solubles y tienen afinidad por el agua, la sobresaturación requerida para la formación de gotitas puede ser mucho menor que el valor correspondiente para la nucleación homogénea.

Un soluto al disolverse tiende a disminuir la presión de saturación del vapor en equilibrio con el líquido. Este efecto puede interpretarse, intuitivamente, por el hecho de que cuando las moléculas del soluto entran en el líquido, desplazan a algunas de las moléculas del mismo, situadas en la capa superficial y las sustituyen; generalmente la presión de vapor del soluto es inferior a la del disolvente y en consecuencia, la presión de vapor quedará reducida en la proporción a la cantidad de soluto presente. Este efecto puede determinar una drástica reducción de la presión del vapor, en equilibrio con la disolución existente en la gotita, que en consecuencia, será capaz de subsistir en equilibrio en un ambiente cuya sobresaturación sea muy inferior a la que correspondería a una gotita de agua pura del mismo tamaño.

Para una superficie de agua plana la reducción de la presión de vapor debida a la presencia del soluto puede expresarse por:

$$\frac{e'}{e_s} = \frac{n_0}{n + n_0}$$

donde e' es la presión de vapor en equilibrio con la disolución, que contiene n_0 moléculas de agua y n moléculas de soluto. Es la bien conocida Ley de Raoult; para disoluciones diluidas toma la forma:

$$\frac{e'}{e_s} = 1 - \frac{n}{n_0} \qquad (5.4)$$

Para disoluciones en las que las moléculas están disociadas, la (5.4) viene modificada por la introducción de un factor i, por el que debe multiplicarse a

n, y que expresa el grado de disociación iónica. Por ejemplo, para el NaCl, $i \approx 2$, en sus disoluciones diluidas. El número efectivo de iones, en un soluto de masa M viene dado por:

$$n = iN_0M/m_s,$$

donde N_0 es el número de Avogadro (número de moléculas por mol) y m_s la masa molecular del soluto. El número de moléculas de agua, en una masa m, puede análogamente, expresarse así:

$$n_0 = N_0m/m_v.$$

Introduciendo la masa del agua en la forma $m = \frac{4}{3}\pi r^3\rho_L$, la (5.4) podrá escribirse de nuevo en la forma:

$$\frac{e'}{e_s} = 1 - b/r^3, \tag{5.5}$$

donde $b = 3im_vM/4\pi\rho_Lm_s$.

La ecuación de Kelvin (5.1) y el efecto de la disolución se combinan para obtener una expresión para la razón de saturación correspondiente a una gotita de disolución:

$$\frac{e_{sr}}{e_s(\infty)} = \left[1 - \frac{b}{r^3}\right] e^{a/r},$$

donde $a = 2\sigma/\rho_LR_vT$. Para valores de r que no sean demasiado pequeños, una buena aproximación de la ecuación anterior es:

$$\frac{e}{e_s} = 1 + a/r - b/r^3. \tag{5.6}$$

En esta forma aproximada, a/r puede ser interpretado como un "término de curvatura" que expresa el aumento de la razón de saturación sobre una gotita, frente al correspondiente a una superficie plana. El término b/r^3 puede considerarse como un "término de disolución", puesto que expresa la disminución de la presión de vapor debida a la presencia del soluto; en unidades c.g.s., $a \approx 3{,}3 \times 10^{-5}/T$ y $b \approx 4{,}3iM/m_s$. Para valores de T, M, y m_s dados, la (5.6) expresa la dependencia de la razón de saturación respecto del tamaño de la gotita de disolución. La curva resultante, denominada de Köhler, viene representada en la figura 5.2.

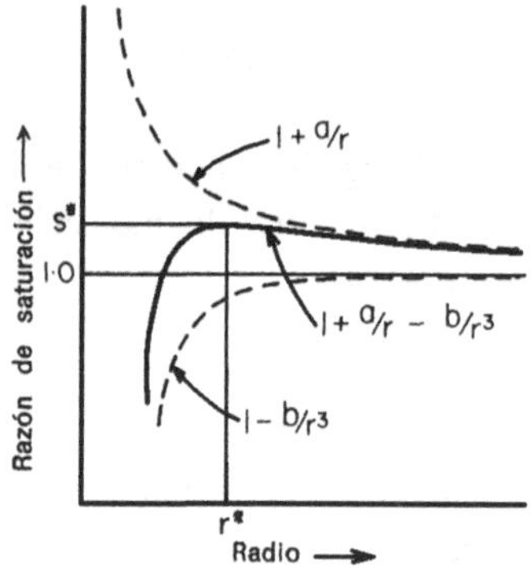

Fig. 5.2. Razón de saturación de equilibrio, en función del tamaño de la gotita de disolución.

Esta curva pone de manifiesto que el efecto de la disolución domina para valores de r suficientemente pequeños, de modo que una gota de disolución muy pequeña puede encontrarse en equilibrio a humedades relativas inferiores al 100 %. A medida que la humedad relativa va aumentando, la gotita tenderá a crecer hasta que sea lo bastante grande para quedar de nuevo en equilibrio. Este proceso de humedad relativa creciente, con el correspondiente aumento de tamaño de la gota, puede continuar hasta humedades relativas superiores al 100 %, hasta que finalmente, se alcanza la razón de saturación crítica, S^*, que corresponde al pico de la curva de Köhler, para el cual el radio de equilibrio es r^*. Hasta este punto, para que la gota creciera era preciso que la humedad relativa fuera aumentando. Pero adviértase que cuando la gotita adquiere un radio ligeramente superior al r^*, su razón de saturación necesaria para el equilibrio es inferior a S^*. En consecuencia, el vapor se difundirá hacia la gota que continuará creciendo de tamaño, sin necesidad de un nuevo aumento adicional de la razón de saturación ambiental. Así pues, dichas gotitas pueden seguir creciendo hasta alcanzar el tamaño de gotitas de nube. Las gotitas tamaño inferior a r^* pueden crecer únicamente como respuesta a una humedad relativa creciente y se denominan "partículas de calima". Se dice que un núcleo de condensación está "activado" cuando la gotita formada sobre el mismo alcanza el tamaño r^*; una vez que supere este tamaño crítico, su crecimiento puede continuar indefinidamente de acuerdo con la sencilla teoría expuesta. Realmente, en las propias nubes este crecimiento indefinido no tiene lugar, debido a que existen muchas gotitas de características análogas, compitiendo entre ellas para la captación de vapor, lo que da lugar a una disminución de la razón de saturación que se inicia tan pronto como la condensación es más rápida que la producción de sobresaturación, por efecto de la ascensión adiabática.

Los valores de la razón de saturación y radios críticos pueden obtenerse mediante la expresión aproximada (5.6) y vienen dados por

$$r^* = \sqrt{3b/a} \tag{5.7}$$

$$S^* = 1 + \sqrt{4a^3/27b}. \tag{5.8}$$

En la tabla 5.2 se dan ejemplos de radios y sobresaturaciones críticas para gotitas formadas sobre núcleos de sal común.

TABLA 5.2. *Valores de r^* y (S^* — 1) en función de la masa y radio de los núcleos, en el supuesto de esferas de sal común (NaCl) a la temperatura de 273 K*

Masa de sal disuelta (en g)	r_s (micras)	r^* (micras)	(S^* — 1) (%)
10^{-16}	0,0223	0,19	0,42
10^{-15}	0,0479	0,61	0,13
10^{-14}	0,103	1,9	0,042
10^{-13}	0,223	6,1	0,013
10^{-12}	0,479	19	0,0042

Núcleos atmosféricos de condensación

Los aerosoles naturales, algunos de los cuales son higroscópicos, tienen un tamaño variable entre alrededor de 10^{-3} μm de radio, caso por ejemplo de los pequeños iones, constituidos por enjambres de unas pocas moléculas con carga, hasta más de 10 micras, como es el caso de las mayores partículas de sal, de polvo o procedentes de combustión. Sus concentraciones varían también ampliamente, tanto con el lugar como en el tiempo. Los pequeños iones carecen de importancia para la formación de gotitas, ya que tan sólo facilitan un poco la nucleación homogénea, mientras que las partículas de 10 micras tampoco pueden ser muy importantes debido a su corto tiempo de persistencia en la atmósfera.

Las distribuciónes de los aerosoles por tamaños, lo mismo que las de las gotitas de nube, de lluvia o de partículas, en general, suele expresarse en términos de una función de distribución $n(r)$, tal que $n(r)dr$ representa el número de partículas, por unidad de volumen del aire, tales que sus radios están comprendidos entre r y $r + dr$. También puede utilizarse la función de distribución acumulativa, definida por

$$N(r) = \int_r^\infty n(r')dr'$$

y que expresa el número de partículas, por unidad de volumen, cuyos radios son superiores a r. Naturalmente

$$n(r) = -\frac{d}{dr} N(r).$$

Como tanto n como r tienen un amplio intervalo de variación, a menudo se utiliza una función de distribución semilogarítmica, $n_1(r)$, para los aerosoles, definida de la siguiente forma:

$$n_1(r) = -\frac{d}{d(\log r)} N(r),$$

que nos da el número de partículas correspondiente al intervalo de tamaño $d(\log r)$. Las poblaciones de aerosoles medidas presentan una distribución general por tamaños del tipo esquematizado en la figura 5.3.

Para un amplio intervalo de variación de los radios, sucede que $n_1(r) \propto r^{-3}$, o $dN/d(\ln r) \propto r^{-3}$; una distribución de aerosoles que tenga esta expresión fun-

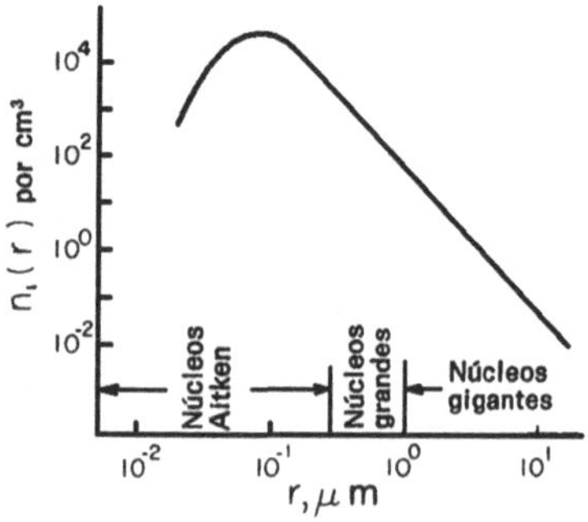

FIG. 5.3. Aspecto general de la curva de distribución de aerosoles, en el que puede observarse el intervalo correspondiente a los núcleos Aitken, grandes y gigantes.

cional se denomina de Junge, nombre del químico atmosférico que observó un gran número de distribuciones de dicho tipo. Los núcleos de condensación, que constituyen parte de la población de aerosoles, se clasifican generalmente de acuerdo con su tamaño de la forma en que se indica en la figura. La distribución de aerosoles presenta un límite inferior, alrededor de 5×10^{-3} micras, debido a que las partículas más pequeñas coagulan pronto entre sí, o con otras mayores, como resultado del movimiento browniano. Por otra parte, existe también un límite superior, alrededor de las 10 micras, impuesto por el hecho de que las partículas mayores se depositan pronto bajo la influencia de la gravedad. Cerca del suelo han sido observadas partículas hasta de 100 micras, e incluso a alturas superiores, correspondientes a la base de las nubes, durante las situaciones tormentosas (Rosinski, 1974); agitadas por el fuerte viento, estas partículas subsisten en el aire muy poco tiempo, no obstante si son captadas por la nube pueden desempeñar un papel en el desarrollo de la precipitación.

En la Tabla 5.3, donde se resumen datos de Fletcher (1962), se dan las concentraciones de núcleos de condensación de diferentes tamaños.

TABLA 5.3. *Concentración de núcleos (cm^{-3})*

	Aitken	Grandes	Gigantes
Sobre agua	10–10^2	*	*
Sobre tierra	10^3–10^6	10^2	1

* Partículas de sal marina, cuya concentración depende de la velocidad del viento y de la rugosidad de la superficie.

Evidentemente, los núcleos de Aitken no son de origen marítimo; se cree son, fundamentalmente, productos de combustión y hasta cierto punto, procedentes de reacciones naturales que tienen lugar en la atmósfera. Los núcleos grandes y los gigantes se supone son partículas de sal liberadas por dispersión de la espuma marina; en las nubes marítimas típicas se han observado concentraciones de gotitas del orden de algunas decenas por cm^3, y como este mínimo corresponde al de núcleos grandes de sal medidos, con vientos moderados, parece ser que tales núcleos son en gran parte los responsables de la nucleación en dichas nubes. Por otra parte, las nubes formadas tierra adentro, generalmente contienen varios centenares de gotitas por cm^3, mientras que el número de núcleos grandes, identificados como sal marina, apenas llegan a ser unos 10 por cm^3; en consecuencia, se cree que los núcleos que favorecen la formación de nubes terrestres deben de ser más bien núcleos grandes, procedentes de combustiones y tal vez también otros núcleos grandes originados por coagulación de núcleos Aitken.

En los aerosoles continentales parecen existir tres principales componentes, en el intervalo de tamaños superiores a 0,1 micra; el primero es la sal marina que es el componente principal de los núcleos cuyos tamaños son mayores de 1 micra; el segundo es el componente sulfato, que puede existir en forma de ácido sulfúrico o combinado en forma de sal, posiblemente sulfato amónico, y es el predominante en el intervalo de 0,1 a 1 micra de diámetro; el tercer componente consta de partículas insolubles, que seguramente proceden del suelo y cuya concentración depende de la naturaleza y condición del mismo, así como de la velocidad media del viento junto al suelo. La importancia relativa de cada uno de estos tres componentes dependerá de la propia historia de la masa de aire.

En la atmósfera existen siempre núcleos de condensación de algún tipo, en cantidad notable; las nubes se originan cuando existan corrientes de aire verticales y suficiente humedad; sin embargo, como veremos, en algunos casos especiales, la precipitación es más probable que se produzca cuando la población de núcleos está constituida por unas pocas partículas grandes, en lugar de muchas, pero pequeñas.

Algunas de las medidas de núcleos atmosféricos carecen de importancia en la física de las nubes; por ejemplo, las que se llevan a cabo con el contador de Aitken, se obtienen mediante un dispositivo constituido por una cámara de expansión y conducen a la determinación de *todos* los núcleos de condensación presentes en la muestra; en dicha cámara de expansión se crean sobresaturaciones de varias centenas de tanto por cien, con lo cual, prácticamente, todos los núcleos presentes resultan activados, mientras que en la atmósfera, los únicos núcleos que toman parte en el proceso de formación de la nube son aquellos que se activan para sobresaturaciones del 1 % o inferiores. Tales núcleos son a los que nos referiremos como núcleos de condensación de nubes, para distinguirlos de los núcleos de condensación en general. Lo que en física de nubes resulta importante es el número de núcleos capaces de ser activados para formar gotitas nubosas, expresado en función de la sobresaturación. Estos "espectros de actividad" se obtienen mediante instrumentos desarrollados durante la última década y denominados cámaras de niebla de gradiente de difusión; son de dos tipos, la cámara de gradiente térmico y la de gradiente químico; ambas son capaces de producir sobresaturaciones pequeñísimas (de algunas décimas de tanto por ciento), con una gran precisión. La muestra de aire es introducida en el interior de la cámara, donde existe un grado de sobresaturación conocido, y por un procedimiento óptico se observan y cuentan las que crecen hasta alcanzar el tamaño de activación. A continuación se aumenta un poco la sobresaturación y se observa de nuevo el número de centros de condensación; se encuentra que el número de núcleos con sobresaturación crítica inferior a (S-1), por unidad de volumen de aire, puede expresarse, aproximadamente, por:

$$N = C(S - 1)^k \tag{5.9}$$

donde C y k son parámetros que dependen de la masa de aire. Jiusto (1966) obtuvo espectros de actividad, para diversas localidades, de los que parece deducirse que dichos parámetros representan bastante bien las condiciones marítimas con los valores $C = 50$ y $k = 0{,}4$, y las continentales con $C = 4 \times 10^3$ y $k = 0{,}9$; las medidas llevadas a cabo en un lugar determinado, es de esperar se sitúen entre ambos casos extremos. [Los valores dados para C son apropiados para (S — 1) expresado en tanto por ciento.]

En el supuesto de que el espectro de actividad venga dado en la forma (5.9), Twomey (1959) demostró que la concentración de gotitas formadas en una corriente vertical ascendente de velocidad U, puede ser expresada en términos de U, C y k; para valores de k comprendidos entre 0,4 y 1,0, su resultado puede escribirse, aproximadamente, en la siguiente forma:

$$N \approx 0{,}88C^{2/(k+2)}[7 \times 10^{-2} U^{3/2}]^{k/(k+2)} \tag{5.10}$$

donde N viene dado en cm^{-3}, U en cm/s y C es el valor apropiado para el porcentaje de sobresaturación. Twomey obtuvo asimismo, una expresión para el máximo de sobresaturación, en la corriente ascendente, que aproximadamente puede escribirse así:

$$(S - 1)_{max} \approx 3{,}6[(1{,}6 \times 10^{-3} U^{3/2})/C]^{1/(k+2)}, \tag{5.11}$$

donde (S — 1) viene expresado en tanto por ciento.

La comparación entre los espectros de actividad y los de gotitas observados, está empezando a suministrar una confirmación experimental de la estrecha relación existente entre la población de núcleos y las gotitas nubosas resultantes. El desarrollo de la nube, tras su etapa de formación y, en particular, la cantidad y el carácter de la precipitación producida, viene controlada más bien por fenómenos a gran escala, tales como la velocidad de la corriente ascensional y el suministro de humedad que recibe, que por su propia estructura microfísica. No obstante, hasta cierto punto, dicha microestructura es la que determina la capacidad de la nube para producir precipitación, así como el tiempo que va a ser necesario para que dicha precipitación se forme.

Problemas

1. Demostrar que la presión de vapor en equilibrio sobre una gotita de agua pura de radio r, disminuye con la temperatura si $r < 2\sigma/L\rho_L$.

2. Algunos contadores de núcleos de condensación usados corrientemente, constan de una cámara de niebla, cuya humedad relativa puede controlarse con mucha precisión, y de un dispositivo para el recuento de las gotitas formadas en el interior de la cámara. Los datos se representan generalmente en forma de espectros de actividad, es decir, mediante curvas que dan el número de gotitas nubosas observadas, para cada razón de sobresaturación.

   Considérese el caso de una muestra de aire que contenga un aerosol de NaCl, cuyas partículas tienen tamaños comprendidos entre r_0 y $r_{máx}$, con una distribución que presenta la misma pendiente que la de Junge. Una experiencia consiste en impulsar la muestra dentro de la cámara, aumentar lentísimamente la razón de saturación, desde un valor inferior a la unidad, hasta otro notablemente superior a uno, mientras se va anotando el número N de las gotitas de niebla presentes, en función de la sobresaturación ($S - 1$). En el supuesto de que las gotitas sólo se hacen visibles cuando son activadas, es decir, alcanzan su tamaño crítico r^*, y suponiendo, además, que $r_{máx} \gg r_0$, demuestre que N viene relacionado con la sobresaturación por

$$N \propto (S - 1)^2.$$

CAPÍTULO 6

CRECIMIENTO DE GOTITAS POR CONDENSACIÓN

Crecimiento de una gotita por difusión

En el capítulo 5 vimos que para que una pequeña gotita de disolución pueda crecer, hasta convertirse en una gotita nubosa, es preciso que sean superados el radio r^* y la razón de saturación S^* críticos. Antes y después de que la gotita alcance el tamaño crítico, crece por difusión de moléculas de agua, procedentes del vapor, sobre su superficie. En este apartado vamos a analizar el ritmo a que tiene lugar el crecimiento por difusión de una gotita aislada; luego consideraremos el caso más realístico de varias gotitas creciendo simultáneamente, compitiendo por la humedad existente.

La gotita tiene un radio r y está situada en un campo de vapor, donde la densidad de moléculas de vapor, situadas a la distancia R de aquélla, será designada por $n(R)$. El campo de vapor puede también ser descrito en función de la densidad de vapor o humedad absoluta $\rho_v(R)$, donde $\rho_v = nm$, siendo m la masa de una molécula de agua. Supondremos que existe isotropía, es decir que tanto $n(R)$ como $\rho_v(R)$ son independientes de la dirección que consideremos a partir del centro de la gotita. En cualquier punto del campo de vapor, se supone que la concentración de las moléculas satisface a la ecuación de difusión

$$\frac{\partial n}{\partial t} = D\nabla^2 n, \qquad (6.1)$$

donde D es el coeficiente de difusión molecular. Admitiremos, además, que se cumplen las condiciones de situación estacionaria, con lo que $\partial n/\partial t = 0$. En tal caso la (6.1) se convierte en

$$\nabla^2 n(R) = 0 = \frac{1}{R^2}\frac{\partial}{\partial R}\left(R^2 \frac{\partial n}{\partial R}\right), \tag{6.2}$$

cuya solución general es

$$n(R) = C_1 - C_2/R. \tag{6.3}$$

Las condiciones de contorno son las siguientes:

cuando $R \rightarrow \infty$, $n \rightarrow n_0$, que es el valor de la concentración de vapor no peturbada o "ambiental".

cuando $R \rightarrow r$, $n \rightarrow n_r$, concentración de vapor en la superficie de la gotita. La solución que satisface a estas condiciones es

$$n(R) = n_0 - \frac{r}{R}(n_0 - n_r). \tag{6.4}$$

El flujo de moléculas sobre la superficie de la gotita es igual a $D(\partial n/\partial R)_{R=r}$; en consecuencia, el ritmo a que tiene lugar el aumento de masa vendrá dado por:

$$\frac{dM}{dt} = 4\pi r^2 D\left(\frac{\partial n}{\partial R}\right)_{R=r} m \tag{6.5}$$

siendo m la masa de la molécula de agua.

Utilizando la (6.4), la (6.5) se convierte en

$$\frac{dM}{dt} = 4\pi r D(n_0 - n_r)m. \tag{6.6}$$

Introduciendo la densidad de vapor, el resultado anterior puede escribirse:

$$\frac{dM}{dt} = 4\pi r D(\rho_v - \rho_{vr}), \tag{6.7}$$

donde ρ_v es la densidad de vapor ambiental y ρ_{vr} la del vapor junto a la superficie de la gota.

Paralelamente a la condensación tiene lugar el desprendimiento de calor latente que tiende a elevar la temperatura de la gota por encima del valor ambiental. La difusión de calor, a partir de la gota, viene dada por una ecuación análoga a la (6.7):

$$\frac{dQ}{dt} = 4\pi r K (T_r - T) \tag{6.8}$$

donde T es la temperatura ambiente, T_r la de la superficie de la gota y K el coeficiente de conductividad térmica del aire.

De acuerdo con (6.7) y (6.8), la variación de la temperatura en la superficie de la gota vendrá dada por:

$$\frac{4}{3}\pi r^3 \rho_L c \frac{dT_r}{dt} = L\frac{dM}{dt} - \frac{dQ}{dt} \tag{6.9}$$

donde ρ_L es la densidad del agua y c su calor específico. Para un proceso de crecimiento en el régimen estacionario supuesto, $dT_r/dt = 0$, de modo que cuando la (6.9) se hace igual a cero, conduce a la condición de equilibrio que deben satisfacer los campos de la temperatura y de la densidad de vapor.

$$\frac{\rho_v - \rho_{vr}}{T_r - T} = \frac{K}{LD}. \tag{6.10}$$

Despreciando, por el momento, los efectos de curvatura y de disolución sobre la presión de vapor de la gota, podremos relacionar la temperatura y el campo de vapor mediante la ecuación de Clausius-Clapeyron

$$\frac{de_s}{e_s} = \frac{L}{R_v}\frac{dT}{T^2}. \tag{6.11}$$

Integrando:

$$\int_{e_s(T)}^{e_s(T_r)} de_s/e_s = \frac{L}{R_v}\int_T^{T_r} dT/T^2$$

o

$$\ln\frac{e_s(T_r)}{e_s(T)} = \frac{L}{R_v}\frac{T_r - T}{TT_r} \approx \frac{L}{R_v}\frac{T_r - T}{T^2}. \tag{6.12}$$

A partir de (6.7) y (6.10)

$$T_r - T = \frac{LD}{K}(\rho_v - \rho_{vr}) = \frac{LD}{K}\frac{1}{4\pi rD}\frac{dM}{dt} = \frac{Lr\rho_L}{K}\frac{dr}{dt}. \tag{6.13}$$

Sustituyendo este valor en (6.12) obtenemos:

$$\ln\frac{e_s(T_r)}{e_s(T)} = \frac{L^2\rho_L}{KR_vT^2}r\frac{dr}{dt},$$

o

$$\frac{e_s(T_r)}{e_s(T)} \approx 1 + \frac{L^2\rho_L}{KR_vT^2}r\frac{dr}{dt}. \tag{6.14}$$

Pero

$$S = \frac{e}{e_s(T)} = \frac{e_s(T_r)}{e_s(T)} + \frac{e - e_s(T_r)}{e_s(T)}$$

y a partir de (6.14):

$$S = 1 + \frac{L^2\rho_L}{KR_vT^2}r\frac{dr}{dt} + \frac{e - e_s(T_r)}{e_s(T)}. \tag{6.15}$$

Teniendo en cuenta la ecuación de estado del vapor de agua

$$e - e_s(T_r) \approx R_vT(\rho_v - \rho_{vr}) = \frac{R_vT\rho_L}{D}r\frac{dr}{dt}, \tag{6.16}$$

donde hemos recurrido a la (6.13) para expresar la diferencia $(\rho_v - \rho_{vr})$.

Combinando la (6.15) y la (6.16) llegamos a obtener, tras algunos reajustes:

$$r\frac{dr}{dt} = \frac{S-1}{\left[\frac{L^2\rho_L}{KR_vT^2} + \frac{R_vT\rho_L}{De_s(T)}\right]} \equiv \frac{S-1}{[F_k + F_d]} \tag{6.17}$$

que es una expresión para el crecimiento de la gotita, despreciando los efectos de curvatura y disolución. Cuando tales efectos se tienen en cuenta, el resultado es:

$$r\frac{dr}{dt} = \frac{(S-1) - \frac{a}{r} + \frac{b}{r^3}}{[F_k + F_d]}. \tag{6.18}$$

donde hemos designado por F_k y F_d al primer término y al segundo, respectivamente, del corchete de la (6.17).

El coeficiente de difusión y el de conductividad térmica varían con la temperatura y vienen tabulados en la Tabla 6.1; el calor latente, L, y la presión de vapor en equilibrio, e_s, dependen también de la temperatura y están tabulados en la tabla 2.1 del capítulo 2. Según se explica en las *Smithsonian Meteorological Tables* (R. J. List, ed.), tanto K como D dependen en realidad de la viscosidad

TABLA 6.1. *Valores del coeficiente de difusión D, y del de conductividad térmica K (Smithsonian Meteor. Tables, 1958)*

T (°C)	K (erg · cm^{-1} s^{-1} grado^{-1})	D (cm^2 · s^{-1})*
−20	$2{,}28 \times 10^3$	0,197
−10	$2{,}36 \times 10^3$	0,211
0	$2{,}43 \times 10^3$	0,226
10	$2{,}50 \times 10^3$	0,241
20	$2{,}57 \times 10^3$	0,257
30	$2{,}64 \times 10^3$	0,273
40	$2{,}70 \times 10^3$	0,289

* Nota: Los valores de D tabulados lo han sido para una presión de 1000 mb. Puesto que D es proporcional a μ/ρ, se deduce que D es inversamente proporcional a la presión para una temperatura dada. Para obtener D para una presión cualquiera p (mb), habrá que multiplicar los tabulados por el factor (1000/p).

del aire; concretamente, K es proporcional a la viscosidad dinámica μ, mientras D es proporcional a la cinemática, μ/ρ (ρ es la densidad del aire). La viscosidad dinámica depende sólo de la temperatura, y viene dada, aproximadamente, por la fórmula empírica

$$\mu(T) = 1{,}72 \times 10^{-4}\left(\frac{393}{T+120}\right)\left(\frac{T}{273}\right)^{3/2}$$

donde T se expresa en K y μ en g · cm^{-1} · s^{-1}. Esta relación, junto con valores de K y D medidos para temperatura y presión standard, fue usada para obtener los datos de la tabla; en la figura 6.1 puede observarse la dependencia de la magnitud $[F_k + F_d]$, con la temperatura y presión.

Una vez que r se hace lo bastante grande, a/r y b/r^3 son despreciables frente a $(S - 1)$, y la (6.17) es una buena aproximación. En tal caso, si $(S - 1)/[F_k + F_d]$ es razonablemente constante, el radio de la gotita crecerá con el tiem-

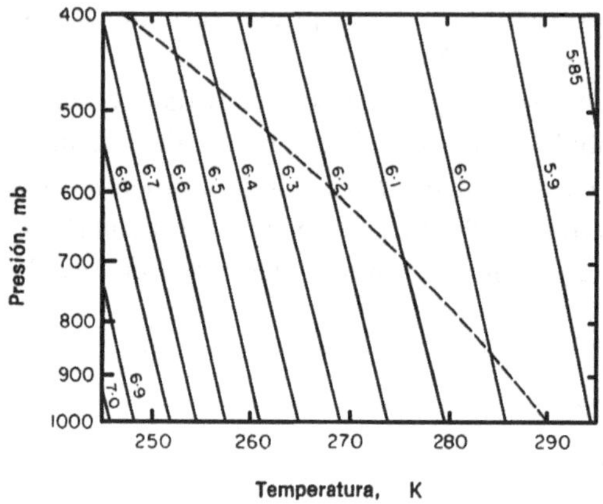

FIG. 6.1. Variación de $\log_{10} [F_k + F_d]$ con la temperatura y presión. Se han trazado las líneas para los valores que se indican. La línea de trazos representa la pseudo-adiabática correspondiente a $\theta_w = 290$ *K*. En una corriente ascendente dentro de la nube, sin que exista mezcla $[F_k + F_d]$, variaría a lo largo de dicha curva.

po de acuerdo con

$$r(t) = \sqrt{r_0^2 + 2ct}, \qquad (6.19)$$

donde

$$c = (S - 1)/[F_k + F_d]. \qquad (6.20)$$

La forma parabólica de esta ley de crecimiento, implica un estrechamiento en la representación de la distribución de las gotas por tamaño, a medida que progresa el crecimiento. Por ejemplo, consideremos dos gotitas de radios iniciales 1 y 10 micras, creciendo bajo las mismas condiciones; a partir de la ecuación (6.19) es fácil comprobar que la mayor aumenta tan sólo hasta 14 micras, durante el mismo tiempo en que la menor crece hasta las 10 micras.

Las soluciones a la (6.18) dependen de la temperatura y de la naturaleza del núcleo, y deben ser obtenidas numéricamente. La tabla 6.2 muestra el ritmo de crecimiento para un núcleo de NaCl, a T = 273 K y p = 900 mb, con una sobresaturación de 0,05 %.

La (6.18) nos da también la velocidad de evaporación de una gotita; en este caso $S < 1$ y $(dr/dt) < 0$. Por otra parte, si se conoce la velocidad de caída de una gotita en función de su tamaño, también será posible, mediante la (6.18),

TABLA 6.2. *Ritmo de crecimiento de gotitas por condensación (radio inicial 0,75 micras) (según Mason, 1971)*

Masa del núcleo (g)	10^{-14}	10^{-13}	10^{-12}
Radio (micras)	Tiempo (s) necesario para crecer a partir del radio inicial 0,75 micras		
1	2,4	0,15	0,013
2	130	7,0	0,61
5	1 000	320	62
10	2 700	1 800	870
20	8 500	7 400	5 900
30	17 500	16 000	14 500
50	44 500	43 500	41 500

hallar la distancia a través de la que puede caer durante el tiempo que tarda en evaporarse completamente. Para gotas inferiores a unas 50 micras de radio, la velocidad terminal de caída aumenta aproximadamente con el cuadrado del radio y la distancia a través de la que puede caer, antes de evaporarse totalmente, crece con la cuarta potencia del mismo. Esta aproximación ha sido utilizada (e incluso extendida algo más allá de su intervalo de validez) para obtener los resultados de la tabla 6.3; en ella se pone de manifiesto un rápido aumento de la distancia recorrida en la caída, al aumentar el radio, lo que suministra una base razonable

TABLA 6.3. *Distancia que puede recorrer una gota en su caída, antes de evaporarse, en el supuesto de una atmósfera isoterma con $T = 280$ K, $S = 0,8$*

Radio inicial	Distancia recorrida en la caída
1 μm	2 μm
3 μm	0,17 mm
10 μm	2,1 cm
30 μm	1,69 m
0,1 mm	208 m
0,15 mm	1,05 km

para una discriminación entre las gotitas nubosas y las de lluvia; estas últimas son las de tamaño suficientemente grande para alcanzar el suelo antes de evaporarse, mientras que las primeras son aquellas que, por su pequeño tamaño, se evaporan poco después de abandonar la nube. Por convenio, la línea divisoria se traza en $r = 0{,}1$ mm; las de tamaño superior tienen una gran probabilidad de llegar al suelo y se denominan gotas de lluvia; realmente a las gotas cuyo tamaño es muy próximo a 0,1 mm. se las denomina gotas de llovizna.

El crecimiento de las poblaciones de gotitas

En una nube natural ocurre que simultáneamente crecen muchas gotas a la vez, compitiendo por la cantidad de vapor de agua disponible; cuando las gotitas son lo bastante grandes o numerosas, el ritmo de captación de vapor puede superar al de producción de sobresaturación y con ello el proceso de crecimiento se retarda o termina.

La humedad viene suministrada por el aire saturado que resulta enfriado durante su ascenso; la cantidad de humedad disponible para el crecimiento de las gotitas, en un instante dado, está determinada por el ritmo de suministro y el de condensación. En general, la velocidad de variación de la razón de saturación puede expresarse por

$$\frac{dS}{dt} = P - C, \tag{6.21}$$

donde P es el término que representa la producción y C el de condensación; más específicamente

$$\frac{dS}{dt} = Q_1 \frac{dz}{dt} - Q_2 \frac{d\chi}{dt}, \tag{6.22}$$

donde dz/dt es la velocidad del aire y $d\chi/dt$ la de condensación, medida en gramos condensados, por gramo de aire, por unidad de tiempo; Q_1 y Q_2 son variables termodinámicas dadas por

$$Q_1 = \frac{1}{T}\left[\frac{\varepsilon L g}{R' c_p T} - \frac{g}{R'}\right] \tag{6.23}$$

$$Q_2 = \rho\left[\frac{R'T}{\varepsilon e_s} + \frac{\varepsilon L^2}{pTc_p}\right]. \tag{6.24}$$

Físicamente, $Q_1(dz/dt)$ representa el aumento de la sobresaturación debido al enfriamiento en el ascenso adiabático y $Q_2(d\chi/dt)$ la disminución producida en virtud de la condensación de vapor sobre las gotitas. En la figura 6.2 viene repre-

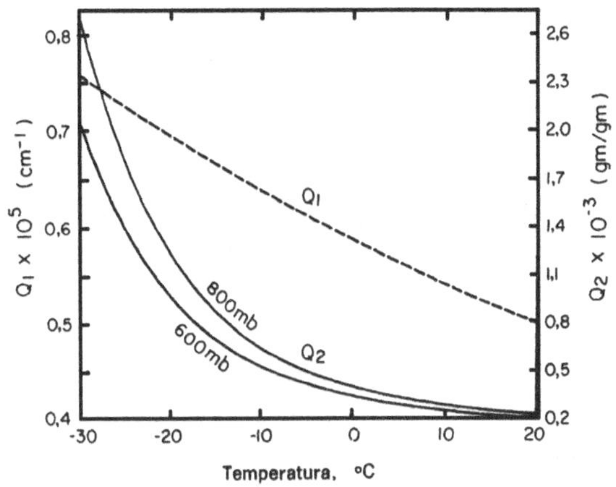

FIG. 6.2. Variación de Q_1 y Q_2 con la temperatura; Q_2 también depende de la presión, por lo que viene representada para 600 y 800 mb.

sentada la variación de Q_1 y Q_2 en función de la temperatura.

Para deducir la (6.23) procederemos de la siguiente forma: suponiendo ascenso sin condensación, la (6.22) se convierte en

$$\frac{dS}{dt} = Q_1 \frac{dz}{dt}. \tag{6.25}$$

Pero

$$S = e/e_s,$$

luego

$$\frac{dS}{dt} = \left(e_s \frac{de}{dt} - e\frac{de_s}{dt}\right) \Big/ e_s^2. \tag{6.26}$$

Introduciendo la razón de mezcla w y teniendo en cuenta que no varía cuando no tiene lugar condensación, puede demostrarse que

$$\frac{de}{dt} = -\frac{eg}{R'T}\frac{dz}{dt}. \tag{6.27}$$

A partir de la ecuación de Clausius-Clapeyron resulta

$$\frac{de_s}{dt} = -\frac{Le_s}{R_v T^2}\frac{g}{c_p}\frac{dz}{dt}. \tag{6.28}$$

y si en la (6.25), introducimos las (6.26) y (6.28), obtendremos el resultado indicado por la (6.23) para el valor de Q_1. La deducción de la (6.24) se logra siguiendo un camino análogo.

Sobre la base de la (6.18) para el ritmo de crecimiento y la (6.22) para la razón de saturación, es posible, partiendo de una supuesta, o medida, distribución de los núcleos de condensación, suponer una determinada velocidad ascensional y calcular la subsiguiente evolución del espectro de gotitas. Un análisis de este tipo fue llevado a cabo por primera vez por Howell (1949), y sus resultados son discutidos por Mason (1971) y Fletcher (1962), en sus respectivos textos de física de las nubes. Más recientemente, Mordy (1959) llevó a cabo cálculos análogos, utilizando una información más al día acerca del espectro de núcleos; el núcleo de mayor tamaño considerado por Howell era de unos 10^{-12} g, mientras que el espectro de Mordy se extendía hasta 10^{-9} g. La figura 6.3, tomada de Mordy, se refiere a una concentración de núcleos "media", es decir, ni muy densa ni demasiado escasa, y para una velocidad ascensional de 15 cm · s^{-1}.

Las líneas continuas dan el crecimiento de las gotitas, para un amplio inter-

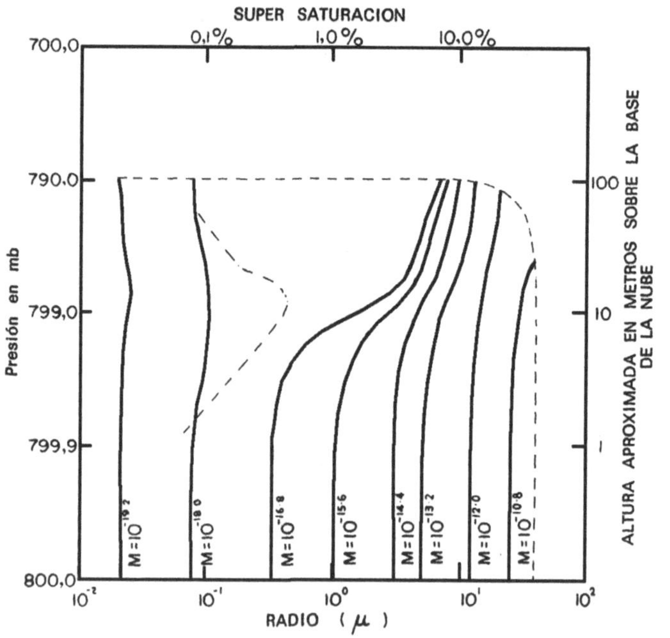

FIG. 6.3. Formación inicial de las gotitas nubosas y variación de la sobresaturación por encima de la base de la nube. (De Mordy, 1959.)

valo del tamaño inicial de los núcleos. Las líneas de trazos muestran la variación de la sobresaturación con la altura; puede observarse claramente el característico estrechamiento de la distribución por tamaños, a consecuencia de la ley parabólica del crecimiento. La sobresaturación alcanza un máximo, alrededor del 0,5 %, a unos 40 m por encima de la base de la nube; también a esta altura es cuando las curvas de crecimiento de las gotitas presentan el mayor ritmo de aumento. Las líneas correspondientes a las gotitas más pequeñas indican que se aproximaron a su sobresaturación crítica, pero sin ser alcanzada, antes de que la razón de saturación comience a disminuir.

Por comparación de los resultados obtenidos, para tres supuestas concentraciones de núcleos y otras tantas velocidades ascendentes (15, 50 y 100 $cm \cdot s^{-1}$), Mordy llegó a la conclusión de que el número de gotitas nubosas producidas dependía, a la vez, de la corriente vertical y de la concentración de núcleos, existiendo un acuerdo general entre la concentración de gotitas calculada y la observada en las nubes. No obstante, los espectros calculados son más estrechos que la mayor parte de los observados, con demasiado pocas gotas grandes. Twomey (1959), basando su análisis en espectros de actividad empíricos, de la forma (5.9), ha llevado a cabo cálculos análogos con resultados coincidentes con los de Mordy.

Una característica significativa de todos estos cálculos, es que la sobresaturación alcanza su máximo dentro de unos 100 m, en el seno de la nube, y a partir de su base, por encima de cuyo nivel disminuye y tiende a un valor prácticamente constante. Puesto que la sobresaturación controla el número de núcleos de condensación que resultan activados, se deduce que la concentración de gotitas nubosas viene determinada por las capas más bajas de la nube. La sobresaturación disminuye hasta su valor constante, cuando se alcanza el equilibrio entre el ritmo de condensación de las gotitas formadas y el del aumento de la sobresaturación, determinado por la corriente ascendente.

Cuando pueda considerarse que la sobresaturación es estacionaria, existe un método aproximado muy útil para determinar, en cualquier instante, la distribución por tamaños de las gotitas nubosas, a partir de la forma que tenía en un tiempo anterior. Consideremos una muestra de aire nuboso en el cual la distribución de las gotas por tamaño esté caracterizada por una función $\nu_0(r_0)$, donde $\nu_0(r_0)dr_0$, es el número de gotitas de nube, por unidad de *masa* de aire, cuyos radios están comprendidos en el intervalo $(r_0, r_0 + dr_0)$. [El número de gotitas por unidad de masa está relacionado al número por unidad de volumen, introducido anteriormente, por $n(r) = \rho\nu(r)$, donde ρ es la densidad del aire.] Al cabo de un tiempo t, las gotas habrán crecido por condensación, y la distribución habrá cambiado, como se indica esquemáticamente en la figura 6.4. Supongamos que las gotitas son bastante grandes para que los términos a/r y b/r^3 puedan despreciarse, en la ecuación de crecimiento (6.18); entonces, puesto que S se supone constante, todas las gotas crecerán de acuerdo con la ley parabólica (6.19); supongamos, además, que ninguna de las gotitas existentes en la muestra escapa de ella, debido por ejemplo, a evaporación o precipitación, y que tampoco se agregan otras nuevas; en tal caso, la razón de mezcla de la gotita, número total por unidad de masa de aire, permanece constante. De todas estas suposiciones, se deduce que la distribución de las gotas por tamaños, en el tiempo t, vendrá dada por:

$$\nu(r,t) = \nu_0(r_0)\frac{dr_0}{dr} = \frac{r}{\sqrt{r^2 - 2ct}}\nu_0(\sqrt{r^2 - 2ct}). \qquad (6.29)$$

Kovetz (1969) ha deducido una relación más general en la que tiene en cuenta la posible creación de nuevas gotas y la caída de otras, respecto al aire.

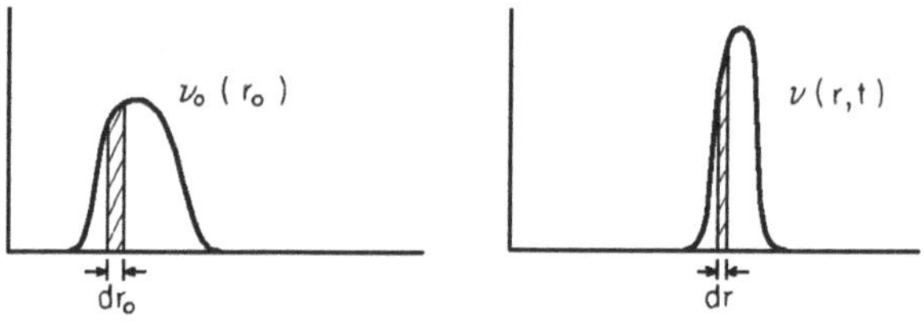

FIG. 6.4. Evolución del espectro de gotitas por condensación (esquemática).

Mientras los cálculos teóricos conducen a un estrechamiento aún mayor del espectro de las gotas (como era de esperar en virtud de la ley de crecimiento parabólico), los espectros observados en las nubes tienden a ensancharse con el tiempo, y es precisamente este ensanchamiento el que puede conducir a la producción de la precipitación. A pesar de que en la última década, se han hecho cierto número de intentos para explicar tal inconsistencia, ninguno ha sido generalmente aceptado como explicación satisfactoria. En el apartado siguiente describiremos algunos de dichos intentos.

Algunas modificaciones de la teoría de crecimiento por difusión

(a) Crecimiento de una gota aislada

(1) Borovikov y otros (1961) demuestran que la solución general de la (6.1), sin la suposición de crecimiento estacionario, es

$$n(R) = n_0 - \frac{r}{R}(n_0 - n_r)\left[1 - \operatorname{erf}\left(\frac{R-r}{2\sqrt{Dt}}\right)\right], \tag{6.30}$$

donde erf (x) es la función normal de error. Comparando este resultado con la solución (6.4), para crecimiento estacionario, estos autores demostraron que tal hipótesis sólo introduce errores despreciables en el ritmo de crecimiento de las gotitas de tamaño típico, después de que transcurre un tiempo de 10 μs; en consecuencia, tal hipótesis está justificada y no puede ser la causa de la disparidad entre los espectros, de las gotitas calculados y observados.

(2) Las ecuaciones de crecimiento por difusión, tal como han sido expuestas, desprecian la velocidad de caída de las gotas respecto al campo de vapor; tal velocidad introduciría un efecto de "ventilación" que tendería a aumentar el ritmo de crecimiento de la gota. Dicho efecto puede ser tenido en cuenta mediante la introducción de un factor de ventilación f, función de los números de Reynolds y Prandtl del flujo, en la ecuación (6.18). Fletcher (1962, p. 124) discute el efecto de ventilación y llega a la conclusión de que es despreciable para gotas de $r < 10$ micras; al crecer el tamaño de la gotita, se hace más importante; así para $r \approx 80$ micras (a 10 °C y 800 mb.), el factor de ventilación determina un aumento de la magnitud $r(dr/dt)$ del orden del 50 %. Este efecto actúa en el sentido correcto para explicar la disparidad, pero es demasiado débil para justificar gran parte del ensanchamiento observado en el importante intervalo que se extiende desde unas 20 a las 40 micras de radio.

(3) Las ecuaciones de crecimiento que hemos visto se basan en la ecuación de difusión y no tienen en cuenta, específicamente, los procesos de intercambio molecular que ocurren en la superficie de separación líquido-vapor. Desde hace tiempo se reconocía que esto representaba una deficiencia; en consecuencia se llevaron a cabo algunos intentos para corregir la ecuación de crecimiento mediante la teoría cinética. Fukuta y Walter (1970) han presentado resultados de nuevos cálculos, en los que se toman en cuenta dichos efectos, al mismo tiempo que hacen una revisión crítica del trabajo anterior.

El problema resulta más complejo en el enfoque de la teoría cinética, requiriendo la introducción de dos nuevos conceptos y parámetros:

(a) El factor de acomodación α, que describe la transferencia de calor que tiene lugar mediante las moléculas entrantes y salientes, a través de la superficie de separación, entre las fases líquidas y vapor:

$$\alpha = \frac{T'_2 - T_1}{T_2 - T_1},$$

donde T'_2 = temperatura de las moléculas de vapor abandonando la superficie del líquido;
T_2 = temperatura del líquido;
T_1 = temperatura del vapor.

(b) El coeficiente de condensación β, definido como la fracción de moléculas que inciden sobre la superficie líquida y se condensan. Se ha encontrado que los líquidos polares se evaporan a una velocidad más lenta que la que es de esperar a partir de la presión de vapor en equilibrio, y en consecuencia tienen un valor de β inferior al de los líquidos no polares.

En el tratamiento cinemático, se supone que existen dos regímenes de flujo; uno de ellos prevalece dentro de la distancia del orden del recorrido libre medio, a partir de la superficie líquida, mientras que el otro rige fuera de dicha zona. La región interior está controlada por efectos cinéticos, la exterior por la difusión ordinaria; la primera forma una barrera para los intercambios de calor y de masa, y la importancia de tal barrera viene medida por los coeficientes α y β.

Fukuta y Walter encontraron para la ecuación de crecimiento (despreciando los efectos de disolución y curvatura)

$$r\frac{dr}{dt} = \frac{S-1}{\left[\frac{L^2\rho_L}{KR_vT^2f(\alpha)} + \frac{R_vT\rho_L}{De_s(T)g(\beta)}\right]}, \qquad (6.31)$$

donde las funciones f y g dependen de los parámetros cinéticos y los restantes símbolos son los mismos usados en la (6.17). Recurriendo a las mejores estimaciones existentes para aquellas funciones, encontraron que después de 20 s de crecimiento, la masa de la gotita, creciendo de acuerdo con la teoría modificada, era aproximadamente la mitad de la que predice la teoría más elemental de difusión. Como en la (6.31) $g(\beta) < f(\alpha) \leqslant 1$, resulta que en la teoría modificada, el término de difusión tiene, relativamente, más importancia que el de conducción calorífica. Cuando el crecimiento prosigue más allá de los 20 s, la diferencia entre las masas previstas por las dos teorías, se hace despreciable. En otras palabras, las correcciones cinéticas afectan especialmente a las pequeñas gotitas. En conclusión, parece resultar que la teoría revisada es ventajosa en el caso en que las pequeñas gotitas se mantengan pequeñas durante mucho tiempo, o cuando se considere un sistema polidisperso que contenga gotitas pequeñas o de reciente nucleación, o en el caso de que se trate de una población de gotitas con un valor de β menor, artificialmente inducido.

Fitzgerald (1972) tuvo en cuenta los coeficientes de acomodación y condensación, en un estudio llevado a cabo sobre el crecimiento de gotitas por condensación; la conclusión a que llegó es que el ritmo instantáneo de crecimiento de gotitas cuyos radios eran de 0,1, 1,0 y 10 micras, venía reducido, respectivamente, en el 4, 33 y 82 %, en relación al que se obtiene despreciando aquellas correcciones. Dado que los factores cinéticos tienden a retardar el crecimiento de las gotas más pequeñas frente a las mayores, actúan en el sentido correcto para justificar el ensanchamiento del espectro con el tiempo. Tal era también el caso en los efectos de ventilación, pero los cinéticos son demasiado pequeños para justificar muchas de las distribuciones observadas.

(4) Algunos autores soviéticos (Mazin, 1968), utilizando argumentos propios de la teoría estadística de la turbulencia, han llegado a la conclusión de que las perturbaciones locales de presión inducidas por turbulencia, pueden dar lugar dentro de la nube, a fluctuaciones de la razón de saturación suceptibles de influenciar el crecimiento de las gotitas; cada una de ellas experimentará una sobresaturación, variable con el tiempo, y debido a la naturaleza estadística de tales variaciones, algunas gotas pueden crecer más rápidamente que el promedio restante. En consecuencia, tras un período de crecimiento de 5 a 10 minutos, la dispersión de los tamaños de las gotitas, respeto al promedio, puede aumentar en varias micras, debido a tal efecto. Las conclusiones preliminares, dadas por Mazin, sugieren, una vez más, que dicho efecto no es suficiente para justificar los espectros de gotas observados.

(*b*) *Crecimiento de las poblaciones de gotitas*

(1) En sus análisis de la evolución de los espectros de gotitas, Mordy, Ho-

well y Twomey, consideraban una porción discreta y limitada de aire, conteniendo una distribución de núcleos de condensación dada, en movimiento ascencional con velocidad constante. Fitzgerald (1972) utilizó la misma aproximación, pero dispuso de una serie más completa de datos de observación, para comparar con sus cálculos; los datos de entrada incluían, la velocidad ascencional, promediada horizontalmente y medida (por avión) a varios centenares de pies por debajo de la base de la nube, la distribución por tamaños de los núcleos de NaCl, deducida a partir de un espectro de actividad medido, así como la temperatura y presión existentes en la base de la nube. Utilizando, fundamentalmente, la ecuación de crecimiento en la forma (6. 31), logró calcular el espectro de gotitas a la altura de unos centenares de metros por encima de la base de la nube y comparó estos resultados con el espectro observado; la comparación se llevó a cabo para cinco nubes continentales y dos marítimas; tanto el espectro calculado, como el observado eran bastante monodispersos. Entre ambos se encontró una estrecha concordancia, puesta de manifiesto por la comparación de las concentraciones de gotitas, diámetros medios y desviaciones standard de los diámetros. Los valores medios del coeficiente de dispersión (relación entre desviación standard y diámetro medio) fueron 0,17 para las distribuciones observadas y 0,12 para las calculadas. En la figura 6.5 damos un ejemplo de los resultados obtenidos para una de las nubes continentales.

Aunque el trabajo de Fitzgerald sigue mostrando una tendencia de los espectros reales a ser algo más anchos de lo que predice la teoría, la disparidad ya no es tan acusada como se había pensado en un principio. La razón de la discrepancia que se creyó existía, era debida, más que a un defecto de la teoría, a observaciones inadecuadas. Fitzgerald midió las distribuciones de gotitas, justo por encima de la base de la nube, encontrándolas casi tan estrechas como predecía la teoría del crecimiento por difusión; en los primeros trabajos, las observaciones no se habían confinado al nivel inferior de la nube y se encontraban distribuciones más anchas.

Aunque la teoría del crecimiento por difusión parece explicar adecuadamente las etapas iniciales del desarrollo de las gotitas, no existe, por el momento, un acuerdo general acerca de la forma en que el espectro de gotitas, tras un cierto tiempo de su formación inicial, realmente comienza a ensancharse y llega a extenderse desde radios de varias micras hasta unas 20 micras.

(2) Con objeto de poner a prueba la sugerencia hecha en el sentido de que la mezcla turbulenta en la corriente ascendente, al poner en contacto paquetes de aire de distintas historias, podría justificar el ensanchamiento del espectro,

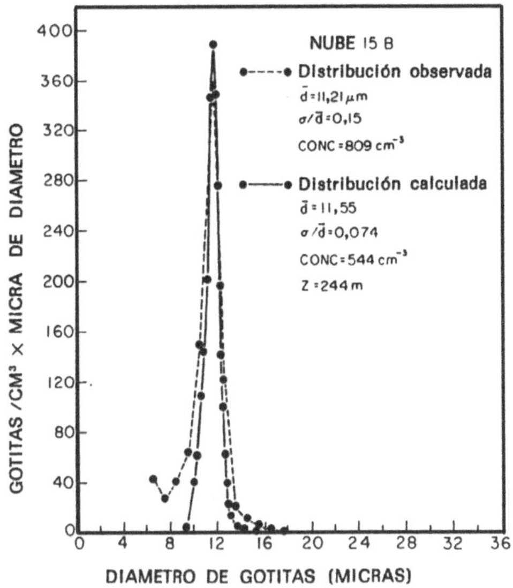

FIG. 6.5. Comparación entre los espectros de gotas nubosas, calculado y medido, a 244 m por encima de la base de la nube.

Warner (1969 b) recurrió a simular numéricamente una corriente vertical turbulenta, en forma de penacho y encontró que daba lugar a un espectro que no era significativamente más ancho que los originados por una corriente ascensional constante. No obstante, algunas corrientes verticales y singularmente las que están animadas de una aceleración general, son capaces de determinar un ensanchamiento del espectro, a través de una continuada activación de núcleos frescos, que conduce a una persistente y bimodal distribución de tamaños.

Warner incluyó en sus cálculos al coeficiente de condensación, pero encontró, que con objeto de poder interpretar el hecho, prácticamente invariable, de la existencia de notable número de gotitas de radio $r < 5$ micras, en alturas de unos 100 m sobre la base de la nube, había necesidad de suponer que dicho coeficiente no podía ser mucho mayor de 0,05. Pero, por otra parte, para que las gotas puedan crecer más allá de dicho tamaño, en un tiempo razonable, el coeficiente no debe ser muy inferior a 0,03. (Adviértase que este coeficiente es el introducido anteriormente, aunque Warner se refiere al mismo como coeficiente de acomodación.) Estas estimaciones de los valores de β son algo inferiores a los valores usados por Fukuta y Walter.

En otro enfoque distinto del de Warner, debido a Mason y Jonas (1974), se modela la mezcla turbulenta, considerando diversas burbujas ascendentes a través del mismo volumen del espacio. Los parámetros a considerar resultaron ser, el gradiente térmico vertical y la humedad, y la velocidad de mezcla turbulenta entre las burbujas y el medio ambiente; los valores iniciales del empuje y la velocidad vertical eran menos importantes. Para valores razonables de los parámetros, el modelo puede justificar las principales características de la estructura y constitución de las nubes cumuliformes sin precipitación. El contenido en agua, en la parte superior de la nube simulada, era del orden del 35 % del valor adiabático y los máximos de sobresaturación, alrededor, de 0,4 %. Más importante es el hecho de que un caso, basado en parámetros de entrada representativos de condición marítima, demostró producir un espectro de gotas, ancho y bimodal, en un tiempo de unos 30 minutos, con gotitas hasta de 25 micras. Es interesante hacer notar que Mason y Jonas despreciaron totalmente las correcciones cinéticas en la ecuación de crecimiento.

(3) Considerando nubes estratiformes, había observado Mason bastante antes (1952), que las corrientes ascendentes no son irregulares y había que suponer que la explicación de la amplia distribución del tamaño de las gotas, debía ser motivada por otras causas. Una de las posibles explicaciones consistía en suponer sencillamente, que unas gotas permanecen en el seno de la nube más que otras y por lo tanto logran crecer hasta mayores tamaños. Esta es una interpretación lógica para alguno de los ensanchamientos espectrales, y hasta cierto punto, parece estar de acuerdo con los recientes resultados de Mason y Jonas.

Problemas

1. Una gota de lluvia cae desde la nube hasta una capa de aire isotermo, no saturado, situada debajo. Mientras la gota se evapora, la velocidad de pérdida de calor por evaporación es igual a aquella con que lo gana por conducción, a partir del aire más caliente. Demostrar que la temperatura de la gota es igual a la que alcanzaría el termómetro húmedo.

2.* Una nube en forma de torre de cúmulos congestus tiene su base a 820 mb y 14 °C. A 770 mb el contenido acuoso de la nube es de 1 g/kg y el espectro de las gotas es de forma gaussiana, centrado en un radio de 8 micras y con una dispersión $\sigma/\bar{r}$ de 0,15. Suponga que el aire asciende dentro de la nube pseudoadiabáticamente, sin arrastre, y que el crecimiento de las gotitas tiene lugar exclusivamente por condensación. Encontrar la forma del espectro de las

* Tanto en este, como en otros problemas siguientes, el asterisco indica que la solución mediante un computador digital es aconsejable, pero no necesariamente esencial.

gotas a 500 mb. Suponga que la cantidad de agua condensada es siempre χ, el contenido acuoso adiabático.

Suponga luego que existe una velocidad vertical constante de 15 m/s desde 770 a 500 mb, y calcule la sobresaturación media del aire ascendente.

En los cálculos, prescinda de a/r y b/r^3 en la ecuación del crecimiento de la gota. El uso del tefigrama resulta útil en la resolución de este problema.

CAPÍTULO 7

INICIACIÓN DE LLUVIA EN NUBES SIN CONGELACIÓN

La mayor parte de la precipitación que cae sobre la superficie terrestre llega al suelo en forma de lluvia, después de haberse producido en el seno de nubes cuyas cimas no alcanzan temperaturas inferiores a los 0°C. El mecanismo responsable de la precipitación en estas nubes "calientes", es la coalescencia entre las gotitas nubosas. Aunque este proceso de formación de precipitación es, con mucha diferencia, el dominante en los trópicos, también desempeña su papel en las nubes cumuliformes de latitudes medias, cuyas cimas pueden alcanzar temperaturas inferiores a las de congelación.

Tanto en este capítulo, como en los siguientes, se supone que el lector está familiarizado con las principales categorías de nubes y su clasificación. Existen atlas excelentes de nubes, en los que se ilustran los diversos tipos; uno de ellos, por ejemplo, es el de Scorer y Wexler (1963), titulado *A Colour Guide to Clouds (Una guía en color de las nubes.)*

Propiedades microfísicas de las nubes

Los espectros de las gotitas de la nube pueden ser caracterizados por la función $n(r)$, que tiene la propiedad de que $n(r)dr$ representa el número de gotitas, por unidad de volumen, cuyos radios están comprendidos en el intervalo $(r, r + dr)$. Véase, por ejemplo, la figura 6.5 del capítulo anterior. En general, la distribución variará con la zona de la nube y con el tiempo. Además de esta variabilidad real, existe otra que viene determinada por el carácter aleatorio de la posición de las gotitas. Con objeto de eliminar esta variación estadística, cualquier medida relativa a $n(r)$ debe de hacerse dentro de un volumen de nube bastante grande, a fin de que contenga un número relativamente alto de gotitas de todos los tamaños.

La concentración de gotitas, o densidad numérica N, es el número total de gotitas, por unidad de volumen, siendo igual a la integral de $n(r)$, extendida a todos los tamaños presentes. También es una magnitud variable y sujeta a las limitaciones inherentes al muestreo. En nubes cumuliformes continentales, un valor típico de N es 200 cm^{-3}; en las nubes orográficas hawainas, un caso extremo, del orden de 10 cm^{-3}. Estas son también las concentraciones previstas por la teoría del crecimiento por difusión aplicada a las poblaciones de los núcleos de condensación ascendentes.

El contenido acuoso de la nube M es la masa de agua condensada por unidad de volumen, definida así

$$M = \tfrac{4}{3}\pi\rho_L \int r^3 n(r)dr.$$

En nubes cumuliformes sin precipitación, un valor típico de M es 0,5 g/m^3, con valores máximos de alrededor de 1 g/m^3. En las nubes estratiformes los valores tienden a ser menores. En los cumulonimbos M puede ser superior a los 5 g/m^3. Aproximadamente, el límite superior de M corresponde al valor M_a, que es el correspondiente al contenido acuoso adiabático deducido por la teoría de la burbuja.

En la tabla 7.1, que en parte contiene información dada por Fletcher (1962), se resumen las características típicas de las nubes.

TABLA 7.1. *Características de nubes típicas*

Tipo de nube	Densidad numérica gotas (cm^{-3})	Radio medio de las gotitas (micras)	Contenido acuoso (g/m^3)*	Espesor para un 20 % de probabilidad de precipitación (km)
Hawaianas orográficas	10	20	0,5	†
Cúmulos marítimos	50	15	0,5	2,5
Cúmulos continentales	200	5	0,3–3,0	6

* Estos números son bastante variables, dependiendo de la extensión del desarrollo de la nube.
† Aunque no se dispone de datos estadísticos, las nubes de este tipo y espesor no superior a los 2 km con frecuencia dan lugar a débil precipitación.

La figura 7.1, tomada de Aufm Kampe y Weickmann (1957), muestra va-

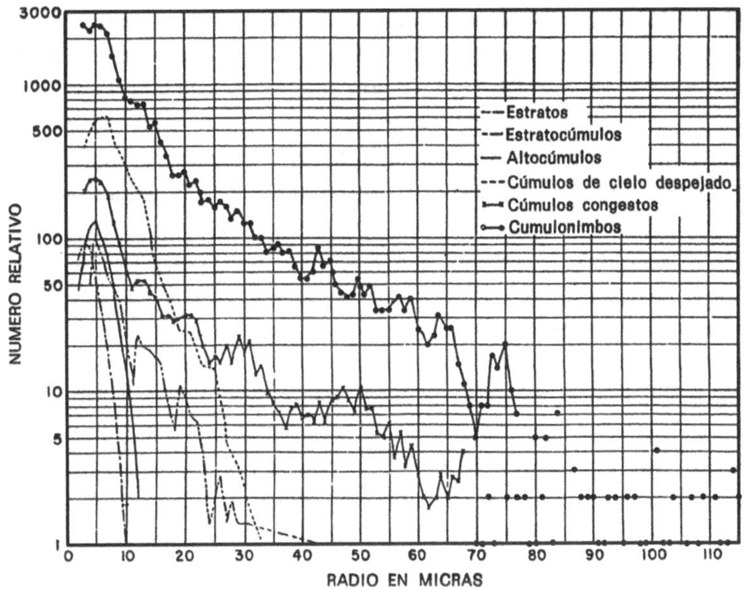

FIG. 7.1. Espectro medio de gotitas nubosas, para distintos tipos de nubes. (Según Aufm Kampe y Weickman, 1957.)

lores medios de los espectros de gotitas, para diversos tipos de nubes, en representación semilogarítmica; tan sólo las curvas correspondientes a los estratocúmulos y altocúmulos se parecen, en estrechez, a las que se dibujan en la figura 6.5; los cúmulos congestus y especialmente los cumulonimbos, tienen, relativamente, concentraciones de gotitas más altas y un número apreciable de gotas cuyos tamaños superan las 50 micras.

Warner (1969a) cita ejemplos de espectros de gotas fuertemente bimodales (en varios casos con máximos a 6 y 12 micras de radio) y advierte que algunas de las distribuciones unimodales y manifiestamente oblicuas, que se dan en la bibliografía, tal vez sean consecuencia de promediar un gran número de espectros individuales, alguno de los cuales pudiera ser completamente distinto del promedio resultante.

Crecimiento de las gotitas por colisión y coalescencia

Las colisiones pueden ocurrir por una respuesta distinta de las gotitas ante las fuerzas gravitatorias, eléctricas o aerodinámicas. En las nubes predominan los efectos gravitatorios: las gotas mayores caen más rápidamente que las pequeñas, y al alcanzarlas, capturan a una fracción de las que encuentran en su camino. Tanto el campo eléctrico, como el de turbulencia, tendrían que ser mucho más intensos que los que existen en las nubes, para poder determinar efectos comparables al gravitatorio. Cuando la gota cae, chocará tan sólo con una fracción de las gotas que encuentra en su trayectoria, ya que algunas serán barridas lateralmente por la corriente de aire existente alrededor de la gota; se denomina eficiencia de colisión a la relación entre el número real de choques y el de gotas existentes en el espacio barrido, y depende fundamentalmente del tamaño de la gota colectora, así como del tamaño de las gotitas capturables.

La colisión no produce siempre coalescencia: cuando un par de gotas chocan pueden tener lugar distintos tipos de interacción: (1) separarse tras el choque, (2) unirse permanentemente por coalescencia, (3) después de unirse por coalescencia temporal, volver a separarse, recuperando, aparentemente, sus identidades iniciales, (4) tras una coalescencia temporal, fraccionarse en un cierto número de gotas más pequeñas. El tipo de interacción depende del tamaño de las gotas, así como de la trayectoria de colisión, pero además está influenciado por las fuerzas eléctricas existentes y otros factores. Para tamaños de radio inferior a las 100 micras, las interacciones más importantes son las (1) y (2), de la relación anterior. La relación entre el número de coalescencias y el de choques es la eficiencia de coalescencia. El crecimiento de una gota, por el proceso de colisión-coalescencia, viene determinado por la *eficiencia de captura,* que es el producto de la de colisión y la de coalescencia. Experiencias de laboratorio, llevadas a cabo con pequeñas gotitas chocando entre sí, demuestran que la eficiencia de coalescencia es muy próxima a la unidad, cuando las gotas están cargadas o se encuentran en un campo eléctrico. Debido a que en las nubes naturales existen siempre campos débiles y cargas, en los estudios relativos a crecimiento de gotitas, por colisión-coalescencia, generalmente se supone que la eficiencia de captura es igual a la de colisión; por lo tanto, el problema de interpretar el desarrollo inicial de la lluvia queda reducido al de determinar el ritmo de choques entre la población de gotitas.

(a) *Velocidad terminal de caída de las gotitas*

La fuerza de arrastre ejercida sobre una esfera de radio r por un fluido viscoso viene dada por

$$F_R = \frac{\pi}{2} r^2 u^2 \rho C_D, \qquad (7.1)$$

donde u es la velocidad de la esfera respecto al medio fluido, ρ la densidad de éste y C_D el coeficiente de arrastre característico del flujo. Introduciendo el número de Reynolds $Re = 2\rho ur/\mu$, donde μ es la viscosidad dinámica del fluido, la (7.1) puede escribirse en la forma

$$F_R = 6\pi\mu ru(C_D Re/24). \qquad (7.2)$$

La fuerza de gravedad sobre la esfera viene dada por

$$F_B = \tfrac{4}{3}\pi r^3 g(\rho_L - \rho),$$

siendo ρ_L la densidad de la esfera. Para el caso de una gota de agua cayendo en el aire $\rho_L \gg \rho$ y, con bastante aproximación, puede escribirse:

$$F_B = \tfrac{4}{3}\pi r^3 g\rho_L \qquad (7.3)$$

Cuando $F_B = F_R$, la gota cae respecto al aire, con su velocidad terminal de caída; para esta situación de equilibrio

$$u^2 = \frac{8}{3}\frac{rg\rho_L}{\rho C_D}$$

o sea

$$u = \frac{2}{9}\frac{r^2 g\rho_L}{(C_D Re/24)\mu} \qquad (7.4)$$

Para valores muy pequeños del número de Reynolds, la solución dada por Stokes, al campo de flujo alrededor de la esfera, demuestra que $(C_D Re/24) = 1$; en este caso la (7.4) queda reducida a

$$u = \frac{2}{9}\frac{r^2 g\rho_L}{\mu} = k_1 r^2, \qquad (7.5)$$

con $k_1 \approx 1{,}19 \times 10^6$ cm^{-1}s^{-1}. Esta dependencia cuadrática de la velocidad de caída respecto al tamaño, se denomina Ley de Stokes y se aplica válidamente a las gotitas pequeñas hasta un límite superior de 40 micras de radio.

Experiencias llevadas a cabo con esferas sugieren que para valores suficientemente elevados del número de Reynolds, C_D se hace independiente de Re y toma un valor alrededor de 0,45; introduciendo este valor en la (7.4) se obtiene

$$u = k_2 r^{1/2}, \tag{7.6}$$

donde

$$k_2 = 2{,}2 \times 10^3 \left(\frac{\rho_0}{\rho}\right)^{1/2} \text{cm}^{1/2}\,\text{sec}^{-1}. \tag{7.7}$$

En esta última, ρ es la densidad del aire y ρ_0 la densidad de referencia, 1,20 × × 10^{-3} g/cm^3, correspondiente al aire seco a 1013 mb y 20 °C. Las gotas de lluvia tienen números de Reynolds altos, pero no son perfectamente esféricas; en consecuencia, aunque (7.6) es a menudo una aproximación útil, describe la velocidad de caída de las gotas de agua bastante bien, sólo dentro de un intervalo restringido de tamaños.

Los datos más precisos de que se dispone, en relación a la velocidad de caída de las gotas de lluvia, son los dados por Gunn y Kinzer (1949) que reproducimos en la Tabla 7.2. Fueron obtenidos al nivel del mar, en condiciones de 1013 mb y 20 °C. Debido a la disminución que experimenta la densidad del aire, una gota de cierto tamaño tenderá a caer más rápidamente en altura

TABLA 7.2. *Velocidades terminales en función del tamaño de la gota (dado por su diámetro, supuesta esférica) (según Gunn y Kinzer, 1949)*

Diámetro (mm)	Velocidad de caída (m/s)	Diámetro (mm)	Velocidad de caída (m/s)
0,1	0,27	2,6	7,57
0,2	0,72	2,8	7,82
0,3	1,17	3,0	8,06
0,4	1,62	3,2	8,26
0,5	2,06	3,4	8,44
0,6	2,47	3,6	8,60
0,7	2,87	3,8	8,72
0,8	3,27	4,0	8,83
0,9	3,67	4,2	8,92
1,0	4,03	4,4	8,98
1,2	4,64	4,6	9,03
1,4	5,17	4,8	9,07
1,6	5,65	5,0	9,09
1,8	6,09	5,2	9,12
2,0	6,49	5,4	9,14
2,2	6,90	5,6	9,16
2,4	7,27	5,8	9,17

que al nivel del mar, de acuerdo aproximadamente con la ley cuadrática (7.7). Foote y du Toit (1969) establecieron una fórmula empírica que se ajusta bastante bien a los datos y que incluso puede ser corregida para la presión y la temperatura. Junto al suelo, las gotas de lluvia que alcanzaron el mayor tamaño posible antes de fraccionarse, caen a lo más con una velocidad de 10 m/s; Foote y du Toit demostraron que, bajo condiciones típicas, a 500 mb dicho límite superior es de 12 m/s. La fórmula que ajusta todos los datos, para el intervalo completo de tamaño, es complicada.

Puede comprobarse, mediante los datos de la tabla, que la (7.6) da, con una razonable aproximación, la velocidad de caída para un intervalo de radio 0,6 mm $< r <$ 2 mm., pero con $k_2 \approx 2{,}01 \times 10^3$ cm$^{1/2}$ s^{-1}. Para el intervalo de tamaños intermedios, entre la ley de Stokes y la cuadrática, una fórmula aproximada para obtener la velocidad de caída es

$$u = k_3 r, \qquad 40\mu\text{m} < r < 0{,}6\,\text{mm} \tag{7.8}$$

con $k_2 = 8 \times 10^3$ s^{-1}.

(*b*) *Eficiencia de colisión*

En la figura 7.2 se representa una gota de radio R que en su marcha alcanza a otra gotita de radio r. Si esta última careciera de inercia, sería barrida hacia un lado bajo la influencia del flujo de corriente creado por la mayor, y la colisión nunca tendría lugar; por tanto el que tenga o no lugar el choque, depende de la importancia relativa mutua, entre las fuerzas de inercia y las aerodinámicas; la separación, x, existente entre los centros de ambas esferas es el denominado parámetro de impacto. Para valores dados de r y R, existe un valor crítico, x_0, de dicho parámetro, tal que por debajo del mismo el choque tiene siempre lugar, mientras quc para distancias superiores la gotita resulta apartada de la trayectoria de la mayor.

Cálculos recientes que resume Mason (1971) han permitido establecer con precisión los valores de x_0 para un amplio intervalo de tamaños de gotas esféricas; los resultados vienen dados en forma de eficiencias de colisión, definidas por:

$$E(R,r) = \frac{x_0^2}{(R+r)^2} \tag{7.9}$$

De esta manera, la eficiencia de colisión viene definida por la fracción entre aquellas gotitas de radio *r*, situadas en la trayectoria barrida por la gota colectora, y las que realmente chocan con ella. En otras palabras, *E* puede interpretarse como la probabilidad de que tenga lugar una colisión con una gotita situada al azar en el espacio barrido por la mayor. Evidentemente, $E \leqslant 1$.

FIG. 7.2. Disposición de la colisión.

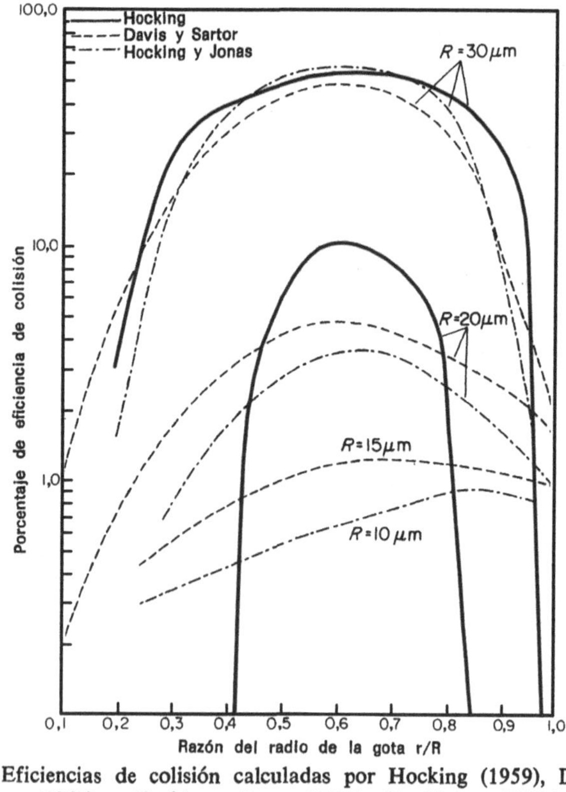

FIG. 7.3. Eficiencias de colisión calculadas por Hocking (1959), Davis y Sartor (1967), y Hocking y Jonas (1970). (De Mason, 1971.)

En la figura 7.3 se representan las eficiencias de colisión para pequeñas gotas colectoras, de acuerdo con tres tipos de cálculos teóricos. Las curvas de Hocking (1959), de trazo continuo, fueron tenidas por correctas a lo largo de una década y aparecen en los clásicos textos de física de las nubes de Fletcher y Byers. Sin embargo, estos resultados parecen haber sido superados por dos cálculos más recientes que están de acuerdo entre sí. Una de las diferencias más destacables entre los resultados originales de Hocking y los nuevos cálculos reside en el llamado "corte a 18 micras"; los primeros trabajos indicaban que las colisiones eran imposibles si el tamaño de la gota no era por lo menos de 18 micras; los nuevos resultados demuestran que los choques pueden producirse todavía para tamaños inferiores, hasta unas 10 micras, si bien la eficiencia es muy pequeña; al mismo tiempo sugieren también que, al contrario de lo que afirmaban los resultados de Hocking, los choques entre gotitas del mismo tamaño tienen una eficiencia pequeña pero no nula.

En la Tabla 7.3 se resumen estos resultados para gotas colectoras relativamente pequeñas, junto con los mejores datos de que hoy disponemos en relación a las colectoras mayores; los datos contenidos en esta tabla fueron utilizados

TABLA 7.3. *Eficiencia de colisión E para gotas de radio R chocando con gotitas de radio r, a 0 °C y 900 mb (según Mason, 1971)*

	$r(\mu m)$							
$R(\mu m)$	2	3	4	6	8	10	15	20
15		0,003	0,004	0,006	0,010	0,012	0,007	—
20	0,002	0,002	0,004	0,007	0,015	0,023	0,026	—
25	—	—	—	0,010	0,026	0,054	0,130	0,06
30	*	*	*	0,016	0,058	0,17	0,485	0,54
40	*	*	—	0,19	0,35	0,45	0,60	0,65
60	*	*	0,05	0,22	0,42	0,56	0,73	0,80
80	—	—	0,18	0,35	0,50	0,62	0,78	0,85
100	0,03	0,07	0,17	0,41	0,58	0,69	0,82	0,88
150	0,07	0,13	0,27	0,48	0,65	0,73	0,84	0,91
200	0,10	0,20	0,34	0,58	0,70	0,78	0,88	0,92
300	0,15	0,31	0,44	0,65	0,75	0,83	0,96	0,91
400	0,17	0,37	0,50	0,70	0,81	0,87	0,93	0,96
600	0,17	0,40	0,54	0,72	0,83	0,88	0,94	0,98
1000	0,15	0,37	0,52	0,74	0,82	0,88	0,94	0,98
1400	0,11	0,34	0,49	0,71	0,83	0,88	0,94	0,95
1800	0,08	0,29	0,45	0,68	0,80	0,86	0,96	0,94
2400	0,04	0,22	0,39	0,62	0,75	0,83	0,92	0,96
3000	0,02	0,16	0,33	0,55	0,71	0,81	0,90	0,94

* En este intervalo E toma valores del orden del 1 %, pero no han sido calculados con precisión.

para preparar la figura 7.4, en la que damos el campo de eficiencias de colisión, en función de R y r; la figura demuestra que E es, generalmente, una función creciente de R y r, pero que para R mayor de 80 micras, E resulta fuertemente dependiente de r.

Algunos trabajos sobre eficiencia de colisión introducen la magnitud denominada eficiencia de colisión lineal, definida por

$$y_c = x_0/R. \qquad (7.10)$$

A partir de (7.9) y (7.10), se deduce

$$E = y_c^2/(1+p)^2, \qquad (7.11)$$

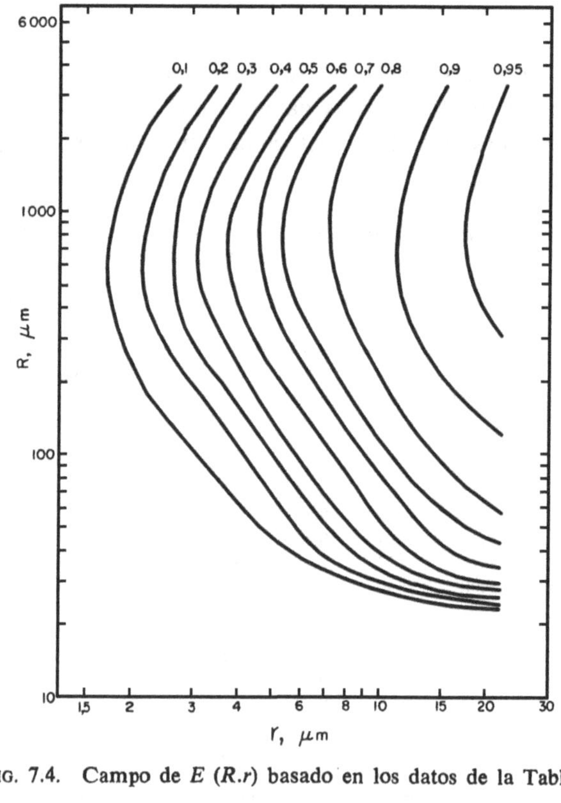

FIG. 7.4. Campo de E ($R.r$) basado en los datos de la Tabla 7.3.

donde $p = r/R$. También se define, a veces, la eficiencia por

$$E' = x_0^2/R^2.$$

Como $E' = E(1 + p)^2$, es evidente que E' puede tomar valores superiores a la unidad.

(*c*) *Ecuaciones de crecimiento*

Supongamos una gota de radio R cayendo con la velocidad terminal, a través de una población de gotitas más pequeñas. En su caída barre por unidad de distancia, a las gotitas de radio r contenidas en un volumen dado por

$$\pi(R + r)^2 \left[1 - \frac{u(r)}{u(R)}\right],$$

donde designamos por u a la velocidad terminal. Por tanto el promedio de gotitas de radio comprendido entre r y $r + dr$, captadas, en la unidad de distancia, en su caída, vendrá dado por:

$$\pi(R + r)^2\left[1 - \frac{u(r)}{u(R)}\right]n(r)E(R,r)dr$$

donde $E(R,r)$ designa la eficiencia de *captura* o *captación*, que es igual al producto de la de colisión por la de coalescencia. Cuando las gotas son todas de un tamaño inferior a unas 100 micras, generalmente se supone que la eficiencia de coalescencia es la unidad, por lo que la de captura es igual a la de colisión.

El aumento total de volumen experimentado en su caída, por una gota colectora, por unidad de distancia, se obtendrá por integración extendida a todos los tamaños:

$$-\frac{dV}{dz} = \int_0^R \pi(R + r)^2 \frac{4}{3} \pi r^3 E(R,r)n(r)\left[1 - \frac{u(r)}{u(R)}\right]dr. \qquad (7.12)$$

que expresada en función del radio de la gota es

$$-\frac{dR}{dz} = \frac{\pi}{3}\int_0^R \left(\frac{R + r}{R}\right)^2\left[1 - \frac{u(r)}{u(R)}\right]n(r)r^3E(R,r)dr. \qquad (7.13)$$

(El signo menos que aparece en el primer término de las dos últimas expresiones se debe a que, por convenio corriente, z se considera positiva hacia arriba.)

La (7.13) es general pues en ella se consideran todos los posibles tamaños y velocidades terminales de las gotitas captadas; en el caso de que sean mucho menores que la gota captadora, cabe escribir aproximadamente la (7.13), suponiendo que $u(r) \approx 0$ y $R + r \approx R$, obteniéndose:

$$\frac{dR}{dz} = -\frac{\bar{E}M}{4\rho_L}, \tag{7.14}$$

donde $\bar{E}$ representa el valor medio efectivo de la eficiencia de captura, para toda la población y M el contenido acuoso de la nube. Bajo las mismas condiciones restrictivas, el ritmo de crecimiento de la gota viene dado por

$$\frac{dR}{dt} = \frac{\bar{E}M}{4\rho_L} u(R). \tag{7.15}$$

Aunque en las (7.12), (7.13) y (7.14) se ha supuesto que no existía corriente ascendente, la validez de la (7.15) es general. Si se quiere tener en cuenta la posible corriente ascensional, de velocidad w, la (7.14) podrá escribirse;

$$\frac{dR}{dz} = \frac{\bar{E}M}{4\rho_L} \frac{u(R)}{w - u(R)} \tag{7.16}$$

que se deduce del hecho que

$$\frac{dR}{dz} = \frac{dR}{dt}\frac{dt}{dz} = \frac{dR}{dt}\frac{1}{w - u(R)}$$

El modelo de Bowen

La ecuación de crecimiento simplicada (7.16), conjuntamente con la que da el crecimiento por difusión (6.17), fueron usadas por Bowen, en 1950, en una evaluación del desarrollo de lluvia en nubes calientes, según describe Fletcher (1962); se suponía una nube constituida por gotitas de idéntico tamaño, en una corriente ascensional uniforme, y en ella una gota ligeramente mayor, posiblemente formada por una coalescencia fortuita de dos gotitas. Un ejemplo de los resultados de este modelo viene representado en la figura 7.5.

Inicialmente la gota es arrastrada, junto con las gotitas, por la corriente ascendente; no obstante, al cabo de un tiempo, empieza a quedarse atrás debido a que su tamaño aumenta; entonces el crecimiento continúa más rápidamente, hasta que transcurrido otro intervalo de tiempo, la gota es ya lo bastante grande para descender dentro del seno de la corriente ascensional; el crecimiento persiste mientras la gota cae a través de la nube de la que emerge en forma de gota de lluvia.

En el modelo de Bowen, los parámetros importantes son la velocidad ascensional y el contenido acuoso de la nube. Con velocidades ascendentes crecientes, la gota sube hasta niveles superiores antes de iniciar su descenso, y sale de la base de la nube con mayor tamaño. Para una velocidad ascensional dada, a medida que el contenido acuoso de la nube aumenta, la gota crece hasta un tamaño mayor, pero tiene una trayectoria más baja.

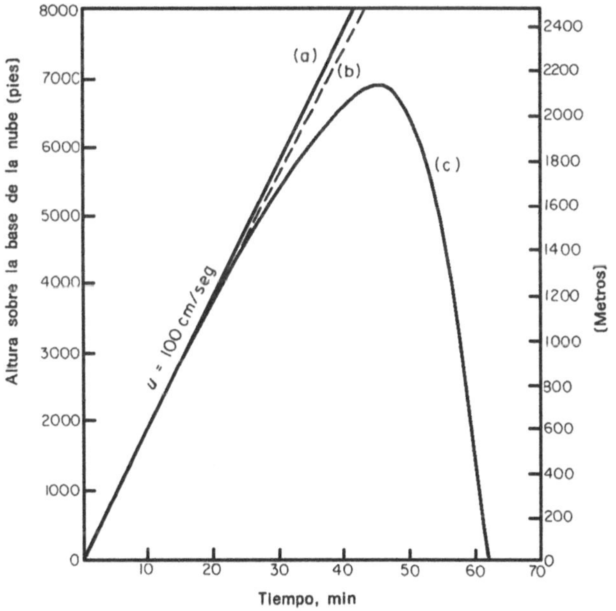

FIG. 7.5. Trayectorias calculadas por Bowen, de (a) aire, (b) gotitas nubosas que inicialmente tienen 10 micras de radio, y (c) gotas que inicialmente poseen una masa doble que las nubosas. Velocidad ascensional 1 m/s, contenido acuoso de la nube $M = 1$ g/m³. (De Fletcher, 1962.)

En sus cálculos, Bowen supuso que $E = 1$, ya que no existía información relativa a la eficiencia de colisión de las pequeñas gotas; hoy sabemos que para los pequeños tamaños que consideraba inicialmente, $r = 10$ micras y $R = 12,6$ micras la eficiencia de colisión es demasiado pequeña para que pueda tener lugar crecimiento.

Para poner de manifiesto el efecto de la corriente ascensional en el modelo de Bowen, las figuras 7.6 y 7.7 han sido construidas utilizando los datos de eficiencias de colisión de la Tabla 7.3. Lo mismo que en los cálculos de Bowen, $r = 10$ micras y $M = 1$ g/m³, pero para asegurar el crecimiento de la gota colectora su radio inicial se toma igual a 20 micras. La figura 7.6 muestra las trayectorias para corrientes ascendentes de 0,5 y 1 m/s; la figura 7.7 nos da el diámetro de la gota en función de la altura; se despreció el crecimiento de la gota por condensación.

Cálculos de este tipo permiten establecer relaciones entre corriente ascensional, altura de la nube, tiempo necesario para la producción de lluvia y el tamaño alcanzado por las gotas, en acuerdo, cualitativamente, con las observa-

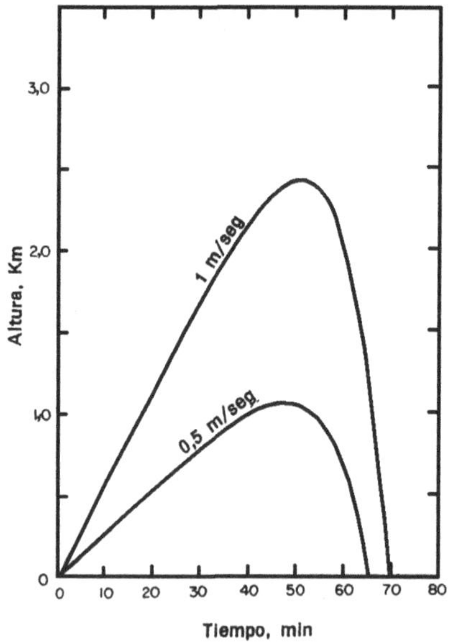

FIG. 7.6. Trayectorias de las gotas calculadas para las eficiencias de colisión de la Tabla 7.3 y Fig. 7.4, supuesta una eficiencia de coalescencia igual a la unidad. Radio inicial de la gota, 20 micras. Contenido acuoso de la nube 1 g/m³; todas las gotitas nubosas de 10 micras de radio.

ciones. La discrepancia más notable entre las predicciones del modelo y las observaciones, se aprecia en la cuestión del tiempo; mientras los cálculos indican que se precisa alrededor de una hora para que se produzcan gotas del orden de un milímetro, la observación demuestra que tales gotas pueden formarse en un tiempo mitad o inferior. Por esta razón la mayor parte del trabajo posterior, en relación al desarrollo de la lluvia, ha sido enfocado hacia la cuestión de averiguar cómo puede reducirse el tiempo de crecimiento.

Crecimiento estadístico: Modelo de Telford

Incluso en una nube muy homogénea que contenga la misma concentración media de gotitas en toda su masa, existirán variaciones locales de concentración. En particular, si $\bar{n}$ representa la concentración media de gotitas, dentro de cierto intervalo de tamaño, el número m de tales gotitas existentes en un volumen V, obedecerá a la ley de distribución de Poisson,

$$p(m) = e^{-\bar{n}V} \frac{(\bar{n}V)^m}{m!}. \tag{7.17}$$

Las ecuaciones de crecimiento dadas en (*c*) anteriormente, no tenían en cuenta las fluctuaciones estadísticas y por tanto eran tan sólo aplicables al crecimiento medio de las gotitas.

Sin embargo, no es el crecimiento medio el que interviene en el desarrollo de la lluvia; algunas gotas, estadísticamente "afortunadas", caen a través de zonas con alta concentración local de gotitas, y en consecuencia, experimentan un número de colisiones superior al promedio al principio de su propio desarrollo, y en consecuencia, tienen una situación privilegiada para continuar creciendo con mayor velocidad relativamente al resto. La lluvia se produce cuando una sola de tales gotas, frente a las 10^5 o 10^6 restantes, toma la delantera respecto al resto de sus vecinas y luego crece por coalescencia gravitacional, hasta alcanzar el tamaño de gota de lluvia. El tiempo necesario para que esto ocurra puede ser considerablemente más corto que el que una gota de tamaño medio requiere para alcanzar el mismo tamaño. Las ecuaciones de crecimiento, anteriormente vistas, consideran el proceso de coalescencia como algo uniforme y continuo: para cualquier incremento de tiempo Δt, por pequeño que sea, la (7.15) por ejemplo, puede usarse para hallar el aumento experimentado por el radio; sin embargo la gota crece, no en virtud de un proceso continuo, sino a través de

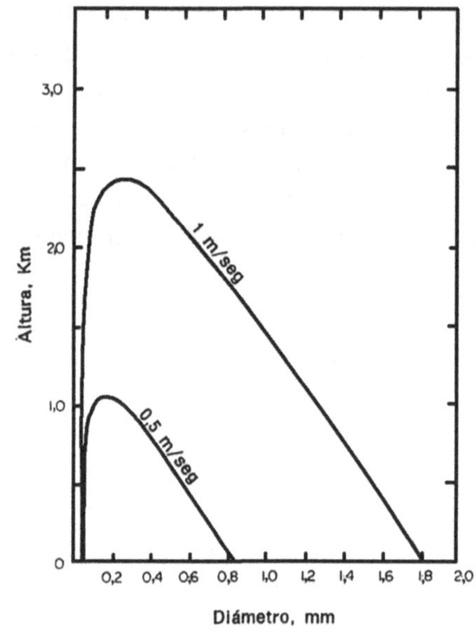

FIG. 7.7. Diámetros de las gotas para las trayectorias de la figura 7.6.

sucesos de choque y capturas discretos y de carácter fortuito.

Telford (1955) al reconocer los inconvenientes de las ecuaciones para el "crecimiento continuo", formuló un modelo de coalescencia que tiene en cuenta la naturaleza discreta del proceso de crecimiento y las fluctuaciones estadísticas de la concentración de gotitas; supuso que las gotitas captadas eran todas del mismo tamaño (10 micras en el caso más importante considerado) y que las gotas colectoras tenían un volumen doble (12,6 micras de radio); llegó a la

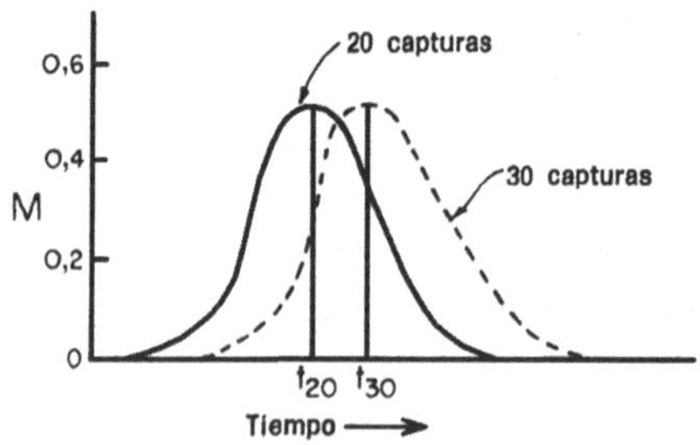

FIG. 7.8. Curvas de distribución del tiempo requerido para que una gota colectora realice 20 y 30 colisiones (esquemático).

conclusión de que el proceso de captura discreto-estadístico, era de importancia crucial en las primeras etapas de la formación de la lluvia; a partir de una distribución inicial bimodal de tamaños de gotas, resultaba un espectro de gotas de lluvia razonable, tras un período de unas pocas decenas de minutos. Además, en un caso muy representativo, encontró que por metro cúbico, 100 de las gotas de 12,6 micras experimentaban sus primeras coalescencias tras un tiempo tan sólo de unos 5 minutos. Frente a este resultado, el tiempo necesario para que 100 gotas/m^3 experimenten 10 colisiones, bajo las mismas condiciones, pero en el supuesto de crecimiento continuo, sería de 33 minutos.

En este análisis, Telford dedujo, en primer lugar, la distribución de probabilidades del tiempo requerido para que la gota colectora experimentara un cierto número de colisiones; ejemplos de este tipo de distribuciones vienen esquematizados en la figura 7.8; en ella Mdt representa la proporción de gotas que experimentan n capturas (n = 20 y 30) en el intervalo de tiempo comprendido entre t y $t + dt$. Los tiempos más probables requeridos para n capturas son los picos de la curva de distribución y están señalados t_{20} y t_{30}, en este ejemplo. El tiempo más probable para que tengan lugar un número determinado de colisiones es casi igual al previsto por las ecuaciones de crecimiento continuo; las distribuciones están, sin embargo, algo inclinadas, con el resultado que el tiempo medio, para n colisiones, supera ligeramente el correspondiente al crecimiento continuo hasta el mismo tamaño. Las gotas que crecieron más rápidamente que el promedio y que pueden justificar el desarrollo más rápido de la precipitación, son las situadas en la cola izquierda de la distribución. Telford encontró que tras unas 20 colisiones las formas de tales distribuciones quedan inalteradas, tan sólo se desplazan según el eje de tiempos, con la posición del máximo previsible por la teoría del crecimiento continuo. De todo este comportamiento, dedujo que los efectos estadísticos sólo eran importantes hasta que tenían lugar alrededor de las 20 primeras colisiones, momento en que la distribución quedaba establecida, y a partir del cual podían aplicarse las ecuaciones del crecimiento continuo.

Debido a que por entonces no había información adecuada acerca de las eficiencias de colisión para pequeñas gotas, Telford supuso en todos sus cálculos que $E = 1$. Esta hipótesis permitió la resolución analítica de las ecuaciones, pero hoy día sabemos que es notablemente errónea para los pequeños tamaños de gotas considerados. Robertson (1974), recurriendo básicamente al mismo enfoque de Telford, ha estimado la importancia de los efectos estadísticos en el crecimiento por coalescencia, utilizando los mejores datos de que se disponía respecto a las eficiencias de colisión; debido a la compleja forma de $E(R,r)$ (véase fig. 7.4), era imposible hallar soluciones analíticas, y Robertson recurrió a un procedimiento de Monte Carlo para simular las colisiones de una gota colectora. Análogamente a Telford, llegó a la conclusión de que las distribuciones tienden, con el tiempo, a una forma límite, al crecer el número de colisiones. Se llevaron a cabo varias simulaciones, para tamaños de gotitas nubosas, *r*, comprendidos entre las 8 y 14 micras de radio y gotas colectoras de tamaños iniciales, *R*(0), comprendidos entre 20 y 40 micras. En la figura 7.9 puede verse un ejemplo de los resultados de Robertson.

Al crecer *n*, las desviaciones standard aumentan, tendiendo a un límite. A partir de la figura 7.9 y de resultados obtenidos para otros tamaños de gotitas nubosas, se llega a la conclusión de que el valor límite se alcanza tras un número suficiente de colisiones de la gota colectora: aproximadamente 6 para *R*(0) = = 20 micras, 40 para *R*(0) = 30 micras, y 100 para *R*(0) = 40 micras. Los

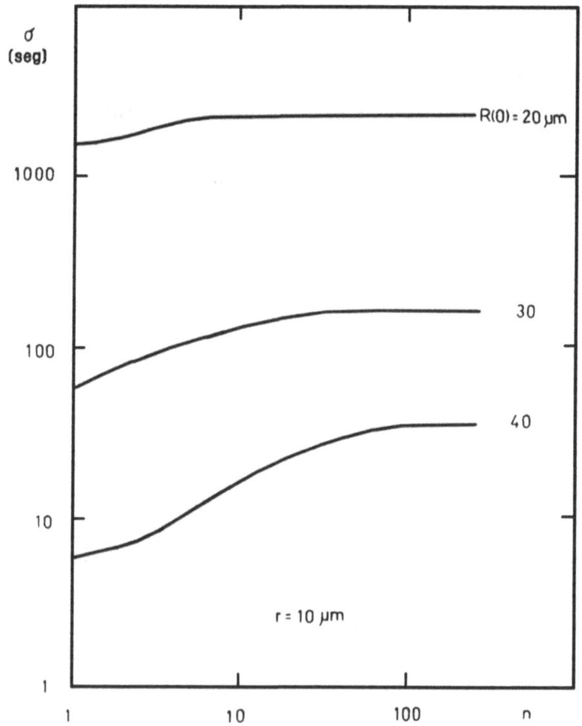

FIG. 7.9. Desviación standar, σ, del tiempo requerido para que tengan lugar *n* capturas, para $r = 10$ micras y $R\ (0) = 20$, 30 y 40 micras. Contenido acuoso de la nube $M = 1\ g/m^3$. (De Robertson, 1974.)

valores límites de σ disminuyen al aumentar $R(0)$ resultando despreciables para gotas superiores a las 40 micras de radio, lo que implica la posibilidad de usar las ecuaciones de crecimiento continuo. Para $R(0)$ inferior a las 20 micras, las eficiencias de colisión son demasiado pequeñas, para permitir el desarrollo de las gotitas de llovizna en tiempos menores de varias horas, aunque las desviaciones estadísticas, respecto al comportamiento del promedio de las gotas, sean grandes.

Crecimiento estadístico: la ecuación de coalescencia estocástica

En los análisis de Bowen, Telford y Robertson, el crecimiento de las gotitas se inicia con una población consistente en gotitas captadas y gotas captadoras separadas. Lo que en realidad debe ocurrir en la naturaleza es que un espectro continuo de gotitas, formado por el proceso de condensación-difusión, evolucione por colisiones al azar (al principio muy raras) y en consecuencia, se extienda en la dirección de tamaños de gota crecientes. Para que podamos comprender el proceso de formación de lluvia, debe, por tanto, ser considerado como la evolución global del espectro completo de gotitas, más bien que como el crecimiento de un subconjunto de gotas, supuestas, desde el principio, como "colectoras".

Para deducir la ecuación diferencial que nos describa el desarrollo, con el tiempo, del espectro de gotitas, empezamos por definir el *coeficiente de coagulación*, que expresa la probabilidad de que una gota de radio R alcance y choque con una gotita de radio r; supongamos que estas dos gotas están contenidas en la unidad de volumen de aire; en la unidad de tiempo, la mayor barre un volumen dado $\pi R^2 u(R)$, y la pequeña otro dado por $\pi r^2 u(r)$. Si la gota tiene que capturar a la pequeña en la unidad de tiempo, despreciando los efectos aerodinámicos, se comprende que no deben estar muy separadas, de hecho deben estar contenidas en un volumen común dado por $\pi(R + r)^2[u(R) - u(r)]$. Cuando se tienen en cuenta los efectos aerodinámicos, este volumen común queda reducido a

$$K(R,r) = \pi(R + r)^2 |u(R) - u(r)| E(R,r), \tag{7.18}$$

donde $E(R,r)$ es la eficiencia de colisión. Esta magnitud (7.18) se denomina coeficiente de coagulación; las ecuaciones de crecimiento continuo (7.12) y (7.13) podrían haber sido formuladas en términos de $K(R, r)$. En las ecuaciones estocásticas dicho coeficiente se interpreta como la *probabilidad* de que una gota de radio R capte a una gotita de radio r en la unidad de tiempo, en el supuesto de que ambas estén presentes con concentración igual a la unidad.

Aunque resulta natural definir el coeficiente de coagulación en función de los radios de las gotas, sucede que, las ecuaciones estocásticas toman una apariencia más sencilla, cuando lo expresamos en función de sus volúmenes. Si V y v designan los volúmenes correspondientes a los radios R y r, el coeficiente de coagulación toma la forma:

$$H(V,v) = K\left[\left(\frac{3V}{4\pi}\right)^{1/3}, \left(\frac{3v}{4\pi}\right)^{1/3}\right]. \tag{7.19}$$

Aquí $H(V,v)$ representa la probabilidad de que una gota de volumen V capture a una gotita de volumen v.

Supongamos ahora que el espectro de gotas viene caracterizado por $n(v)$, tal que $n(v)dv$ es el número medio de gotas por unidad de volumen, cuyos volúmenes estén comprendidos entre v y $v + dv$. El número total de coalescencias, por unidad de tiempo, experimentado por gotas, dentro del citado intervalo, es

$$n(v)dv \int_0^\infty H(V,v)n(V)dV.$$

Esta integración engloba todas las posibles capturas de las gotas, en dv, por gotas mayores ($v < V < \infty$), así como todas las de pequeñas gotitas, por las gotas en dv ($0 < V \leqslant v$). Estas coalescencias determinan una *disminución* del número de gotas en dv; pero el número de gotas en este intervalo de tamaños *aumenta* por coalescencia entre todas las parejas de gotas menores, cuyos volúmenes conjuntos son igual a v. El ritmo de aumento viene dado por

$$\frac{1}{2}\int_0^v H(\delta,u)n(\delta)n(u)d\delta du,$$

donde $\delta = v - u$; el factor $\frac{1}{2}$ se introduce para evitar que cualquier combinación concreta de captura sea contada dos veces.

Teniendo en cuenta ambos efectos, el ritmo de variación de la concentración de gotas, en el intervalo dv, será

$$\frac{\partial}{\partial t} n(v)dv = \frac{1}{2}\int_0^v H(\delta,u)n(\delta)n(u)d\delta du - n(v)dv\int_0^\infty H(V,v)n(V)dV. \tag{7.20}$$

Esta es la denominada ecuación estocástica de coalescencia y fue empleada, hace ya más de veinte años, en relación a trabajos acerca de la formación de lluvia (Melzak y Hitschfeld, 1953); a pesar de que la formulación del problema era correcta, el trabajo en cuestión adolecía de dos inconvenientes: las eficiencias de colisión, para pequeñas gotas, de las que los resultados dependían crucialmente, no eran por aquel tiempo conocidas con precisión y además, al no poder disponer de calculadoras, las integraciones tenían que hacerse manualmente.

No fue hasta mucho tiempo después de que las calculadoras existieran que, sorprendentemente, dicho trabajo fuese reemprendido, en este caso por Twomey (1964, 1966). A consecuencia del trabajo de Telford, descrito anteriormente, Twomey, aparentemente volvió a deducir la ecuación estocástica, haciendo observar que su nuevo enfoque incluía, en una forma más general, la idea de las gotas más "afortunadas" estadísticamente. Desde un principio se adujo (Warshaw, 1967) que esta interpretación de la (7.20) era incorrecta, en parte debido a que la ecuación se basa en la distribución media del tamaño de gotas $n(v)$. Desde entonces ha continuado la controversia acerca de si la ecuación realmente incluye los efectos estadísticos a ella adscritos; las dudas de carácter teórico se agravaron por el hecho de que los primeros resultados acerca de la coalescencia estocástica estaban a menudo en desacuerdo, debido a los errores numéricos que se introducen en la integración numérica de la (7.20). Reinhardt (1972), tras experimentar con un cierto número de combinaciones de esquemas de integración e interpolación, logró establecer procedimientos numéricos para la integración de la (7.20), muy precisos, por lo menos en los casos en que la distribución inicial no es demasiado picuda. Del lado teórico ha habido contribuciones por parte de Scott (1968, 1972), Long (1971), Drake (1972), y más recientemente Gillespie (1972, 1975). Aunque subsisten algunas sutiles cuestiones sin resolver, del análisis de Gillespie parece deducirse que la (7.20) contiene, en efecto, los pretendidos efectos estadísticos.

La solución de la (7.20) es del tipo $n(v,t)$, que da el espectro de gotitas resultante por coalescencia, en el tiempo t, de la distribución inicial dada, $n(v,0)$. Puesto que en la naturaleza el crecimiento es estocástico, debe aceptarse que una distribución dada $n(v,0)$ puede dar lugar a una entera familia de soluciones $n(v,t)$, una para cada "realización" de los procesos de coalescencia. La solución determinística dada por (7.20), corresponde al valor medio de $n(v,t)$, correspondiente a muchas de tales realizaciones. Gillespie demostró, que bajo ciertos supuestos razonables, las fluctuaciones estadísticas alrededor de $n(v,t)$, se distribuyen de acuerdo con la ley de Poisson, con parámetro n; en consecuencia, la dispersión es-

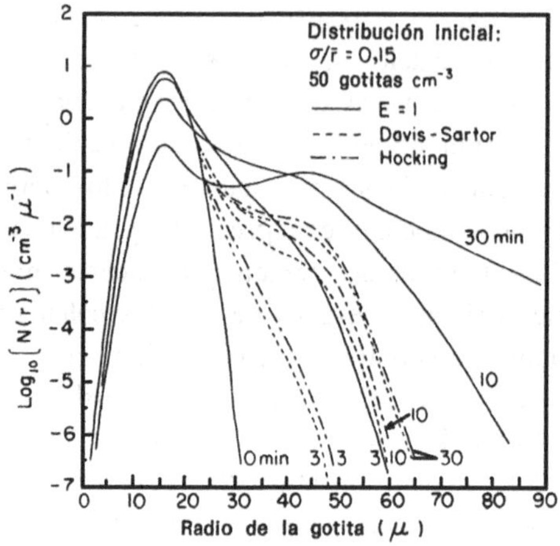

FIG. 7.10. Espectro de gotitas para 3, 10 y 30 minutos y tres eficiencias de colisión diferentes. (De Warshaw, 1968.)

tadística de $n(v,t)$ disminuye según $1/\sqrt{n}$.

En la figura 7.10 damos un ejemplo de los resultados obtenidos por integración de la (7.20); la distribución inicial de gotitas se supuso de forma gaussiana, con un valor de la relación desviación standard-radio medio de la gotita, $\sigma/\bar{r}$, igual a 0,15, y un contenido acuoso de 1 g/m^3. Para obtener estos resultados, la ecuación estocástica fue integrada para distintos supuestos valores de las eficiencias de captura. Como era de esperar, la distribución evoluciona con la mayor rapidez para el caso de barrido geométrico ($E = 1$). Las eficiencias de colisión, más precisas, de Davis y Sartor, producen menos gotas grandes que las de Hocking; esto se explica por el hecho de que si bien las eficiencias de Hocking presentan el corte a las 18 micras, su valor es mayor en las regiones donde $r/R \approx 0,5$, lo que justifica el ligero aumento de crecimiento.

Una medida conveniente del desarrollo de las gotitas grandes del espectro viene suministrada por el radio de la centésima gotita, de las mayores, por metro cúbico: en cualquier momento, 100 gotitas por m^3 son iguales o mayores que ella. En la figura 7.11 se muestra el crecimiento de dicha centésima gota, para distintas eficiencias de colisión y para dos supuestos espectros iniciales de gotitas; el espectro de 50 gotitas cm^{-3}, corresponde, aproximadamente, al de una nube marítima, mientras que el de 200 gotitas cm^{-3} simula más bien una nube continental. En ambas la dispersión, $\sigma/\bar{r}$, es igual a 0,13; ambas tienen también el mismo contenido acuoso, 1 g/m^{-3}. Es evidente la lenta evolución de la nube con-

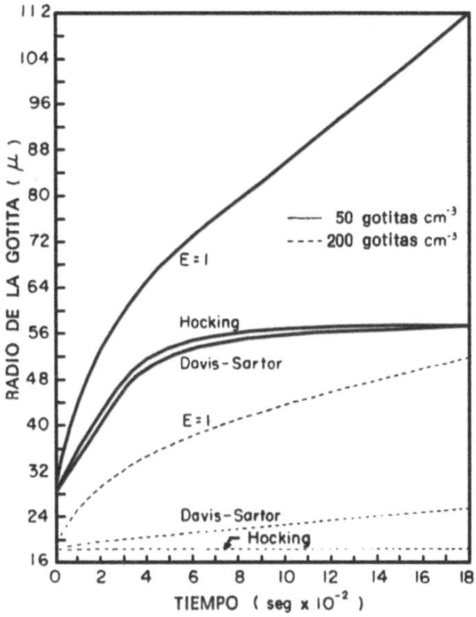

FIG. 7.11. Crecimiento de la centésima gotita mayor. (De Warshaw, 1968.)

tinental frente a la marítima.

Tanto estos resultados de Warshaw, como los primitivos de Telford y Twomey, están basados, de hecho, en el supuesto de una nube homogénea e infinita, dado que no se considera la posibilidad de que las gotas puedan abandonar el sistema por sedimentación gravitatoria. Kovetz y Olund (1969) formularon una ecuación más general para el crecimiento de las gotitas, en la que se tiene en cuenta la posibilidad de tal sedimentación en una nube finita, y consideran tanto el crecimiento por condensación como por coalescencia. En la figura 7.12 damos un ejemplo de cómo se desarrolla la centésima gota, de las grandes, con la altura y el tiempo, en una nube que se extiende inicialmente de 500 a 1000 m, y cuyas gotitas presentan una distribución inicial de tamaños gaussiana; lo mismo que en el caso de la nube marítima considerada por Warshaw. Se supuso una corriente ascensional uniforme de 10 cm/s. Mediante la comparación de casos, con y sin condensación incluida, y para distintas eficiencias de colisión, Kovetz y Olund llegaron a la conclusión de que era justamente tan importante incluir la condensación, como utilizar una eficiencia de colisión realística. Esta conclusión se hace evidente al comparar las figuras 7.11 y 7.12. Después de 600 segundos, la centésima gota de Kovetz y Olund, ha crecido hasta un radio de unas 200 micras

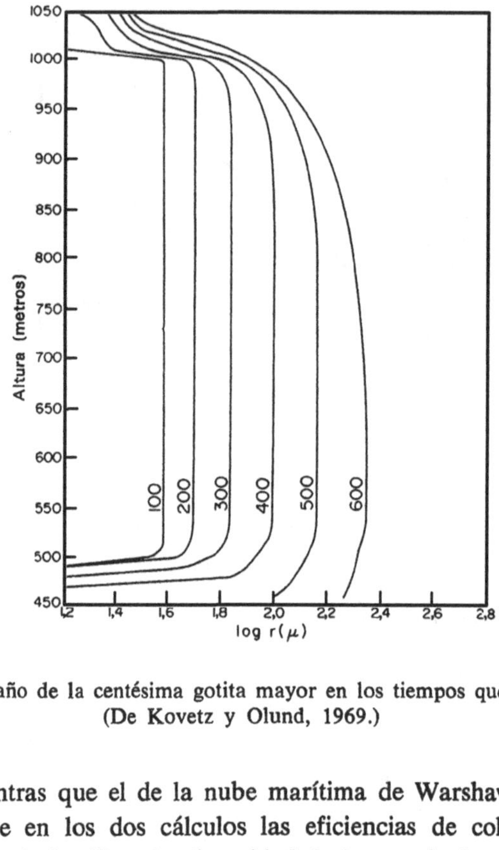

FIG. 7.12. Tamaño de la centésima gotita mayor en los tiempos que se indican (s). (De Kovetz y Olund, 1969.)

(log $r = 2{,}3$), mientras que el de la nube marítima de Warshaw sólo alcanzó las 52 micras. Aunque en los dos cálculos las eficiencias de colisión no eran las mismas, esto no puede justificar la disparidad de los resultados. Realmente, incluso para un barrido geométrico ($E = 1$), la centésima gota de Warshaw, a los 600 s, tiene sólo 72 micras de radio. Por tanto, es de presumir que el ritmo de crecimiento, más rápido en el modelo de Kovetz y Olund, venga justificado por la condensación. No obstante, también es posible que parte de la diferencia en el ritmo de crecimiento sea debida a las diferentes técnicas de integración e interpolación numéricas.

Condensación más coalescencia estocástica

East (1957), anticipándose a las conclusiones de Kovetz y Olund, realizó cálculos relativos al desarrollo de gotitas por condensación y coalescencia, en corrientes ascendentes moderadas de varios metros por segundo, llegando a la conclusión de que en períodos de tiempo realmente breves, pueden producirse gotas del tamaño necesario para iniciar la precipitación. En realidad, la ecuación de la coalescencia estocástica no fue utilizada, ya que desde el principio la población de gotitas se dividía entre gotas colectoras y gotitas captadas; además, las eficiencias de colisión eran imperfectamente conocidas. La principal contribución de East fue explicar de qué forma la condensación, que produce el estrechamiento del espectro, en realidad acelera el proceso de coalescencia. El espectro se estrecha en la condensación debido a que las gotitas pequeñas crecen, en radio, más rápidamente que las grandes; al crecer las primeras, aumenta su eficiencia de colisión, relativamente a las grandes, a un ritmo mayor (véase fig. 7.4), y de esta forma la coalescencia es acelerada. En este proceso de estrechamiento, la velocidad relativa entre gotitas pequeñas y grandes, de la que depende también la coalescencia, permanece en esencia inalterada. Considerando cualquier pareja de pequeñas gotitas de diferente tamaño inicial, vemos por la ecuación (6.19) que la diferencia entre los cuadrados de los radios se mantiene constante. Para gotitas de tamaños inferiores a unas 40 micras, la velocidad de caída viene dada por la ley de Stokes, y la velocidad relativa entre ambas es constante. El efecto neto de la condensación-estrechamiento es, por tanto, acelerar la coalescencia.

Cálculos más precisos acerca de la evolución de las gotitas por condensación y coalescencia han sido llevados a cabo por Leighton y Rogers (1974). La condensación fue simulada por la aproximación (6.19), y se utilizaron las técnicas numéricas de Reinhardt (1972) para la solución de la ecuación de coalescencia estocástica. Este trabajo se realizó para analizar el desarrollo de gotitas en grandes nubes convectivas, y en consecuencia el mayor interés se centraba en las fuertes corrientes ascensionales; la mayoría de los cálculos se hicieron para velocidades ascendentes de 7,5 y 15 m/s; en consecuencia, los efectos de la condensación eran más importantes que en el trabajo anterior. La caída de las gotas mayores no era tenida en consideración, lo que resulta más aproximado para las corrientes ascendentes fuertes que para las débiles. Asimismo se supuso, como otra hipótesis aproximada, que el ritmo de condensación viene determinado por la condición de que la cantidad de agua condensada es igual, en todo momento, al contenido acuoso adiabático. Tal requisito, por tanto, fija la sobresaturación.

La figura 7.13 muestra un ejemplo de los resultados, en forma de distribuciones de las gotitas, por masa, para diversos tiempos, tras de haberse iniciado la corriente ascendente de 7,5 m/s. Dicha distribución, $g_1(r)$, es tal que $g_1(r)d(\ln r)$ es igual a la masa de las gotitas nubosas, por unidad de volumen de aire, en el intervalo $d(\ln r)$. (En esta distribución quedan mucho más de relieve las gotas

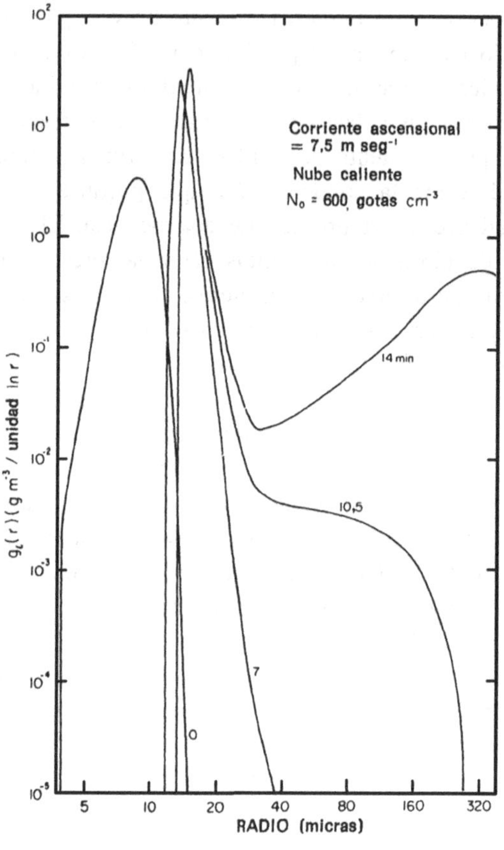

FIG. 7.13. Distribución por masas trás 0, 7, 10,5 y 14 minutos, correspondientes a alturas sobre la base de la nube de 0,7; 3,8 y 7,0 km, en una corriente ascensional de 7,5 m/s. (De Leighton y Rogers, 1974.)

grandes que mediante la función $n(r)$). A los 7 minutos, la condensación ha determinado un desplazamiento de la distribución a lo largo del eje de los radios, al tiempo que ha dado lugar a la aparición de un pico notable, alrededor de las 20 micras. Hasta este momento la coalescencia carece de importancia, pero la distribución está ya lo suficientemente modificada para que la coalescencia pueda iniciarse; en efecto, a los 10,5 minutos, la distribución muestra la formación de una cola, debido a la coalescencia, que se extiende hasta tamaños que corresponden a las gotas de llovizna. A continuación la coalescencia se acelera, pero incluso a los 14 minutos, sigue observándose el pico acusado, debido a la condensación que antes era predominante. Cálculos análogos, para una misma distribución inicial, pero en corriente ascendente de 15 m/s, muestran un desarrollo menor, al nivel de 7 km, debido a que hay menos tiempo disponible para el crecimiento coalescente.

En plan de comprobación se hicieron cálculos para una misma distribución inicial, pero en el supuesto de que sólo actuaba la coalescencia; tras 14 minutos, el crecimiento resultaba despreciable, confirmándose con ello la importancia de la condensación.

Cálculos similares a los de Leighton y Rogers, pero con menos aproximaciones, han sido llevados a cabo por Young (1974); partiendo de un espectro de actividad de núcleos de condensación, calculó el desarrollo del espectro de gotitas, por condensación y coalescencia, dentro de una burbuja de aire ascendente, teniendo en cuenta específicamente la sobresaturación. La figura 7.14 da un ejemplo de sus resultados, para una temperatura inicial y una población de núcleos de condensación correspondientes a una nube marítima.

Durante los primeros 15 minutos de ascenso, no existe crecimiento coalescente; la concentración de gotitas permanece inalterada mientras la condensación está preparando el camino a la coalescencia. Cuando ésta se inicia, continúa

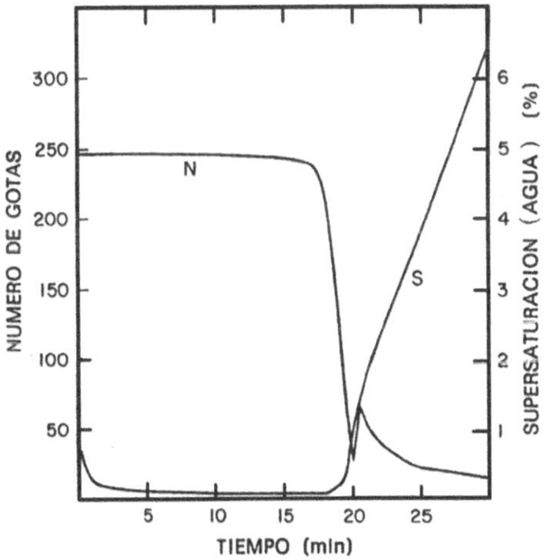

FIG. 7.14. Variación con el tiempo de la concentración de gotitas *N*, y la sobresaturación *S*, en una masa nubosa que asciende a una velocidad de 3 m/s, con una temperatura inicial de 15 °C y cuyo espectro de núcleos de condensación es típico de una nube marítima. La concentración de gotitas viene dada para una masa de aire que tiene 1 cm^3, en el instante inicial y por tanto es proporcional a la razón de mezcla de las gotitas. (De Young, 1974.)

rápidamente, como indica el brusco descenso del número de gotas; al mismo tiempo, la sobresaturación aumenta asimismo bruscamente, debido a que el número reducido de gotitas es incapaz de absorber todo el vapor que ha sido puesto en libertad por el ascenso. El incremento de la sobresaturación activa a nuevos núcleos de condensación, lo que da lugar al principio a un aumento del número de gotas; pero éste es tan sólo un efecto transitorio, debido a que las nuevas gotitas formadas son rápidamente agotadas por la coalescencia.

Los cálculos de Young tienen también en cuenta el fraccionamiento de las gotas, cuando éstas alcanzan tamaño excesivo; este efecto es importante al tratar de establecer la distribución, por tamaños, de las gotas de lluvia, y será descrito en el capítulo 9.

Observaciones finales

La experiencia demuestra que la lluvia, en las nubes calientes de tipo cumuliforme, puede desarrollarse en un tiempo tan corto como de unos 15 minutos, a partir del momento en que la nube comienza a formarse. Existe acuerdo general acerca de que el proceso responsable de tal desarrollo debe consistir en una coalescencia gravitatoria entre las gotitas, en cuyo caso la población de gotitas que con mayor probabilidad va a producir la lluvia, en un intervalo de tiempo tan breve, será aquella que por presentar un ancho espectro, tengan mayor probabilidad de colisión. Para el crecimiento coalescente, un impedimento serio es el hecho de que la eficiencia de captura entre pequeñas gotitas es extremadamente pequeña; además, el proceso condensación-difusión, que inicialmente domina en el crecimiento de las gotitas, conduce a un estrechamiento del espectro, lo que aparentemente viene a complicar el problema de la coalescencia. Por tanto, el papel de la teoría, es tratar de explicar el desarrollo de las gotas de lluvia, en tiempos razonables, a pesar de las pequeñas eficiencias de captura y de la forma aproximadamente parabólica de la ley de crecimiento por difusión.

Hoy día se reconoce que los efectos estadísticos son cruciales en la primera fase de la coalescencia, por lo que para describir el proceso hay que recurrir a la ecuación estocástica. Aun así, la coalescencia por sí sola no es suficiente para justificar el desarrollo de la lluvia, en tiempo razonablemente breve, a partir de un espectro de gotitas realístico. Con objeto de interpretar el ensanchamiento del espectro se han postulado una serie de mecanismos, facilitando con ello el camino hacia una rápida coalescencia. Sin embargo, no existe acuerdo acerca de cuál de ellos es el más importante, ya que cada uno de ellos puede ser efectivo en determinadas condiciones. Se ha demostrado que, más que el propio ensanchamiento espectral, otro efecto adicional puede justificar el desarrollo de la lluvia, por lo menos en ciertas condiciones, y es el crecimiento por condensación continua. Esto puede parecer raro a primera vista, ya que la condensación-difusión, incluso con las correcciones cinéticas, conduce a un estrechamiento del espectro. Lo que ocurre es que si bien el espectro se estrecha, el ritmo de coalescencias aumenta debido a que la eficiencia de colisión crece rápidamente al crecer las gotitas del espectro. No se han realizado todavía cálculos definitivos que puedan justificar el desarrollo de la lluvia, bajo distintas condiciones de velocidad ascensional, temperatura, espectro inicial de gotitas y mezcla por arrastre. No obstante los resultados obtenidos a partir de modelos sencillos, parecen indicar que la teoría está a punto de ser capaz de interpretar los hechos observados.

Problemas

1. El contenido acuoso en una nube de 2 km de espesor varía linealmente desde 1 g/m^3 en su base, a 3 g/m^3 en la cima. Una gota de 100 micras de diámetro, empieza a caer desde la cima. ¿Cuál será su tamaño cuando emerja por la base? Suponga que la eficiencia de captura es 0,8 y que no existe corriente de aire vertical. Desprecie la velocidad de caída y el tamaño de las gotitas nubosas.
2. Una gota de 0,2 mm de diámetro se introduce en la base de una nube cumuliforme que tiene un contenido acuoso constante e igual a 1,5 g/m^3, así como una corriente ascensional constante de 4 m/s. Recurriendo a la forma elemental de la ecuación de crecimiento continuo y despreciando el crecimiento por condensación, determinar lo siguiente:
   (a) Tamaño de la gota en el punto superior de su trayectoria.
   (b) Tamaño de la gota cuando abandona la nube.
   (c) Tiempo de residencia de la gota en la nube.
   Para hallar la dependencia de la velocidad de caída con el tamaño, utilice los datos de Gunn y Kinzer (tabla 7.2). Tome la eficiencia de captura igual a la unidad.
3. Un cierto día la nube orográfica en la isla de Hawai tiene un espesor de 2 km y su contenido acuoso es constante e igual a 0,5 g/m^3. Una gota de 0,1 mm de radio empieza a caer dentro de la nube desde su cima.
   (a) Encontrar el tamaño de la gota cuando emerge por la base de la nube, despreciando los movimientos verticales del aire en el interior de la nube. Tanto en esta parte como en las siguientes del problema, se despreciará el crecimiento por condensación, se usará la forma elemental de la ecuación de crecimiento continuo y se tomará una eficiencia de captura igual a la unidad.
   (b) En el supuesto de que la velocidad terminal de caída de la gota es igual

a kr, donde $k = 8 \times 10^{-3}$ s^{-1}, encontrar el tiempo invertido por la gota en su caída a través de la nube.

(c) En realidad las nubes orográficas hawaianas están mantenidas por suaves movimientos que tienen lugar hacia arriba de la ladera y que determinan una corriente ascendente, débil y constante de 20 cm/s. Encontrar el tamaño final de la gota, según el apartado (a), pero teniendo en cuenta la corriente ascendente.

4. Una gotita de llovizna es arrastrada hacia arriba dentro de un cúmulo congestus y crece de tamaño por acreción y condensación en el ambiente sobresaturado. Suponga que la sobresaturación puede considerarse constante y que la ley lineal de velocidad de caída del problema 3 puede aplicarse a la gota. Entontrar la ecuación diferencial que describa el crecimiento de la gota, por acreción y condensación simultáneas; resolver dicha ecuación y comparar el resultado obtenido con el que correspondería al hacer la aproximación de sumar las dos soluciones que por separado se obtendrían para el crecimiento por acreción y condensación.

5. Calcular la distancia a través de la cual una gota de agua cuyo tamaño inicial es de 0,1 mm de radio, puede caer antes de evaporarse totalmente, en un ambiente cuya humedad relativa es del 90 % y la temperatura es 278 K. Despreciar los efectos de ventilación y utilice los datos de Gunn y Kinzer, tabla 7.2, para las velocidades de caída.

CAPÍTULO 8

FORMACIÓN Y CRECIMIENTO DE LOS CRISTALES DE HIELO

Nucleación en fase hielo

Una vez que una nube se extiende hasta alturas situadas por encima del nivel de los 0 °C, existe la probabilidad de que se formen cristales de hielo. Dos transiciones de fase pueden conducir a la formación de hielo: el congelamiento de una gotita líquida o el paso directo del vapor, por sublimación, a la fase sólida. Ambos son procesos de nucleación, y en principio son posibles tanto la nucleación homogénea, como la heterogénea.

Lo mismo que para la nucleación del líquido, existen dos ecuaciones que describen el proceso de nucleación homogénea del hielo; una, en relación al tamaño de los embriones estables y la otra para la probabilidad de que se produzcan tales embriones, en virtud del agrupamiento aleatorio de las moléculas. Ambas ecuaciones dependen de la energía libre superficial de la interfase líquido-cristal, de forma análoga a la tensión superficial que intervenía en las ecuaciones para la nucleación en fase líquida. Hasta recientemente, la teoría de la nucleación en hielo quedaba incompleta, debido a que no se conocía, con precisión, el valor de la energía libre interfacial, lo que introducía una incertidumbre en los cálculos de las condiciones críticas para la nucleación en fase hielo. Kuhns y Mason (1968), analizando algunos datos relativos a las temperaturas de congelación de las gotitas de agua pura, dedujeron que el valor de la energía libre hielo-líquido, debe ser, aproximadamente, 20 erg/cm^2. Cuando este dato se introduce en las ecuaciones, se llega a la conclusión de que las gotitas menores de 5 micras congelan espontáneamente a la temperatura de —40 °C, de acuerdo con la mayor parte de las observaciones. También de acuerdo con los hechos observados, la teoría predice que las gotitas mayores congelan a temperaturas ligeramente superiores. Posteriormente, Hobbs y Ketcham (1969), midieron la energía superficial, encontrando un valor de 33 ± 3 erg/cm², a 0 °C; este resultado concuerda con el que dieron Kunhs y Mason, si tenemos en cuenta que se supone que la energía libre ha de aumentar ligeramente con la temperatura.

La teoría predice que la nucleación homogénea por sublimación, sólo debe ocurrir bajo condiciones extremas de sobresaturación; a una temperatura de algunos grados por debajo de los 0 °C, se requiere una sobresaturación más de veinte veces superior a la correspondiente al hielo, y el valor crítico de la sobresaturación aumenta al disminuir la temperatura. Según Fletcher (1962), las experiencias sobre sublimación homogénea, indican que el umbral de nucleación se sitúa alrededor de los —62 °C, con una sobresaturación que es unas ocho veces superior a la correspondiente al agua. La teoría y los experimentos, en relación a esta transición de fase, se complican por el hecho de que en condiciones tan extremas, es probable tenga lugar la condensación homogénea seguida de congelamiento, y en consecuencia, puede confundirse con el proceso de sublimación homogénea; a pesar de tal incertidumbre, resulta evidente que la sublimación homogénea no puede tener lugar en la atmósfera, dado que en ella no existe nunca una sobresaturación tan acusada.

Por otra parte, se han observado nubes naturales en las que subsisten gotitas líquidas a temperaturas tan bajas que pueden acercarse a los —40 °C; en consecuencia, es probable que el congelamiento homogéneo sea un proceso que efectivamente ocurra en la atmósfera, por lo menos en algunas nubes. El hecho de que las nubes naturales presenten tanta resistencia al congelamiento parece estar en contra de la experiencia común, que nos dice que el agua congela tan pronto como su temperatura disminuye por debajo de los 0 °C; pero hay que tener en cuenta que nuestra experiencia está basada en la observación de una masa de agua, en la que un único proceso de nucleación, producido en cualquier parte dentro del volumen, determina la inmediata congelación de toda el agua. No obstante, la nube constituye un sistema poco corriente, en el que la masa de agua está distribuida entre un gran número de gotitas pequeñas, cada una de las cuales debe experimentar, dentro de su propio volumen, su nucleación individual. antes de que la nube global resulte congelada.

Los cristales de hielo, generalmente, empiezan a aparecer en una nube cuando la temperatura desciende por debajo de unos —15 °C; esto implica que está ocurriendo, en su seno, algún proceso de nucleación heterogénea. El agua, en contacto con la mayor parte de la materia, congelará a temperaturas más altas de los —40 °C; asimismo en tales condiciones, la sublimación, sobre la mayor parte de las materias extrañas al agua, se producirá para sobresaturaciones y sobreenfriamientos inferiores a los que deben darse para la nucleación homogénea. En consecuencia, la presencia de superficies extrañas o de partículas suspendidas, facilita la nucleación de hielo, en agua subfundida o sobreenfriada o en un ambiente sobresaturado.

La nucleación tiene lugar más fácilmente sobre aquellas superficies cuya estructura cristalina sea geométricamente semejante a la del hielo. Por el momento, el material que más se parece, en su estructura cristalina, a la del hielo, es el ioduro de plata (AgI). Tanto en la teoría, como en las experiencias, en relación a la nucleación heterogénea en hielo, surge de nuevo el problema de determinar si, en una supuesta situación, tendrá lugar la sublimación o si ocurrirá el proceso de condensación-congelamiento. Cabe distinguir entre ambos procesos cuando se trate de partículas insolubles, en el caso especial de que la presión de vapor ambiental sea superior a la de saturación respecto al hielo, pero inferior a la correspondiente al agua. En estas condiciones, y a temperaturas lo suficientemente bajas, puede tener lugar la nucleación; indudablemente se tratará de un proceso de sublimación directa, puesto que el proceso de condensación (para una partícula insoluble) queda descartado por debajo de la presión de saturación correspondiente al agua. Hablando en general podemos decir que la condensación tiene lugar más probablemente para sobreenfriamientos (o subfusiones) pequeños y grandes sobresaturaciones, mientras que la sublimación resulta más probable para elevados sobreenfriamientos y sobresaturaciones pequeñas. De todas formas, como existe cierta confusión, con frecuencia se habla, en general, de "nucleación en hielo", al referirse al fenómeno, en lugar de emplear la forma más específica de "nucleación por congelación o congelamiento" o "nucleación por sublimación"; paralelamente, solemos referirnos a las partículas atmosféricas que actúan de centros para la nucleación, como "núcleos de hielo o glaciógenos".

Experiencias sobre la nucleación heterogénea en hielo

Las investigaciones acerca del crecimiento de cristales vienen a confirmar el principio de similitud de la red cristalina; el crecimento resulta tener lugar más fácilmente sobre aquellos núcleos que tienen estructura cristalina exagonal, parecida a la del hielo, y poca solubilidad.

Las propiedades nucleantes de las pequeñas partículas, pueden ser estudiadas introduciéndolas en el interior de cámaras de niebla, en las que están controladas la sobresaturación y el sobreenfriamiento; los cristales de hielo, en general se distinguen, incluso en presencia de la nube, por el centelleo que determinan en la luz que procedente de un foco intenso, es dispersada por las partículas; al ocurrir la nucleación se anotan las condiciones existentes en la cámara. En estas experiencias suele ser imposible distinguir un suceso debido a sublimación, de otro motivado por condensación seguida de congelamiento, excepto, tal vez, bajo las circunstancias especiales anteriormente expuestas. La tabla 8.1 muestra los resultados medios obtenidos al introducir diversos tipos de partículas en el seno de una nube acuosa sobreenfriada o en subfusión.

TABLA 8.1. *Propiedades nucleares de partículas de varios materiales*

	Material	Umbral de nucleación (°C)
Inorgánicos	AgI	—4
	PbI_2	—6
	CuS	—7
Orgánicos*	Ciertos fenoles	—2 o superiores (Parungo y Lodge, 1965)
	Floroglucinol	—2 (Langer *et al.*, 1963)

* Para mayor detalle, en relación a la eficacia de materiales orgánicos, véase Fukuta (1966) y Braham (1963).

Otro tipo de estudios experimentales sobre los núcleos glaciógenos hace intervenir la congelación de gotas de agua en una etapa de progresivo enfriamiento. Para investigar los núcleos glaciógenos naturales, existentes en la atmósfera, se procede a recoger agua de lluvia (o granizo o nieve fundidos), fraccionándola en un gran número de pequeñas gotas; a continuación, se va disminuyendo progresivamente la temperatura, y se va anotando la fracción de gotas que van congelando, en función de la temperatura. Esto da una indicación del espectro de actividad de los núcleos de engelamiento, en la precipitación, del que cabe deducir la concentración de tales núcleos en la atmósfera (Vali, 1968). El mismo experimento puede utilizarse para conocer las propiedades de cualquier tipo de partículas materiales, en relación a la nucleación por congelamiento provocada por las mismas; para ello bastará mezclarlas con agua, reducir ésta a gotitas y enfriarlas progresivamente hasta observar las temperaturas umbrales de congelación.

Hay que subrayar que las experiencias llevadas a cabo mediante el congelamiento de las gotitas, pondrán sólo de manifiesto la presencia de núcleos de *congelamiento.* En cambio en la atmósfera existen tres categorías de núcleos glaciógenos: de sublimación, congelamiento y de contacto; estos últimos son aquellos que determinan la formación de hielo, por colisión con una gotita subfundida, la cual resulta congelada, sin que necesariamente contenga al citado núcleo, cuyo choque simplemente catalizó el proceso. La importancia relativa de estas tres distintas categorías de núcleos, por el momento, no queda clara.

Núcleos glaciógenos atmosféricos

Para el estudio de los núcleos glaciógenos atmosféricos se han utilizado distintos métodos; los más corrientes consisten en cámaras de niebla, provistas de sistemas de filtros, en las que se introduce el aire; en su interior, la muestra de aire es enfriada hasta una determinada temperatura, y mediante la adición de suficiente vapor de agua se provoca la formación de una niebla. Para el cómputo del número de cristales que se forman, en función del grado de sobreenfriamiento, se recurre a un sistema óptico o a cualquier otro método de detección de cristales. Este tipo de experiencia no es específica, en relación a la clase de núcleo (congelamiento, contacto o sublimación), ni da ninguna información acerca del tamaño de los núcleos, a menos que la muestra de aire introducida en la cámara haya sido previamente filtrada, para eliminar las partículas superiores a cierto tamaño prefijado.

El segundo método consiste en obtener un depósito de aerosoles, sobre un papel de filtro, de tamaño de poro conocido, por aspiración del aire a través del filtro. Las partículas retenidas en el papel son llevadas a un ambiente adecuado para que se produzca el desarrollo de cristales, y se procede a estudiar el número de cristales que se forman. Con esta técnica se logra tener información respecto al tamaño de los núcleos, pero no acerca de su proceso de activación.

Mediante tales métodos ha sido posible determinar que la concentración de núcleos glaciógenos varía ampliamente en el espacio y con el tiempo, y que un valor típico es el de un núcleo por litro, a la temperatura de —20 °C. Generalmente, la concentración depende fuertemente de la temperatura, hasta el extremo de que una disminución de unos 4 °C, determina un aumento de la concentración en un orden de magnitud. En la figura 8.1 se representa la variación media de la concentración con la temperatura, si bien hay que hacer constar que pueden presentarse notables desviaciones, respecto a la forma de dependencia lineal,

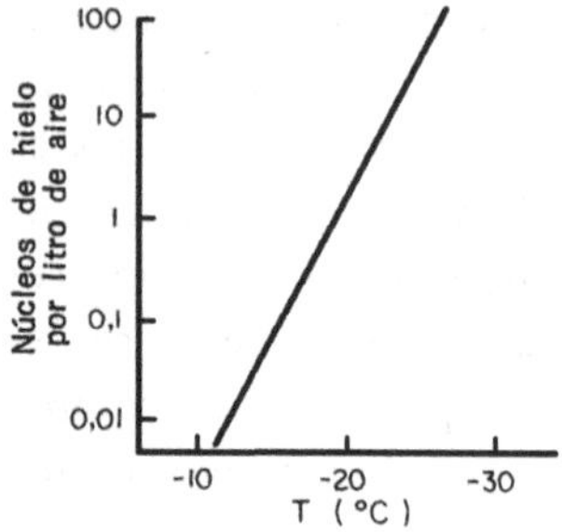

FIG. 8.1. Variación típica de la concentración de núcleos de hielo o glaciógenos, con la temperatura.

indicada en la figura.

Son de primordial interés aquellos núcleos capaces de provocar la formación de hielo a temperaturas relativamente elevadas, ya que ellos son los únicos que pueden determinar la iniciación de los primeros cristales de hielo, dentro de una nube en desarrollo. Es opinión general la de que tales núcleos tienen un tamaño dentro de un orden de magnitud de alrededor de 1 micra, y en la gran mayoría de los casos se trata de partículas de caolín (arcilla mineral). Estas ideas están confirmadas por los hallazgos de Kumai (1967), quien examinó las partículas encontradas en los cristales de nieve, fijadas en su superficie que parecen ser los centros de crecimiento de los cristales en cada uno de los cristales de nieve examinados, Kumai encontró, invariablemente, una de tales partículas; sus tamaños variaban entre 0,1 y 4 micras, de diámetro y su examen, al microscopio electrónico, puso de manifiesto que generalmente se trataba de silicatos de aluminio (caolín), material muy frecuente en distintos tipos de suelos.

Los estudios de Vali, en relación a las características de congelación del agua de lluvia, conducen a conclusiones diferentes; encontró que muchos de los núcleos tenían diámetros inferiores a 0,01 micra, y justificó su resultado afirmando que los otros métodos de medida de núcleos, adolecían del defecto de una discriminación sistemática, en contra de los menores. Vali dedujo también de sus medidas, concentraciones de núcleos más elevadas que las que anteriormente se habían dado. Frecuentemente, las muestras de precipitación contenían numerosos núcleos de congelamiento, activos a temperaturas comprendidas entre —5 y —10 °C; estimó que la concentración de núcleos, en el aire en que se formó la precipitación podía ser hasta de un núcleo activo por litro, a temperatura superior a los —10 °C, y de 0,1 por litro, para núcleos activos por encima de —6 °C. Estos resultados superan, en más de dos órdenes de magnitud, a las concentraciones medias esquematizadas en la figura 8.1. Realizando experiencias con suspensiones de partículas comunes en los suelos, Vali encontró que no era raro hallar núcleos de congelamiento activos a temperaturas de — 6 °C; por otra parte, otras experiencias llevadas a cabo con suspensiones de partículas de arcilla, demostraron que no eran tan efectivas a dicha temperatura, y que la proporción de núcleos inferiores a 0,01 micra era pequeña. De todo ello dedujo que los núcleos atmosféricos activos, a temperaturas superiores a — 10°C, eran inferiores en diámetro a 0,01 micra, que no eran de naturaleza arcillosa, sino que posiblemente estaban asociados a algún componente orgánico secunddario de los suelos.

Los resultados de Vali parecen un tanto inciertos debido a que tan sólo medía los núcleos de congelamiento, y la concentración atmosférica debe ser deducida, a partir de muestras de precipitación, de forma algo indirecta. Por otra parte, las experiencias sobre el congelamiento de las gotas, dan la distribución de las temperaturas de congelación, para partículas durante el tiempo que se encuentran en la etapa de congelamiento; es posible que las propiedades, relativas al congelamiento, de tales partículas puedan ser modificadas como resultado de su inmersión en el agua. A pesar de todo, algunas de las críticas de Vali, en relación a las otras técnicas de medida, son válidas y parece ser que aún queda mucho por saber acerca de los núcleos glaciógenos atmosféricos. Desde el punto de vista meteorológico, su característica más importante es su relativa escasez; si comparamos los datos de Vali (p.e. 1 activo, por litro a —10 °C), con el número total de partículas Aitken en una muestra típica (Tabla 5.3), veremos que tan sólo una partícula, de cada $10^6 — 10^9$, es un núcleo de congelamiento (y no debe olvidarse que las concentraciones dadas por Vali son superiores a las demás). El resultado anterior, presentado en otra forma, nos dice que mientras existe alrededor de un solo núcleo de engelamiento por litro, activo a –10 °C, existen del orden de 10^5 núcleos de condensación por litro, activos para humedades relativas ligeramente superiores al 100 %. La atmósfera está pues caracterizada por una abundancia relativa de núcleos de condensación y una gran escasez de núcleos de engelamiento; en ella, son extremadamente raras las sobresaturaciones por encima del 1 %, mientras que las subfusiones o sobreenfriamientos, hasta de —15 ° C, o superiores, son relativamente frecuentes.

Este apartado quedaría incompleto si no hiciéramos una referencia a la hipótesis de Bowen que postula un origen extraterrestre (meteórico) para los núcleos glaciógenos; esta hipótesis es ampliamente comentada por Fletcher (1962, págs. 250-258). Analizando los registros de precipitación mundial, Bowen encontró una aparente correlación entre los casos de precipitaciones extremas y los de chubascos meteóricos. Tanto los razonamientos físicos, como los estadísticos, de su hipótesis han sido criticados, por lo que tal hipótesis tiene pocos partidarios. Sus argumentos quedaron aún más debilitados, cuando Mason y otros realizaron experiencias con polvo meteórico, en cámaras de niebla y llegaron a la conclusión de que no era especialmente efectivo como agente nucleante. Sin embargo, trabajos más recientes han puesto de manifiesto que la hipótesis meteórica no puede ser todavía desechada; Bigg y Guitronch (1967) vaporizaron meteoritos, a baja presión, en un horno solar, tratando de obtener partículas pequeñas análogas a las que se forman cuando los meteoritos penetran en la atmósfera; las partículas obtenidas resultaron ser bastante efectivas como partículas nucleantes; por ejemplo, meteoritos rocosos, vueltos a condensar, para formar partículas de dimensiones alrededor de 0,1 micra, daban lugar a 10^8 a 10^9 núcleos glaciógenos, por gramo, activos a —10 °C. De ello se dedujo que un número suficiente de núcleos activos a —15 °C, puede estar producido por meteoritos, justificando así las concentraciones que se observan en la troposfera. Este resultado, aunque no comprueba la hipótesis de Bowen, por lo menos sugiere que parte de los núcleos glaciógenos atmosféricos pueden ser de origen extrarrestre.

Crecimiento de los cristales de hielo por difusión

Una vez que los embriones de hielo han sido formados, bien sea por sublimación directa del vapor o por congelamiento de gotitas subfundidas, se iniciará el crecimiento por difusión de tales embriones ya que se encuentran en un ambiente saturado respecto al agua. Las ecuaciones de crecimiento son análogas a las que vimos en el capítulo 6, para las gotitas de agua, salvo una diferencia importante debido al hecho de que el cristal de hielo no tiene, en general, forma esférica.

El problema del crecimiento por difusión es similar a otros de electrostática o de la teoría del potencial. Recurriendo a la ecuación de Poisson y al teorema de Green, en electrostática puede demostrarse que la integral, extendida a toda la superficie de un conductor, de la componente normal de $-\nabla\phi$, donde ϕ es el potencial electrostático, es igual a $4\pi C\phi_s$, donde C es la capacidad del conductor y ϕ_s su potencial. Si identificamos $-D\nabla n$, que es el flujo de moléculas de agua, con $-\nabla\phi$, se deduce que por analogía, $4\pi CD(n_s - n_0)$ será la corriente total de agua que sale del cristal, siendo n_s la densidad del vapor junto a la superficie del cristal (número de moléculas) y n_0 la correspondiente a un punto situado lejos de dicha superficie. Para completar la analogía, es preciso suponer que $\nabla^2 n = 0$ y que n_s es el mismo en todos los puntos de la superficie. En tal caso, la ecuación generalizada para el crecimiento se convierte en:

$$\frac{dM}{dt} = 4\pi CD(\rho_v - \rho_{vr}). \tag{8.1}$$

C es la capacidad eléctrica, expresada en unidades de longitud, que es función del tamaño y forma de la partícula. Para una esfera, $C = r$, y la (8.1) se reduce a la ecuación de crecimiento para una gotita de agua. Para un disco circular, de radio r, que puede considerarse una aproximación al caso de un cristal de hielo en forma de placa, $C = 2r/\pi$. Las agujas de hielo pueden asimilarse al caso de un esferoide alargado, cuyos semiejes mayor y menor sean a y b, para el cual la capacidad vale

$$C = \frac{A}{\ln[(a + A)/b]}$$

donde $A = \sqrt{a^2 - b^2}$. Para un esferoide oblalo,

$$C = ae/\text{arcsen}\, e,$$

donde la elipticidad $e = \sqrt{1 - b^2/a^2}$.

Evidentemente, los cristales de hielo tienen formas más complejas que la esfera, disco o elipsoide, para las cuales se han deducido las fórmulas teóricas anteriores; no obstante las formas dendríticas y las placas, que son típicas formas cristalinas comunes en los cristales de hielo, pueden razonablemente ser asimiladas a un disco circular de la misma área. Asimismo, las agujas tienen un cierto parecido con esferoides alargados. Según Houghton (1950), que razonó a partir de la analogía electrostática, el campo alrededor de una placa, cubierta de puntas, es el mismo, a una cierta distancia, que el producido por una placa lisa; el campo está distorsionado por las irregularidades, tan sólo hasta distancias de la placa que son del mismo orden de magnitud que la longitud y espaciado de las irregularidades presentes. Cuando el vapor se aproxima al cristal, la estructura fina de éste determina cómo y dónde va a depositarse, pero sin que afecte al flujo total del vapor de agua. Las ideas de Houghton fueron confirmadas por experiencias de laboratorio (McDonald, 1963 b), en las que se media la capacidad de modelos, en latón, simulando copos de nieve.

A medida que el cristal de hielo crece su superficie se calienta, en virtud del calor latente de sublimación, y ello determina una elevación efectiva del valor de ρ_{vr}, por encima del que tendría de no haber calentamiento. En condiciones de crecimiento estacionarias, el valor de ρ_{vr} viene determinado por el equilibrio entre el calentamiento latente y la trasferencia de calor que tiene lugar partiendo de la superficie, equilibrio que puede expresarse por

$$\frac{\rho_v - \rho_{vr}}{T_r - T} = \frac{K}{L_s D}. \tag{8.2}$$

Siguiendo los razonamientos termodinámicos del capítulo 6, las ecuaciones (8.1) y (8.2) pueden combinarse para obtener una expresión analítica para la velocidad de crecimiento del cristal. La fórmula a que se llega es precisamente la misma que se obtuvo para las gotas de agua, con la salvedad de cambiar *r* por *C*, interpretar $e_s(T)$ como la presión de saturación del vapor sobre hielo, y tomar *L* como calor latente de sublimación:

$$\frac{dM}{dt} = \frac{4\pi C(S_i - 1)}{\left[\dfrac{L_s^2}{KR_vT^2} + \dfrac{R_vT}{e_i(T)D}\right]}. \tag{8.3}$$

Aquí, como en la (6.17), se han despreciado tanto los efectos de la energía superficial, como de la ventilación; efectos que, por otra parte, no son tan bien comprendidos para los cristales de hielo como para las gotitas de agua. Las moléculas de vapor no pueden unirse a un cristal de hielo en cualquier forma aleatoria, sino que deben ser captadas, molécula a molécula, de tal forma que la estructura cristalina resulte conservada. A causa de estos efectos superficiales, el ritmo de crecimiento de un cristal de hielo, tiende a ser más lento que el dado por la (8.3); experiencias llevadas a cabo por Fukuta (1969), indican que a temperaturas comprendidas entre los 0 y —10 ºC, la velocidad de crecimiento de los pequeños cristales viene a ser la mitad de la dada por (8.3), sin embargo, para cristales mayores, dicha fórmula da una aproximación mejor.

En la (8.3), S_i se refiere a la razón de saturación ambiental, respecto al hielo, que puede escribirse.

$$S_i = S(e_s/e_i) \tag{8.4}$$

donde *S* es la razón de saturación ambiental, respecto al agua, y e_s y e_i, son, respectivamente, las presiones de vapor en equilibrio con agua y hielo. La razón e_s/e_i, como puede comprobarse en la Tabla 2.1 del Capítulo 2, es superior a la unidad para todas las temperaturas inferiores a 0 °C, aumentando de forma aproximadamente lineal al disminuir la temperatura, hasta alcanzar un valor alrededor de 1,5 para la temperatura de —40° C. Como del crecimiento inicial de los cristales de hielo, generalmente tiene lugar en el seno de una nube acuosa, $S \approx 1$, en la (8.4), y $S_i \approx (e_s/e_i)$. En consecuencia, la dependencia de la temperatura de (e_s/e_i), ejerce una fuerte influencia en el ritmo de crecimiento del cristal, dM/dt. El término que figura dentro del corchete, en la (8.3), depende de la temperatura y presión de una manera aproximadamente igual a la indicada en la figura 6.2, para el caso de las gotitas de agua. Combinando esta última dependencia de la temperatura, con la de S_i, y suponiendo un ambiente saturado respecto al agua, Byers (1965) obtuvo la dependencia de la velocidad de crecimiento del cristal de hielo, respecto a la temperatura y presión, en la forma que se indica en la figura 8.2; las curvas ponen de manifiesto que la velocidad de crecimiento varía inversamente a la presión, y que el mayor ritmo de crecimiento, para un amplio intervalo de presiones, tiene lugar a unos —15 °C.

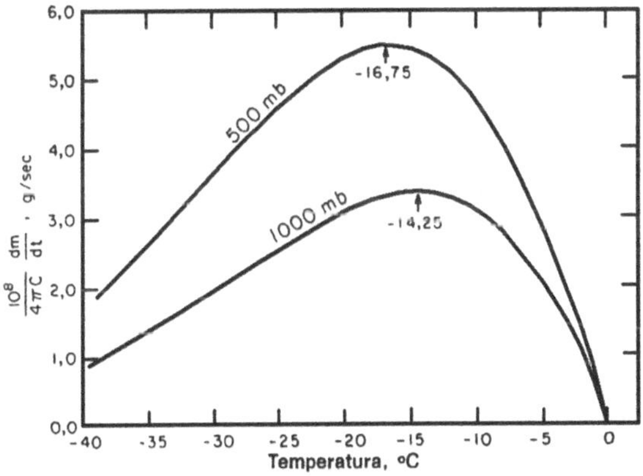

FIG. 8.2. Velocidad de crecimiento, normalizada, de los cristales de hielo en función de la temperatura. (Adaptada de Byers, 1965.)

Las condiciones ambientales determinan no tan sólo la velocidad de crecimiento, sino también la forma y aspecto que en su crecimiento tomará el cristal. En la figura 8.3. pueden verse los principales tipos de cristales, a saber: columnas, placas y dendríticos. Mientras un cristal, en fase de crecimiento, desciende a

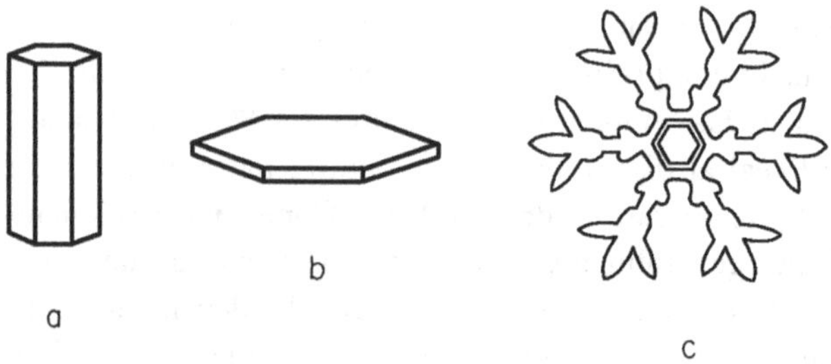

FIG. 8.3. Representación esquemática de las principales formas de cristales de hielo: (a) columna; (b) placa; (c) dendrita.

través de la nube, su aspecto cambiará de acuerdo con las variables condiciones ambientales que vaya encontrando. Las estrellas, en forma de sector, se forman cuando las placas desarrollan estructuras dendríticas periféricas; columnas con corona, cuando las columnas desarrollan placas en sus extremos. Las complejas estructuras estelares que con frecuencia se observan, son variaciones de la forma dendrítica.

Desde los trabajos iniciales de Nakaya (1954), diversos autores han informado acerca de la dependencia del aspecto del cristal, respecto a las condiciones

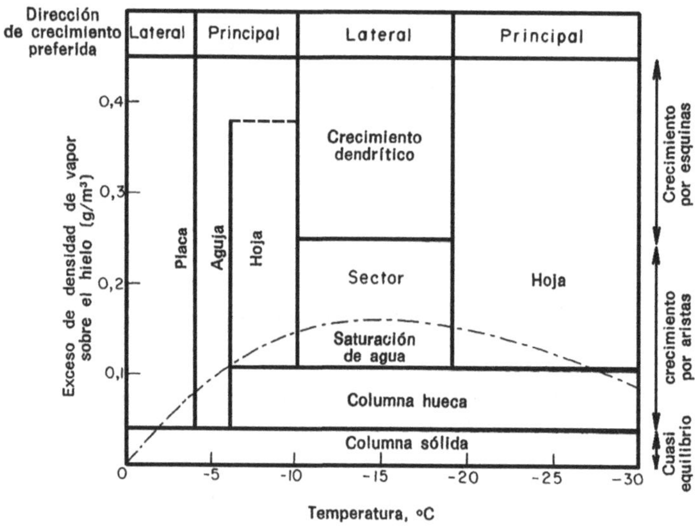

FIG. 8.4. Diagrama de Kobayashi dando la apariencia del cristal en función de la temperatura y del exceso de la densidad de vapor respecto a la correspondiente a la de saturación sobre hielo. (De Fletcher, 1962.)

ambientales; todos los trabajos están en buen acuerdo, y los resultados vienen resumidos en la figura 8.4, debida a Kobayashi (de Fletcher, 1962, pág. 265). En esta figura se indica también el exceso de la densidad de vapor, respecto al de equilibrio sobre hielo, en una atmósfera saturada respecto a una superficie plana de agua. Esto es una aproximación de las condiciones que cabe esperar en las nubes, y pone de manifiesto que el exceso de la densidad de vapor pasa por un valor máximo alrededor de los —15 °C, que resulta ser también, la temperatura para la cual es mayor el ritmo de crecimiento. En esta región de crecimiento favorecido, los tipos de cristales predominantes resultan ser dendríticos y estrellas en forma de sector.

Crecimiento adicional por acreción

Un cristal de hielo que cae a través de una nube en la que existen gotitas de agua subfundidas y otros cristales de hielo, puede aumentar de tamaño por acreción de agua o por su agregación con otros cristales. El crecimiento por acreción, conduce a estructuras típicas como la cencellada o escarcha, la nieve granulada o granizo blando; la conglomeración de cristales da lugar a los copos de nieve. En estos tipos de crecimiento por "barrido", resulta importante la velocidad de caída de los cristales, acerca de las cuales se da información en la figura 8.5 (Fletcher, 1962, pág. 276). Los cristales de mayor velocidad de caída son las partículas de nieve granulada (que no son realmente cristales, sino conglomerados de gotitas heladas). Las estructuras constituidas por granizo blando o cencellada (cristales con gotitas) caen a una velocidad, alrededor de 1 m/s, pero todos los tipos de cristales puros lo hacen a velocidades inferiores al metro por segundo. Una fórmula empírica que parece ajustarse bastante bien a la curva correspondiente a la nieve granulada es

$$u = 520r^{0,6} \tag{8.5}$$

donde u es la velocidad, en cm/s, y r el radio de la esfera que justamente contuviera a la partícula, en cm. Los copos de nieve no aparecen en la figura, pero también vienen a caer con una velocidad del orden de 1 m/s, siempre que estén secos, pero tan pronto empiezan a fundir, se vuelven más compactos y caen más deprisa. Se debe a Langleben (1954) una expresión aproximada que se acepta, en general, para la velocidad de caída de los copos de nieve

$$u = kD^n, \tag{8.6}$$

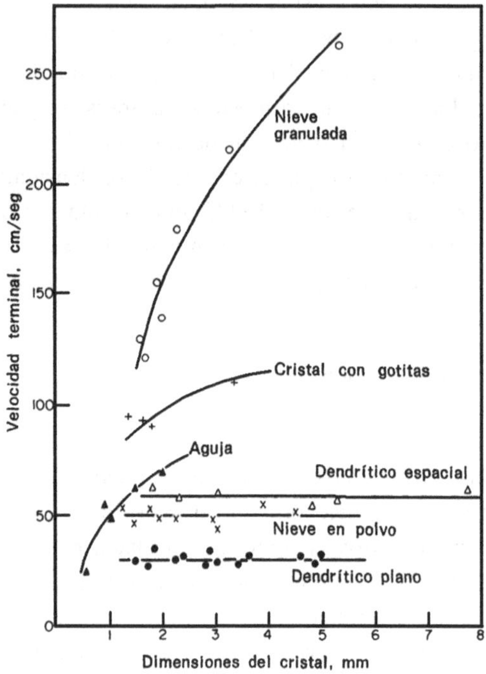

FIG. 8.5. Velocidades terminales de los cristales de hielo, según medidas de Nakaya y Terada. (De Fletcher, 1962.)

en donde D es el diámetro del copo de nieve, tras la fusión, expresado en cm, y u la velocidad de caída, en cm/s; Langleben encontró que para las formas dendríticas $k \approx 160$ y $n \approx 0{,}3$, mientras que para columnas y placas $k \approx 234$ y $n \approx 0{,}3$.

Mason (1971) estableció fórmulas empíricas que relacionan la masa de los cristales de hielo, con el diámetro de las esferas circunscritas a los mismos, y que son de la forma

$$m = aD^b \tag{8.7}$$

La Tabla 8.2 da los valores de a y b, para diversos tipos de cristal; existe tal diversidad en la apariencia y densidad de los cristales de hielo que la (8.7) debe considerarse, simplemente, como una aproximación.

En el proceso de crecimiento por acreción, surge la cuestión de la eficiencia

TABLA 8.2. *Valores de a y b en la (8.7), para D en cm y m en gramos*

Tipo de cristal	a	b
Nieve granulada o granizo blando	0,065	3
Placas de escarcha blancas, cencellada y dendríticas estrelladas	0,027	2
Polvo de nieve y dendríticas espaciales	0,010	2
Formas dendríticas planas	0,0038	2

de captura; en primer lugar, existe el problema aerodinámico de la eficiencia de colisión, y luego la cuestión de saber si una vez que tal colisión tiene lugar, ocurre o no la captura o fijación, sin que ninguna de las dos facetas del problema sea bien conocida. Dado que los cristales de hielo caen más lentamente que las gotitas de agua, parece lógico que las eficiencias de colisión sean más elevadas, a igualdad de masa, para los primeros. No obstante, Pitter y Pruppacher (1974) han determinado, teóricamente, eficiencias de colisión de placas de hielo simples, calculando las trayectorias de las gotitas de agua en relación a los cristales de hielo, y han demostrado que el proceso de captura es bastante complejo y que el perímetro del cristal es la zona preferida para las colisiones; como el congelamiento es muy probable que tenga lugar al contacto con gotitas subfundidas, es de suponer que la eficiencia de coalescencia sea la unidad.

En el proceso de agrupación de cristales, la eficiencia de captura es peor comprendida. Existen indicios de que las estructuras abiertas, tales como las dendríticas, tienen mayor tendencia tras del choque, a juntarse, que los cristales de otros tipos, y que en cualquier caso, la agrupación de cristales es más probable a temperaturas relativamente altas. A juzgar por los tamaños de los copos de nieve observados, se ha deducido que una agrupación significativa, sólo es posible a temperaturas superiores a los —10 °C.

Sin olvidar toda esta serie de incertidumbres, cabe establecer las ecuaciones que describen el crecimiento mediante tales procesos; para el caso de crecimiento por acreción, que determina la formación de nieve granulada o granizo blando, puede recurrirse a una ecuación análoga a la (7.15)

$$\frac{dm}{dt} = \bar{E}M\pi R^2 u(R), \tag{8.8}$$

donde m = masa de la partícula, M = contenido acuoso de la nube, R = radio de la partícula, $u(R)$ = velocidad de caída y $\bar{E}$ = eficiencia media de captura.

Para abordar el problema del proceso de agrupación, puede recurrirse, en líneas generales, al mismo procedimiento; como los copos de nieve caen todos a una velocidad, aproximada de 1 m/s, y los cristales de hielo a 0,4-0,5 m/s, la ecuación de crecimiento para tales copos es

$$\frac{dm}{dt} = \bar{E}M\pi R^2 \Delta u. \tag{8.9}$$

donde Δu es la diferencia entre las velocidades de caída, de copos y cristales de hielo, que prácticamente es constante. A veces resulta más conveniente caracterizar la población de cristales por la densidad numérica, N, que por la densidad del agua helada, M; entre ambas existe la relación

$$M = Nv\rho,$$

donde v representa el volumen medio de los cristales y ρ su densidad. Si suponemos que los copos de nieve tienen la misma densidad, entonces $m = \rho V$, donde V denota su volumen. En tal caso, la ecuación de crecimiento, en función del volumen, resulta

$$\frac{dV}{dt} = B\bar{E}V^{2/3}Nv\Delta u, \tag{8.10}$$

donde $B^3 = 9/16\pi$. Naturalmente, estas ecuaciones deben considerarse como una simple aproximación para el proceso real de crecimiento. Según Fletcher (1962), los cálculos basados en la (8.10) conducen a resultados que están razonablemente de acuerdo con las observaciones realizadas con nieve granulada y copos de nieve.

Fundamentalmente, los copos de nieve deben desarrollarse debido a que unos pocos cristales, que se formaron y crecieron por difusión, llegaron a ser mayores que sus vecinos, ya sea por un acentuado crecimiento por difusión, o por colisiones al azar con otros cristales o gotitas subfundidas. Una vez alcanzada esta ventaja inicial, los cristales o pequeñas agrupaciones de ellos, se encuentran en condiciones favorables para seguir creciendo, mediante el proceso de barrido. En consecuencia, una teoría completa que interprete el desarrollo de la precipitación, en fase hielo, debe tener en cuenta los efectos estadísticos que son considerados en la teoría de lluvia por coalescencia (cap. 7). El único enfoque de este tipo, hasta el momento, ha sido descrito por Austin y Kraus (1968) que formularon un modelo, para el desarrollo de los copos de nieve, en el supuesto de que en virtud de colisiones aleatorias, se ha producido una distribución de tamaños de agrupaciones tal que los fenómenos de gravitación resultan importantes. Partiendo de valores iniciales para la densidad numérica de 10^4 y 10^5 cristales por metro cúbico, y suponiendo que tienen lugar unas 100 colisiones por segundo y metro cúbico, encontraron que, en un tiempo aceptable, llega a obtenerse una distribución razonable para los copos de nieve. Los resultados dependen estrechamente de la frecuencia de colisión, sin que parezca posible hallar una justificación independiente, para fijar el número de 100 como valor típico para la frecuencia de los choques.

El proceso cristal de hielo frente a la coalescencia

Con objeto de que las gotas de agua o los copos de nieve, de tamaño apreciable, se desarrollen, es preciso que tenga lugar la agrupación o la acreción, en el caso de crecimiento de la fase hielo, o la coalescencia en los procesos en que interviene sólo el agua. El proceso de condensación-difusión, por sí solo, no puede explicar la formación de gotas de lluvia de 2 y 3 mm en el tiempo disponible para el crecimiento. No obstante este proceso es más efectivo para los cristales de hielo, que para las gotitas de agua, debido al hecho de que el medio nuboso tiende a estar justamente saturado para el agua, pero sobresaturado respecto al hielo. Es corriente el hecho de que se produzca una ligera precipitación, en forma de cristales individuales de hielo, lo que indica que no tuvo lugar el proceso de agregación o acreción; resulta por tanto razonable suponer, que algunas de las precipitaciones que llegan al suelo, en forma de llovizna o lluvia muy débil, puedan ser debidas a cristales individuales, y no a agrupación de ellos, que fundieron antes de llegar al suelo. Por otra parte, en las nubes calientes el crecimiento por difusión resulta demasiado lento, para que puedan dar lugar, ni siquiera, a gotitas de llovizna, en tiempos razonables; en tales nubes, siempre es indispensable la coalescencia, para que se produzca lluvia.

Muchas nubes cumuliformes se desarrollan inicialmente a temperaturas superiores a los 0 °C, o por lo menos a temperaturas lo bastante altas para que la congelación de las gotitas resulte improbable, pero luego se elevan verticalmente hasta cotas notablemente superiores al nivel de los 0 °C, donde ya es probable tenga lugar la formación de cristales de hielo. En tales nubes pueden ocurrir ambos mecanismos productores de la precipitación: inicialmente el de coalescencia entre gotitas, y más tarde también el de formación de cristales de hielo; el proceso dominante, en una determinada situación dependerá fundamentalmente de la temperatura existente en la cima de la nube y del contenido acuoso de la misma, así como, hasta cierto punto, de la concentración de gotitas. El proceso de coalescencia tiende a predominar en aquellas nubes que sean relativamente calientes, con alto contenido acuoso y baja concentración de gotitas.

Houghton (1950) llevó a cabo una comparación entre los ritmos de formación de precipitación en virtud de los dos procesos; calculó el crecimiento por coalescencia de las gotitas mayores presentes, utilizando la mejor información de que se disponía en relación a los espectros de gotitas nubosas y a las eficiencias de captura; frente a este resultado comparó el crecimiento por difusión de los cristales de hielo, de formas diversas, en el supuesto de que se encontraban en un ambiente saturado respecto al agua. Los resultados relativos a la coalescencia, demostraron que la velocidad de crecimiento, dn/dt, era proporcional al contenido acuoso de la nube, M. Para los dos tipos de cálculos, encontró que

$$\frac{1}{m}\frac{dm}{dt} \propto m^k$$

con aceptable aproximación, siendo k mayor para la coalescencia que para la difusión. La figura 8.6, basada en los resultados de Houghton, representa los valores de $(1/m)(dm/dt)$ para un cristal de hielo que crece por difusión y para una gotita que lo haga por coalescencia. En ambos casos, las condiciones son fa-

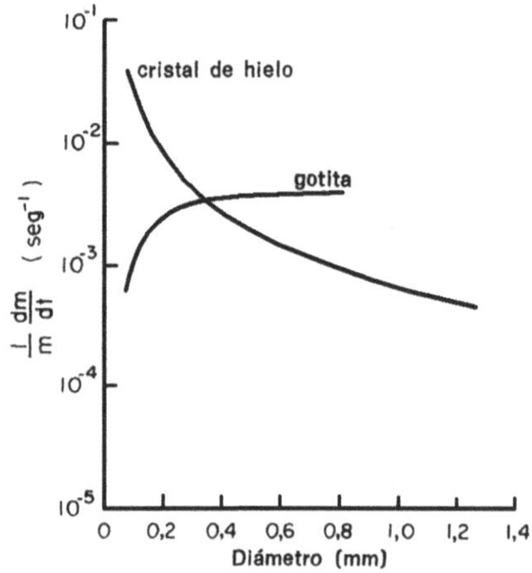

FIG. 8.6. Comparación entre las velocidades relativas de crecimiento de un cristal de hielo y una gotita de agua, en condiciones favorables para ambos. (A partir de datos de Houghton, 1950.)

vorables: la gotita de agua procede de una distribución ancha, con $M = 1$ g/m³, y el cristal de hielo, en forma de placa exagonal, creciendo a —15 °C. Esta comparación muestra que el proceso del cristal de hielo es más rápido que el de coalescencia, para radios pequeños, pero en cambio la coalescencia es más veloz para radios mayores, de unos 0,3 mm, que es el tamaño de las mayores gotas de llovizna. Debido a la lentitud inicial del crecimiento por coalescencia, Houghton llegó a la conclusión de que lo probable es que la precipitación se inicie por un proceso de cristales de hielo, en las nubes cumuliformes típicas de las latitudes medias, pero que para que puedan producirse gotas grandes de lluvia, debe tener lugar un proceso de barrido, bien por agrupación de cristales o acreción por cristales, copos de nieve o copos de nieve fundidos.

Las observaciones con radar, posteriores a los trabajos de Houghton, han puesto de manifiesto que la primera precipitación, detectable por radar, aparece con frecuencia en el interior de nubes y a una cota en la que la temperatura es superior a los 0 °C. Este resultado sugiere claramente que los procesos de coalescencia deben ser los que determinan el comienzo de la precipitación, aunque una vez que los cristales se forman, dan sin duda alguna, lugar a una aceleración del proceso.

Problemas

1. Se lleva a cabo una experiencia de laboratorio, bajo condiciones perfectamente controladas, con un cristal de hielo en forma de placa exagonal. A la presión de 100 mb y temperatura de —10 °C, se observa que el cristal de hielo, cuyo radio inicial era de 5 mm, se sublima totalmente en 10^4 s ($\approx 2,8$ horas). Suponiendo condiciones de equilibrio e isotérmicas durante todo el proceso, calcular la temperatura del cristal de hielo. Tómese la densidad global de la masa de hielo igual a 0,8 g/cm³, y supóngase que el espesor de la placa es igual a la décima parte de su radio.

2. En la clásica ecuación para el crecimiento por difusión de una gotita de agua o un cristal de hielo, se tiene en cuenta la transferencia de calor que tiene lugar desde la partícula al ambiente, por conducción, pero se desprecia el intercambio de calor por radiación. Considere una gotita que crece por difusión de vapor y compare las velocidades de pérdida de calor por conducción y por radiación, hacia el medio ambiente. Suponga que tanto la gotita, como el medio ambiente pueden ser considerados como cuerpos negros. A partir del resultado encontrado, ¿considera correcto despreciar la radiación al calcular el crecimiento por difusión de la gotita? ¿Es igualmente correcto despreciar la radiación, en el caso de un cristal de hielo que crece por difusión?

3. Ha sido informado el hecho (R. R. Braham, *J. Atmos. Sci.*, mayo 1967) de

que cristales de hielo, procedentes de nubes cirrosas, parecen determinar cómo una especie de "efecto de disparo" en el desarrollo de nubes medias, tras una larga supervivencia en su caída en el aire libre de nubosidad. En un caso, numerosos cristales sobrevivieron durante una caída a través de 5 km de aire, con una humedad relativa inferior al 20 %. ¿Está esta observación de acuerdo con la ecuación (8.1) que describe el crecimiento por difusión (y sublimación) de cristales de hielo?

Enfoque la cuestión de la siguiente forma:

Suponga el aire isotermo a —15 °C, con una humedad relativa constante del 20 % (respecto a la de saturación frente al agua). Suponga que los cristales caen a una velocidad constante de 50 cm/s, con independencia del tamaño del cristal; que éstos tienen forma de placas exagonales, cuya masa y radio están relacionadas, en unidades c.g.s. por

$$m = 1{,}5 \times 10^{-3}\, r^2$$

Determinar el tamaño que inicialmente deban tener estos cristales, para sobrevivir a través de los 5 km de caída. ¿Parece el resultado razonable para cristales de hielo de una nube cirrosa? Como aproximación, admita que el proceso tiene lugar a $p = 600$ mb.

CAPÍTULO 9

LLUVIA Y NIEVE

Distribución de las gotas por tamaño

La precipitación puede iniciarse bien mediante el proceso de coalescencia o por el de formación de cristales de hielo, prevaleciendo la coalescencia en nubes relativamente calientes y con elevado contenido acuoso. Las partículas de precipitación, una vez formadas, crecen, fundamentalmente, debido al barrido de gotitas nubosas (acreción), o por combinación de unas con otras. Este crecimiento continuado, según diversos factores de los que depende, determina la producción de gotas de lluvia, copos de nieve o granizo.

Sea cual fuere la manera en que se inicie, la precipitación sobre la mayor parte de la superficie terrestre, llega al suelo en forma de lluvia; su característica más corrientemente medida es la intensidad de precipitación junto al suelo. Una forma más completa para describir la lluvia, consiste en la función de distribución de las gotas, por tamaños, que expresa el número de gotas por unidad de intervalo dimensional (generalmente el diámetro), por unidad de volumen espacial. Tales distribuciones han sido medidas, por una diversidad de métodos, en la mayor parte de las regiones climáticas terrestres, y aunque varían con el tiempo y lugar, tales distribuciones muestran una rápida disminución de la concentración de las gotas al crecer el tamaño de las mismas, por lo menos para diámetros superiores a un milímetro. También muestran, generalmente, una variación sistemática, ligada a la intensidad de la precipitación, consistente en que el número de las gotas grandes tiende a aumentar, cuando crece la intensidad de la precipitación.

En la figura 9.1 se dan algunos ejemplos de espectros de gotas de lluvia;

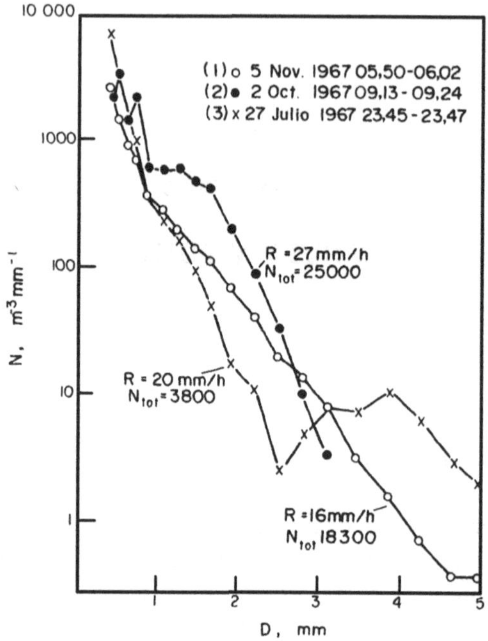

FIG. 9.1. Ejemplos de diversas medidas de la distribución de las gotas de lluvia por tamaños. Sobre cada curva se indica la duración de la observación, el número total de gotas contadas y la intensidad media de la precipitación. Las distribuciones 1 y 2 fueron obtenidas durante una lluvia casi constante; la 3 fue registrada durante una tormenta. (De Joss y otros, 1968.)

fueron obtenidos mediante un instrumento que tenía una superficie colectora de 50 cm^2, y que podía registrar el tamaño de las gotas aisladas, por la detección del impacto determinado por la cantidad de movimiento de la gota. Para cada curva se indica el tiempo de muestreo, así como el número total de gotas computado; hay que tener en cuenta que si se quiere estimar la distribución de gotas por tamaños, hay que recoger una muestra relativamente grande, con objeto de eliminar la variabilidad estadística, en el recuento de las escasas gotas grandes. En la figura, las distribuciones 1 y 2 fueron registradas con lluvia continua, mientras que la 3 fue medida en una tormenta.

Estos ejemplos, y muchos otros, indican que las distribuciones por tamaños tienen, aproximadamente, una forma exponencial, de exponente negativo, especialmente en los tipos de lluvia bastante continua. Marshall y Palmer (1948), tras una serie de observaciones llevadas a cabo, durante el verano, en Otawa (Canadá), sugirieron, por vez primera, la existencia de la mencionada aproximación. En la figura 9.2, se comparan los espectros de gotas, para tres valores distintos de la intensidad de precipitación, junto con las aproximaciones exponenciales que mejor se ajustan a los datos y que resultan ser líneas rectas en coordenadas semilogarítmicas. En consecuencia, excepto para tamaños muy pequeños, la distribución de gotas por tamaños, puede expresarse, aproximadamente, así

$$N(D) = N_0 e^{-\Lambda D}, \tag{9.1}$$

donde $N(D)dD$ es el número de gotas, por unidad de volumen, cuyos diámetros están comprendidos entre D y $D + dD$. Marshall y Palmer encontraron que el factor de pendiente, Λ, depende tan sólo de la intensidad de la precipitación y viene dado por:

$$\Lambda(R) = 41 R^{-0,21}, \tag{9.2}$$

donde Λ se expresa en unidades cm^{-1}, y R se mide en mm/hora. También es cu-

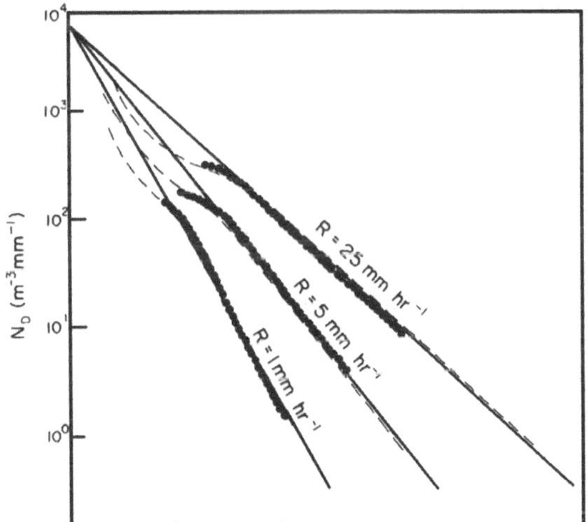

FIG. 9.2. Distribución de gotas por tamaños, medidas (líneas de puntos), comparativamente a curvas exponenciales de ajuste óptimo (líneas continuas), así como otras distribuciones debidas a diversos autores (líneas de trazos). (De Marshall y Palmer, 1948.)

rioso observar que encontraron para N_0, parámetro de intersección de las rectas con el eje de ordenadas, un valor constante dado por:

$$N_0 = 0{,}08\ \text{cm}^{-4}. \tag{9.3}$$

La simple observación de la figura 9.1, pone de manifiesto que es evidente que no todas las distribuciones de gotas por tamaños, son de la sencilla forma exponencial mencionada; no obstante, medidas realizadas en muchas regiones distintas, vienen a demostrar que la exponencial viene a ser la forma límite a la que tienden las muestras individuales cuando son tomadas en promedio. Además, para la lluvia continua, en latitudes continentales medias, los valores de Λ y N_0, dados por Marshall-Palmer, resultan ser, con frecuencia, aproximaciones muy estimables.

Fraccionamiento de las gotas

Una explicación de esta tendencia que presenta la distribución de las gotas por tamaños hacia la forma exponencial, con exponente negativo, nos la suministra, por lo menos en parte, el fenómeno del fraccionamiento de las gotas. Las gotas de lluvia son de tamaño limitado, debido a que la probabilidad de que se fraccionen aumenta con el tamaño. Una causa de la rotura es la circulación de agua en la gota y que es inducida en ella por razones aerodinámicas. Una vez que se alcanza el diámetro de unos 3 mm, ya no hay seguridad de que la tensión superficial sea capaz de mantener la estructura de la gota; cuando ésta llega a los 6 mm de diámetro, resulta inestable y puede subsistir tan sólo unos instantes antes de fraccionarse, con lo cual da lugar a un cierto número de gotas más pequeñas. Komabayasi y otros (1964) han dado datos acerca de la probabilidad de fraccionamiento espontáneo, en función del tamaño de la gota, así como del espectro de tamaños de las gotas pequeñas que se producen en el proceso.

Otra causa del fraccionamiento son los choques entre las mismas gotas; en un trabajo de laboratorio, en el que gotas de agua de diámetro comprendidos entre 0,3 y 1,5 mm chocaban entre sí, con velocidades relativas de 0,3 a 3,0 m/s, Brazier-Smith y otros (1972) encontraron que la coalescencia permanente resulta cada vez más improbable, al crecer el tamaño de las gotas, su velocidad relativa y el parámetro de impacto. Los choques a incidencia rasante producen movimiento de rotación en las gotas, con alargamiento de las mismas, y dan lugar a la rotura, de la que resulta la formación de gotas satélites. La separación definitiva tiene lugar cuando la energía cinética total de rotación de las gotas acopladas, supera a la energía superficial necesaria para la producción de gotas separadas. A partir de la comparación de tales energías, Brazier-Smith y otros obtuvieron la siguiente expresión para la eficiencia de coalescencia:

$$\varepsilon = \frac{12\sigma f(R/r)}{5r\rho U^2} \tag{9.4}$$

donde σ es la tensión superficial de las gotas, ρ la densidad, U la velocidad relativa, y $f(R/r)$ un factor adimensional dado por

$$f(R/r) = f(\gamma) = \frac{[1+\gamma^2-(1+\gamma^3)^{2/3}][1+\gamma^3]^{11/3}}{\gamma^6(1+\gamma)^2}. \tag{9.5}$$

Para el intervalo de tamaños de gotas estudiado, se encontró buen acuerdo entre la (9.4) y las observaciones llevadas a cabo en el laboratorio. Debe advertirse que ε, definido por la ecuación (9.4), puede tomar valores superiores a la unidad para ciertas combinaciones de R, r y U; evidentemente, ε sólo puede interpretarse como la eficiencia de coalescencia para valores inferiores o iguales a la unidad.

Para gotas cayendo libremente en la atmósfera, la velocidad relativa U representa la diferencia entre las velocidades terminales de las gotas de radio R y r; para determinar U, para todas las parejas de radios, se utilizaron los datos de Gunn y Kinzer, de la tabla 7.2. De esta forma se calculó la (9.4), en función de R y r, y el resultado viene dado en la figura 9.3. Esta figura nos dice que la eficiencia de coalescencia es igual a la unidad para valores de $R < 0{,}4$ mm, o $r < 0{,}2$ mm; valores de ε inferiores a 0,2 tienen lugar para 1 mm $< R < 2{,}5$ mm; los mínimos de ε se encuentran, aproximadamente, sobre la línea $r = 0{,}6\ R$. La eficiencia es la unidad para todos los valores de r tales que $r < 0{,}2 . R$, o $r > 0{,}9\ R$. La comparación entre las figuras 9.3 y 7.4 nos indica que la eficiencia de colisión es prácticamente igual a la unidad, en la región en que la de coalescencia es menor que la unidad y recíprocamente. En consecuencia, la eficiencia de *captura,* con bastante aproximación, es igual o a la de colisión, o a la de coalescencia, esto es a la que sea menor de las dos.

Brazier-Smith y otros observaron que la mayor parte de las colisiones que no conducen a una coalescencia permanente, determinan la producción de pequeñas gotas satélites, en número variable entre 1 a 10, y cuyos radios están comprendidos entre 20 y 220 micras. Los mismos autores (Brazier-Smith y otros,

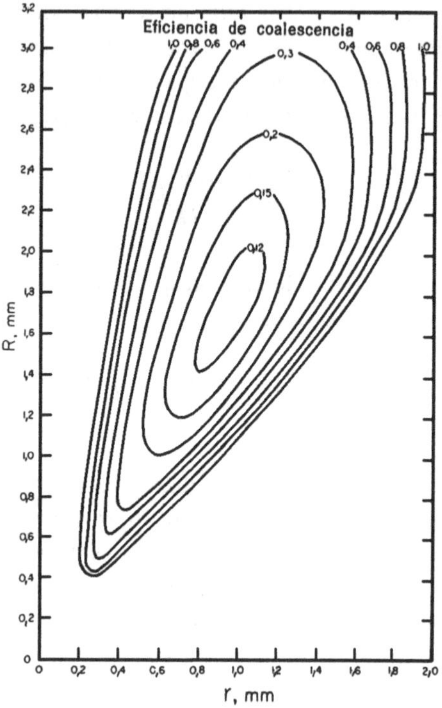

FIG. 9.3. Eficiencia de coalescencia según la teoría de Brazier-Smith y otros, en función de los radios de las gotas. El valor de ε representa la fracción de colisiones que dan lugar a una coalescencia permanente. Fuera del contorno ε = 1, todas las colisiones dan lugar a coalescencia.

1973), en un trabajo teórico, acerca de las interacciones entre las gotas de lluvia y las intensidades de precipitación en el interior de las nubes, explicaron que la fragmentación puede ser interpretada, bastante bien, suponiendo que en cada disrupción inducida por colisión se producen tres gotas satélites, de igual tamaño, y cada una de ellas de un volumen dado por 0,04 $V_1V_2/(V_1 + V_2)$, donde V_1 y V_2 son los volúmenes de las dos gotas iniciales. Debido al limitado intervalo de pares de radios, para los que puede ocurrir el proceso de fraccionamiento, tras colisión, la fórmula anterior conduce a predecir, casi siempre, gotas satélite de unas 100 micras de radio.

Srivastava (1971) trató de encontrar, teóricamente, si la coalescencia de las gotas de lluvia y su fraccionamiento, podrían conducir a una distribución del tipo de la de Marshall-Palmer. Para ello aplicó la ecuación de coalescencia estocástica, a una supuesta distribución inicial de pequeñas gotas de lluvia, e incluyó el proceso de fraccionamiento espontáneo, de acuerdo con los datos de Komabayasi y otros, en forma ligeramente modificada. Las distribuciones de gotas por tamaños que obtuvo resultaron no ajustarse muy bien a la sencilla ley exponencial, de exponente negativo, siendo en especial demasiado horizontales en el intervalo de 2 a 5 mm de diámetro; el mismo Srivastava sugirió que la explicación de tal discrepancia había que buscarla en el hecho de no haber tenido en cuenta la condensación o el fraccionamiento inducido por colisión.

En un estudio reciente en el que se aborda, teóricamente, el problema de la evolución del espectro de gotas, Young (1975) ha incluido los efectos del fraccionamiento inducido por colisión, conjuntamente con el crecimiento por condensación y coalescencia. Partiendo de un supuesto espectro de actividad para los núcleos de condensación, calculó la distribución de las gotas por tamaños, en función del tiempo, en un volumen de aire nuboso que ascendía a velocidad constante. El proceso de fragmentación fue simulado de acuerdo con los resultados de Brazier-Smith y otros, de modo que después de que las gotas crecen por encima de los 0,4 mm, una parte de las colisiones determinan fragmentación y producción

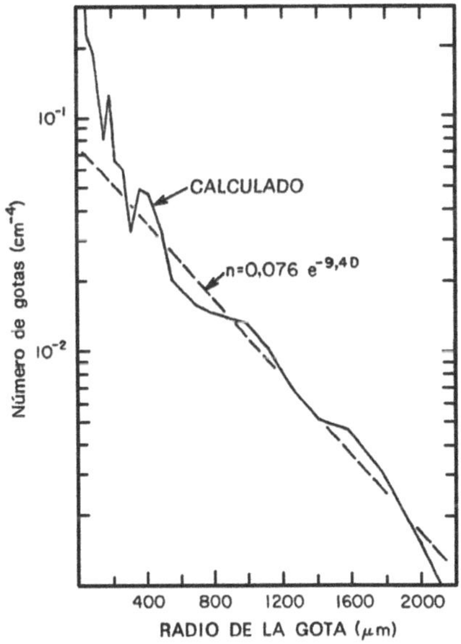

FIG. 9.4. Distribución teórica de gotas por tamaño, producida después de 30 minutos, en un modelo de crecimiento de gotitas que incluye los efectos de condensación, coalescencia y colisión con fraccionamiento. (Adaptada de Young, 1975.)

de gotas satélites. La figura 9.4 muestra el espectro de las gotas de lluvia, tras 30 minutos de ascenso, a 3 m/s, en una nube de características marítimas; el espectro puede ser fácilmente aproximado por una exponencial de la forma (9.1). Aunque Young hace observar que el exponente Λ, de su recta de ajuste, difiere del predicho por (9.2) para la intensidad de lluvia calculada, es evidente que los resultados demuestran de forma convincente la importancia del fraccionamiento por colisión, para establecer la forma exponencial límite. De todas maneras, la discrepancia en el valor de Λ, no debe preocupar demasiado, dado que la relación (9.2), de Marshall-Palmer, no se ajusta bien para el caso de lluvia marítima.

Distribución de los copos de nieve por tamaños

La mayor parte de la precipitación que llega al suelo, en forma de nieve, está constituida por copos de nieve más que por cristales de hielo individuales. Como tales copos de nieve son conglomerados irregulares de cristales, o de copos más pequeños, no existe un procedimiento sencillo para medir sus dimensiones lineales. Por esta razón, los datos relativos al tamaño de los copos de nieve, se expresan, generalmente, en términos de la masa de la partícula o, lo que es equivalente, por el diámetro de la gota de agua formada cuando funde el copo de nieve.

La distribución por tamaños de los conglomerados de copos de nieve fue medida por Gunn y Marshall (1958); los resultados se indican en la figura 9.5 donde los datos vienen representados en coordenadas semilogarítmicas, como en el caso de las gotas de lluvia.

También en este caso, los puntos experimentales, para una intensidad de precipitación dada, pueden ser razonablemente bien ajustados por una función exponencial de la forma (9.1). No obstante, para la nieve, los parámetros están ligados a la intensidad de la precipitación por

$$\Lambda(\text{cm}^{-1}) = 25{,}5R^{-0{,}48} \tag{9.6}$$

y

$$N_0(\text{cm}^{-4}) = 3{,}8 \times 10^{-2}R^{-0{,}87}. \tag{9.7}$$

En estas ecuaciones, la intensidad de la precipitación, R, se mide en mm/hora, refiriéndola al espesor de agua equivalente a la nieve acumulada.

En los estudios teóricos, relativos al desarrollo de la precipitación, resulta con frecuencia necesario calcular los momentos de la distribución de las gotas

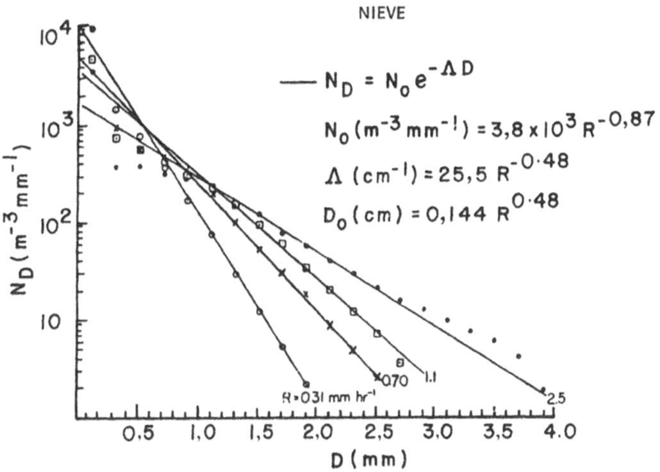

FIG. 9.5. Distribución, por tamaños, de los copos de nieve, en función de los diámetros de las gotas producidas por su fusión. (De Gunn y Marshall, 1958.)

por tamaños. Por ejemplo, tanto el flujo de precipitación, a través de una superficie horizontal, como la masa de precipitación por unidad de volumen y la reflectibilidad del radar, determinada por la precipitación, están todas ellas relacionadas, de forma sencilla, a ciertos momentos de $N(D)$. Esto hace que la aproximación exponencial resulte especialmente conveniente para ser utilizada en los trabajos teóricos, ya que los momentos se conocen de forma analítica: el momento n-ésimo viene dado por

$$\int_0^\infty D^n N(D) dD = N_0 \frac{\Gamma(n+1)}{\Lambda^{n+1}}, \qquad (9.8)$$

donde Γ representa la función gamma (para n igual a un número entero $\Gamma(n+1) = n!$). Este resultado analítico, que implica una integración con límite superior infinito, resulta, en general, una buena aproximación para las distribuciones reales, que tienen siempre un límite superior finito para los diámetros; éste se debe a que la forma exponencial de $N(D)$ disminuye tan rápidamente con D, que las imaginarias partículas grandes que hay que tener en cuenta, debido al mencionado límite superior infinito, contribuyen muy poco en el valor de la integral.

Sekhon y Srivastava (1970), volviendo a analizar los datos de Gunn y Marshall, y de otros autores, hacen notar que si bien la función exponencial de exponente negativo, da un ajuste adecuado para todas las observaciones, se pueden obtener resultados más seguros en el trabajo teórico, con los momentos de $N(D)$, si los parámetros tienen los valores

$$\Lambda(\text{cm}^{-1}) = 22{,}9R^{-0{,}45} \tag{9.9}$$

y

$$N_0(\text{cm}^{-4}) = 2{,}5 \times 10^{-2}R^{-0{,}94} \tag{9.10}$$

Para los copos de nieve, y debido a la inseguridad de todos los métodos de medida de $N(D)$, son de esperar algunas discrepancias. Las medidas son obtenidas a partir de observaciones acerca del número de copos, de un cierto tamaño, que caen sobre una superficie horizontal, durante un determinado tiempo; con objeto de deducir, de tales observaciones, la concentración $N(D)$ de copos en el espacio, es preciso dividir las distribuciones observadas, por las velocidades de caída de los copos, dentro de cada intervalo de tamaños; tales velocidades de caída dependen, no tan sólo del tamaño, sino también de la densidad y, posiblemente, de la forma de los cristales que constituyen el copo de nieve. Con todo ello, indudablemente, debe introducirse mucha imprecisión en las expresiones de $N(D)$, que con toda seguridad justifica parte del desacuerdo existente entre los datos dados por diversos investigadores. Además, puesto que existe una variabilidad real en la estructura de los copos de nieve, debe de existir también, probablemente, una variación en la forma en que $N(D)$ depende de la intensidad de la precipitación. A falta de mejor información, parece no obstante razonable, que en los trabajos teóricos se utilicen las fórmulas de Sekhon y Srivastava, ya que éstas resultan ajustarse adecuadamente a un gran número de observaciones y conducen a relaciones razonables entre los momentos de $N(D)$.

Agrupación y fraccionamiento de los copos de nieve

Jiusto y Weickmann (1973) encontraron que los copos de nieve mayores, es decir, aquellos que constan de 10 a 100, o más, cristales individuales, a menudo están formados por estructuras dendríticas y placas delgadas, sugerentes de condiciones de crecimiento por difusión, en ambiente de tensión de vapor cercana a la de saturación respecto al agua; las columnas y conglomerados de placas gruesas, que implican condiciones de saturación respecto al hielo, son bastante menos comunes; las formas cristalinas de cencellada o escarcha blanca, que indican crecimiento por acreción de gotitas subfundidas, son corrientes cuando la temperatura ambiental es relativamente suave, y tienden a producirse en nubes convectivas, lo que sugiere que requieren alto contenido acuoso y escasez de núcleos glacíógenos. Los mismos autores señalan que las formas cristalinas irregulares, tales como fragmentos, ramas de cencellada y segmentos asimétricos, predominan, a veces, en las nevadas intensas.

A pesar de que resulta bastante evidente que la distribución de los copos de nieve por tamaños viene determinada, lo mismo que la de las gotas de lluvia, por los procesos de crecimiento y fraccionamiento, el desarrollo de las poblaciones de copos de nieve resulta más difícil de analizar teóricamente. El aspecto del cristal es importante para determinar el ritmo de crecimiento por difusión, y puede también afectar a la tendencia a producir aglutinamiento. La fractura de los copos de nieve probablemente viene provocada por choques, pero puede depender del tipo de cristal y de la temperatura. Aunque han sido formuladas ecuaciones generales para el crecimiento de cristales, por acreción y agregación (véase (8.8) a (8.10), es poco probable que, en un futuro próximo, pueda ser desarrollado un modelo que nos dé una visión general de la evolución de la distribución de la nieve por tamaños, debido a las muchas dudas existentes acerca de la formación e interacciones de los cristales.

Intensidades de precipitación

El ritmo de precipitación, o intensidad, es el flujo de precipitación a través de una superficie horizontal. Se mide expresándolo en términos del volumen del flujo de agua. Las unidades c.g.s. son por tanto $cm^3\ cm^{-2}\ s^{-1} = cm\ s^{-1}$,, pero por acuerdo general se expresan en mm/hora.

La intensidad puede expresarse en términos de la función de distribución por tamaños, $N(D)$, así:

$$R = \frac{\pi}{6}\int_0^\infty N(D)D^3u(D)dD, \tag{9.11}$$

donde $u(D)$ es la velocidad de caída de las partículas de diámetro D. La fórmula anterior es aplicable también a la nieve, siempre que D se refiera al diámetro del agua tras la fusión del hielo y R a la intensidad de lluvia equivalente.

A niveles por encima del suelo, es posible que existan movimientos verticales de aire, en cuyo caso la interpretación de la intensidad de precipitación como flujo, resulta un tanto ambigua; cuando exista una corriente vertical ascendente U, el flujo de precipitación hay que escribirlo así:

$$R = \frac{\pi}{6} \int_0^\infty N(D) D^3 (u - U) dD. \qquad (9.12)$$

Evidentemente, esta magnitud se hace negativa para valores de U suficientemente altos. Existe una medida de la precipitación que es independiente de la velocidad de la corriente ascencional; es el contenido de agua precipitable, L, que se define así:

$$L = \frac{\pi}{6} \rho_L \int_0^\infty N(D) D^3 dD. \qquad (9.13)$$

Los valores de R en la superficie terrestre varían ampliamente, desde cantidades inapreciables, hasta varios centenares de mm/hora. Las intensidades de precipitación que exceden a los 25 mm/hora van siempre asociadas a nubes convectivas. En la mayoría de los sitios, las intensidades de precipitación en forma de nieve, tienden a ser por lo menos de un orden de magnitud inferior a las correspondientes a la lluvia. Para el área de Montreal, que puede considerarse representativa de muchas zonas de latitudes medias, la principal contribución a la precipitación total anual, procede de intensidades de lluvia del orden de unos 10 mm/hora.

Brazier-Smith y otros (1973), analizando el desarrollo de la lluvia, por condensación, coalescencia y fraccionamiento, encontraron que tanto el contenido acuoso de la nube, como el de agua precipitable y la intensidad de la precipitación, son insensibles a la eficiencia de coalescencia y a la producción de gotas satélites, tras el fraccionamiento. Mientras los procesos microfísicos son de la mayor importancia en el desarrollo de la distribución por tamaños de las partículas de precipitación, la intensidad y la duración de la misma, vienen ampliamente determinadas por factores cinemáticos y termodinámicos, y en especial, por la temperatura de la base de la nube, el espesor de ésta y la velocidad de la corriente ascencional.

Problemas

1. Una pequeña partícula de nieve granulada es captada por una corriente ascendente, en el interior de un cumulonimbus que está en pleno desarrollo. El diámetro inicial de la partícula es de 0,1 mm y la velocidad de la corriente as-

censional constante es igual a 10 m/s. Determinar el tiempo necesario para que la partícula llegue a alcanzar un diámetro de 2 mm, y la distancia a que habrá subido en dicho tiempo. Suponga que el contenido acuoso de la nube es constante e igual a 2 g/m^3, y desprecie el crecimiento por sublimación.

La relación entre la masa y el radio de la partícula de nieve granulada es, aproximadamente,

$$m = 0{,}52\ r^3 \text{ (unidades c.g.s.)}$$

y la relación entre la velocidad de caída y el tamaño de la partícula, puede aproximarse mediante la expresión

$$u(r) = 520\ r^{0{,}6} \text{ (unidades c.g.s.)}$$

Suponga una eficiencia de captura igual a la unidad.

2. Como índice para medir la eficiencia de crecimiento de la precipitación por acreción, H. G. Houghton (J. Appl. Meteor., octubre 1968) consideraba la fracción total que, de una unidad de superficie horizontal de la nube, es geométricamente barrida por las partículas de precipitación, en la unidad de tiempo. Deducir una expresión, para esta eficiencia, en función de la intensidad de precipitación, para los siguientes modelos de precipitación:

   (i) Espectro del tamaño de gotas según la forma exponencial, con exponente negativo, clásica:

   $$N(D) = N_0 \exp(-bD)$$

   con N_0 constante e igual a 0,08 cm^{-4}, y b un parámetro que depende de de la intensidad de precipitación;

   (ii) La velocidad terminal relacionada al tamaño de la gota por

   $$V(D) = kD; \text{ con } k = 4 \times 10^3 \text{ seg}^{-1}$$

   (iii) Velocidad ascensional nula.

   Calcular los resultados para una intensidad de precipitación de 20 mm/hora.

3. En una nube convectiva en desarrollo, la velocidad de producción de agua en la nube, a un determinado nivel, es proporcional a la velocidad de la corriente ascendente en el mismo. Cuando la lluvia cae a través de dicho nivel, barre gotitas nubosas y da lugar a una disminución del contenido acuoso de la nube. Deducir la relación entre la intensidad de precipitación y la velocidad de la corriente ascensional correspondiente a un equilibrio entre la velocidad de producción de agua en la nube y la de desaparición por barrido. Se harán las siguientes suposiciones:

(1) Todo el exceso de vapor, respecto a la razón de mezcla saturante, condensa inmediatamente, para producir gotitas nubosas.
(2) La distribución de gotas por tamaños obedece a la forma exponencial, de exponente negativo, como el problema 2.
(3) La velocidad terminal de caída viene relacionada linealmente con el diámetro de la gota de agua, como en el problema 2.

CAPÍTULO 10

RADAR METEOROLÓGICO

Durante la última guerra mundial, se descubrió que los radars de microondas, por aquel entonces puestos en servicio con objeto de localizar barcos y aviones a distancia, veían dificultada su misión por la presencia de "perturbaciones o ruidos" atmosféricos. Laboriosos trabajos, teóricos y experimentales, llevados a cabo en la década de los 40, pusieron de manifiesto que tales perturbaciones tenían su origen en la radiación electromagnética dispersada por la precipitación. Este hallazgo inicial fue, a continuación, ampliado y desarrollado, hasta el extremo de que las propiedades medibles de las ondas devueltas por la precipitación, pueden ser interpretadas en función de los tamaños, formas, movimientos o fase termodinámica, de las partículas que la constituyen. Con ello los radars se han convertido en instrumentos de observación esenciales para los estudios de las tormentas y desarrollo de las precipitaciones, y han sido construidos equipos completos de radar, asociados a computadoras para el tratamiento de la información, de uso corriente en la investigación meteorológica.

En este capítulo se resumen los fundamentos del radar meteorológico, y se dan unas ideas básicas que permitan comprender la información suministrada por el radar que hemos de utilizar en capítulos posteriores. En un libro reciente, escrito por Battan (1973), puede encontrarse una exposición completa de los principios y aplicaciones meteorológicas del radar.

Fundamentos del radar

Los principales componentes del radar son el transmisor, la antena y el receptor; el transmisor genera cortos impulsos de energía, en la zona de radiofrecuencias del espectro electromagnético; estos impulsos son concentrados, por la antena, dentro de un haz muy estrecho, y se propagan, a partir de ella, hacia afuera, prácticamente, con la velocidad de la luz. Cuando el haz es interceptado por un objeto, cuyas características refractivas sean distintas de las del aire, se induce una corriente en el objeto, que al perturbar el impulso recibido, determina que parte de su energía sea dispersada. Una fracción de esta energía dispersada será devuelta, generalmente, hacia la antena, y si esta componente retrodispersada es suficientemente grande, podrá ser detectada por el receptor.

El primer objetivo del radar es determinar la distancia y la naturaleza o comportamiento de los objetos o "blancos" retrodispersores. La distancia se conoce mediante un circuito que mide intervalos de tiempo transcurridos entre la emisión de un impulso y la recepción de la señal-eco, y la dirección, por el azimut y la elevación de la antena, en el instante que recibe dicha señal.

La forma fundamental en que se presenta visualmente la información facilitada por el radar, es la denominada "A-scope"; como se indica en la figura 10.1, consiste en el registro, sobre el oscilógrafo, de la amplitud de la señal devuelta, frente al tiempo transcurrido tras la emisión del impulso. Como la energía se propoga con la velocidad *c*, el intervalo de tiempo, entre emisión y recepción, está ligado a la distancia del blanco por la relación $r = ct/2$, donde el factor dos se introduce por el hecho de que la señal ha recorrido el camino de ida y vuelta, hasta la distancia *r*, en el tiempo *t*.

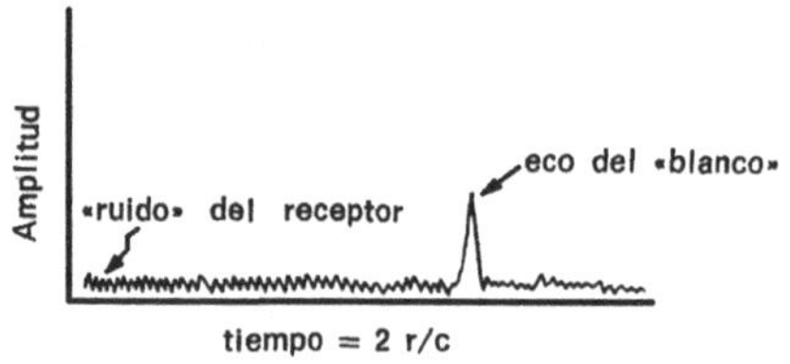

FIG. 10.1. Presentación visual en la pantalla del radar de la información en forma A-Scope.

El cómputo del tiempo se inicia a partir del instante en que comienza cada impulso, y esto puede conducir, en algunas circunstancias, a una cierta ambigüedad en la determinación del alcance o distancia. Supóngase que el blanco está situado tan lejos del emisor que la señal devuelta, de un cierto impulso, no sea recibida hasta después de haber sido emitido el impulso siguiente; en tal caso, deduciríamos, erróneamente, un alcance demasiado cercano. Para una determinada frecuencia de repetición de impulsos del radar (PRF), existe una distancia máxima a la que el blanco puede estar situado, para que la información relativa a la distancia, sea correcta. Los blancos situados más allá de ella, $r_{máx}$, si pueden devolver energía, capaz de ser detectada por el receptor, proporcionarán una información ambigua, acerca de la distancia a que se encuentran. El intervalo de observación máximo, en el que el alcance vendrá dado sin ambigüedad, se obtiene por $r_{máx} = c/2f_r$, donde f_r denota la PRF.

Algunos de los parámetros más importantes del radar, así como sus valores típicos para los radars meteorológicos, son los siguientes:

1. Potencia instantánea en el impulso, P_t, o potencia del máximo,

$$10 < P_t < 5 \times 10^3 \text{ kw}.$$

2. Radiofrecuencia, ν,

$$3 < \nu < 30 \text{ GHz}$$

(que corresponde a longitudes de onda comprendidas entre 1 y 10 cm).

3. Frecuencia de repetición de impulsos, PRF, o f_r,

$$200 < f_r < 2\,000 \text{ seg}^{-1}.$$

4. Duración (o longitud *) del impulso, τ,

$$0{,}1 < \tau < 5\ \mu\text{seg}.$$

Un parámetro adicional, de importancia en la utilización del radar en meteorología, es la anchura del haz, que viene determinada por la longitud de onda, y el tamaño y forma de la antena. La anchura del haz se define con referencia a la forma de la antena, y viene a ser una representación de la intensidad radiada en función de la distancia angular respecto al eje central del haz. En general, tales representaciones difieren para los diversos planos, que pasando por el eje, tengan distintas orientaciones; no obstante, muchas antenas usadas en radars meteorológicos, son de forma paraboloide y, en consecuencia, las formas del haz son las mismas para todos los planos que pasan por el eje. La anchura del haz,

* *N. del T.* — La longitud es igual a $c\tau$.

generalmente, viene definida por la separación angular entre puntos, para los que la intensidad transmitida se ha reducido a la mitad de su valor máximo, o a 3 decibeles por debajo del máximo.*

La forma del haz de radar, emitido por la antena, está caracterizado por la presencia de lóbulos laterales que son, en general, indeseables pero inevitables; en el proyecto de una antena hay que establecer un compromiso satisfactorio, entre las características del haz central o principal, y los lóbulos laterales.

Ecuación del radar

Midiendo la potencia devuelta por un blanco, a menudo es posible obtener interesante información acerca de su naturaleza. La base de que se parte para la obtención de tal información, es la ecuación de alcance del radar, que relaciona la potencia recibida, con la sección transversal de retrodispersión del blanco. Consideraremos, en primer lugar, el caso de un blanco puntual.

Supongamos que el radar emite un impulso de potencia instantánea P_t; si fuera radiada isotrópicamente, una pequeña superficie, A_t, situada a la distancia r, interceptaría una potencia dada por

$$P_\sigma = \frac{P_t A_t}{4\pi r^2}.$$

Ahora bien, la antena se utiliza para concentrar la energía dentro de un estrecho haz, pues con ello se aumenta la potencia, en relación a la que se obtendría si la radiación fuera isotrópica; teniendo en cuenta este efecto de enfoque, la pequeña área A_t, interceptará una potencia dada por:

$$P_\sigma = G\frac{P_t A_t}{4\pi r^2},$$

donde G es un factor, adimensional, denominado ganancia axial de la antena.

Si la pequeña superficie A_t, dispersara, a su vez, isotrópicamente la energía que recibe, la potencia que sería devuelta a la antena, cuya apertura designaremos por A_e, sería:

$$P_r = \frac{P_\sigma A_e}{4\pi r^2} = \frac{G P_t A_t A_e}{(4\pi r^2)^2}.$$

* *N. del T.* — $3 \simeq 10 \log 2$.

La ganancia G y la apertura A_e de la antena están, aproximadamente, relacionadas por

$$G = \frac{4\pi A_e}{\lambda^2}.$$

de donde:

$$P_r = P_t \frac{G^2\lambda^2}{(4\pi)^3 r^4} A_t.$$

Ahora bien, como la mayoría de los blancos no dispersan isotrópicamente, se recurre al artificio conveniente de introducir el concepto de sección transversal de retrodispersión del blanco, que designaremos por σ, definiéndola así:

$$P_r = P_t \frac{G^2\lambda^2}{(4\pi)^3 r^4} \sigma. \quad (10.1)$$

que es la forma que toma la ecuación del radar, para una partícula única de sección eficaz de retrodispersión σ. (Adviértase que, en general, $\sigma \neq A_t$).

La ecuación del radar meteorológico

Las gotas de lluvia, los copos de nieve y las gotitas nubosas, son ejemplos de un tipo importante de blancos de radar, conocidos con el nombre de blancos dispersos. Tales blancos están caracterizados por la presencia de muchos elementos dispersores que son, simultáneamente, afectados por el haz de radiación. El volumen que contiene tales partículas, que reciben el haz, a la vez, viene determinado por la anchura del haz y la longitud del impulso. En este tipo de blancos dispersos, cada elemento difusor se mueve con relación a los demás, y la potencia devuelta al receptor, procedente de una cierta zona, fluctúa con el tiempo. En el radar meteorológico, las señales fluctúan porque los difusores se mueven unos respecto a otros, en virtud de las distintas velocidades de caída y de las variaciones del viento que tienen lugar dentro del volumen de resolución del haz. La potencia instantánea de la señal fluctuante depende de la posición relativa que ocupan los difusores, en aquel instante, sin que venga únicamente determinada por sus respectivas secciones de retrodispersión. Sin embargo, resulta que si la señal recibida se promedia, para un tiempo relativamente largo (en la práctica unos 10 ms), la potencia media, procedente de un cierto alcance, *r*, puede expresarse por:

$$\bar{P}_r = P_t \frac{G^2\lambda^2}{(4\pi)^3 r^4} \sum \sigma, \tag{10.2}$$

donde $\Sigma\sigma$ es la suma de las secciones eficaces de retrodispersión, extendida a las partículas contenidas en el volumen de resolución del haz de radar. Este volumen que contribuye en la señal eco, es aproximadamente igual a:

$$V = \pi\left(\frac{r\theta}{2}\right)^2 \frac{h}{2}, \tag{10.3}$$

donde $h = c\tau$ es la longitud del impulso y θ la anchura del haz.

A veces la (10.2) y (10.3) se combinan, dando lugar a:

$$\bar{P}_r = P_t \frac{G^2\lambda^2}{(4\pi)^3 r^4} \pi\left(\frac{r\theta}{2}\right)^2 \frac{h}{2} \eta, \tag{10.4}$$

donde η denota la reflectibilidad del radar por unidad de volumen.

Tanto en la (10.2), como en la (10.3), y por tanto también en la (10.4), se supone que la ganancia de la antena es uniforme, dentro de sus límites de 3 decibeles, lo cual no es cierto; en la (10.2) debe usarse una ganancia media, algo inferior a la axial; por otra parte, también cabe definir el volumen efectivo en forma de integral extendida a todo el haz, en lugar de considerar tan sólo la zona del mismo correspondiente a los límites de los 3 decibeles. En el supuesto de que la forma del haz se considere gaussiana, la (10.4) puede escribirse, más aproximadamente, así:

$$\bar{P}_r = P_t \frac{G^2\lambda^2\theta^2 h}{1024\pi^2 \ln 2} \frac{\eta}{r^2}. \tag{10.5}$$

que difiere de la (10.4), tan sólo en el factor $1/(2 \ln 2)$.

Para el caso de una sola partícula dispersora esférica, de tamaño pequeño frente a la longitud de onda del radar (basta que su radio sea del orden de $0{,}1\lambda$), la sección eficaz de retrodispersión está relacionada al radio de la esfera por

$$\sigma = 64 \frac{\pi^5}{\lambda^4} |K|^2 r_0^6, \tag{10.6}$$

donde $K = (m^2 - 1)/m^2 + 2)$, siendo $m = n - ik$, el índice de refracción complejo de la esfera; n = índice de refracción y k = coeficiente de absorción. Esta ley se conoce con el nombre de ley de dispersión de Rayleigh, y las partículas, lo suficientemente pequeñas para que les sea aplicable, se denominan dispersores Rayleigh. El término de refracción K depende de la temperatura y longitud de onda, así como de la composición de la esfera. Para las longitudes de ondas utilizadas por los radars meteorológicos, y para el intervalo de temperaturas considerado en meteorología, $|K|^2 \approx 0{,}93$, para el agua y 0,21 para el hielo. En consecuencia, una esfera de hielo tiene, para el radar, una sección eficaz de retrodispersión igual a unos 2/9, de la correspondiente a una esfera de agua del mismo tamaño, es decir unos 6,5 dB menos.

Para un conjunto de gotas de lluvia esféricas, mezcladas al azar, y cuyo tamaño sea lo suficientemente pequeño, respecto a la longitud de onda, la potencia media recibida es

$$\bar{P}_r = P_t \frac{G^2\lambda^2}{(4\pi)^3 r^4} 64 \frac{\pi^5}{\lambda^4} |K|^2 \sum r^6,$$

donde el sumatorio debe ser extendido a todo el volumen del que procede el eco. Introduciendo el diámetro de las gotas

$$\bar{P}_r = P_t \frac{G^2\pi^5}{(4\pi)^3 r^4 \lambda^2} |K|^2 \sum D^6.$$

De modo que para los difusores esféricos y relativamente pequeños, frente a la longitud de onda, la potencia media recibida viene determinada por parámetros del radar, distancia y tan sólo por dos factores que dependen de los mismos dispersores: el valor de $|K|^2$ y la magnitud ΣD^6. En virtud de la importancia que tiene el último, se suele introducir una nueva magnitud, Z, definida por

$$Z = \sum_v D^6 = \int N(D) D^6 dD, \tag{10.7}$$

donde Σ_v significa que la suma debe extenderse sólo para la *unidad* de volumen, y $N(D)dD$ es el número de difusores, por unidad de volumen, cuyos diámetros están comprendidos entre D y $D + dD$. Para las gotas de lluvia $N(D)$ es la distribución de gotas por tamaños; para los copos de nieve, en cambio, $N(D)$ ha de tomarse como la distribución por diámetros una vez fundidos. De no adoptarse, para la nieve, este convenio, su densidad aparecería como término correctivo de $|K|^2$.

Con la introducción de Z, y teniendo en cuenta una pequeña corrección que se incluye en relación al supuesto de que el haz es gaussiano, la ecuación del radar se convierte en:

$$\bar{P}_r = \frac{\pi^3 c}{1024 \ln 2} \underbrace{\left[\frac{P_t \tau G^2 \theta^2}{\lambda^2}\right]}_{\text{RADAR}} \underbrace{\left[|K|^2 \frac{Z}{r^2}\right]}_{\text{BLANCO}}. \tag{10.8}$$

Esta es la forma más útil de la ecuación del radar y en ella figuran, por separado, los parámetros propios del radar y los característicos del blanco.*

De acuerdo con la (10.8), la potencia recibida queda relacionada con el factor de reflectibilidad Z, por

$$10 \log \bar{P}_r = 10 \log Z - 20 \log r + C, \tag{10.9}$$

donde C es una constante, una especie de factor de sensibilidad, determinada por parámetros del radar y el carácter dieléctrico del blanco; en esta forma logarítmica, la potencia, en decibeles, queda relacionada con el factor de reflectibilidad, medido en una escala en dB. Normalmente, $\bar{P}_r$ se mide en 10^{-3} W, y la magnitud 10 log $\bar{P}_r$, denominada potencia, en dBm (decibeles respecto a 10^{-3} W); Z se mide en mm^6/m^3, y la magnitud 10 log Z, denominada factor de reflectibilidad, en dBz. Esta versión logarítmica de la ecuación, resulta interesante debido al amplio intervalo de variación que presentan, tanto $\bar{P}_r$, como Z.

Relación entre Z y la intensidad de la precipitación

De acuerdo con su definición, dada en (10.7), Z depende de la distribución de las gotas por tamaños, siendo, además, muy influenciada por la parte de dicha distribución correspondiente a las gotas de mayor tamaño. Para una distribución de gotas de lluvia de Marshall-Palmer, (9.2), que se extienda desde un diámetro cero hasta infinito, el factor de reflectibilidad viene dado por:

$$Z = N_0 \frac{6!}{\Lambda^7} = N_0 \frac{6!}{(41)^7} R^{1,47}$$

* Ésta es la forma de la ecuación del radar, dada, en unas notas no publicadas, acerca del radar meteorológico, por el Dr. P. L. Smith, de la South Dakota School of Mines and Technology.

Este resultado está bastante de acuerdo con una relación empírica que liga los valores de Z y de R para la lluvia, con aceptable aproximación:

$$Z = 200R^{1,6} \tag{10.10}$$

En la Tabla 10.1 se dan ejemplos de valores de Z, para distintas intensidades de precipitación, deducidos de la (10.10).

TABLA 10.1. *Reflectibilidad en función de la intensidad de la precipitación*

R (mm/hora)	0,1	1	10	100
Z (mm/^{6}m^3)	5	200	7950	316 000
dBz	7	23	39	55

Una limitación fundamental del radar es el ruido de fondo del receptor; sin tomar especiales precauciones, la señal recibida no resulta detectable, de no ser más intensa que el ruido de fondo; los receptores bien proyectados, tienen niveles de fondo de —105 a —108 dBm. En los radars meteorológicos típicos, los valores del factor de sensibilidad C son tales que la mínima intensidad de precipitación detectable, a una distancia de unas 10 millas, es del orden de 0,1 mm/h, lo que corresponde a una llovizna. En consecuencia, tales radars detectan generalmente la precipitación, pero no las nubes. Para el estudio de estas últimas hay que recurrir a radars especiales, trabajando en longitud de onda del orden de un centímetro.

Para la relación, entre Z y R, cuando se trata de nieve, hay más variabilidad, pero existe una relación aproximada, que se acepta en general, y es

$$Z = 2000R^2, \tag{10.11}$$

donde, como en (10.10), R significa la intensidad de la precipitación en mm de agua por hora.

Presentación visual de la información del radar y técnicas especiales

La presentación más frecuente de la información sobre la pantalla del radar es la denominada PPI (Indicador Plano Posición); en ella se registran las señales recibidas o "ecos", en coordenadas polares en el plano de visión. La antena, con un ángulo de elevación fijo, barre 360° en azimut, al tiempo que el haz, a su vez, barre a través de una superficie cónica en el espacio. Para cada azimut, el impulso de tensión del receptor, en función de la distancia, es utilizado para modular en intensidad, una válvula con coordenadas polares; de esta forma se produce, en el plano de visión, una imagen que da la distribución de la precipitación y una secuencia temporal de imágenes PPI, indicará el desarrollo y desplazamiento de las áreas de precipitación. Un barrido completo, en azimut, requiere tiempos del orden de 10 s, y normalmente la pantalla es fotografiada una vez por cada revolución.

Sin métodos de calibración y de mantenimiento cuidadosos, los registros PPI permiten tan sólo dar una idea de dónde y cuándo se produce la precipitación, así como una visión aproximada de las zonas en que es, relativamente, más intensa (ecos más brillantes). Tal información, aunque tiene interés en sí misma, en meteorología sinóptica y en las investigaciones relativas a la física de las nubes, es de un valor muy limitado en los estudios cuantitativos de precipitación. Para este último tipo de trabajos, es conveniente conocer la distribución real de Z, dentro de los ecos; en principio tal información puede obtenerse, a partir del registro fotográfico continuo de la imagen PPI, mediante densitometría o cualquier otra forma de análisis análoga; pero en la práctica, resulta extraordinariamente difícil mantener la indispensable calibración global de todo el sistema, desde el receptor de radar al tratamiento del film, por lo que el método no ofrece garantías.

Por esta razón, el problema se enfoca de otra forma; en el receptor suele existir un amplificador umbral que tiene por misión transformar la señal continua de potencia que recibe, en una escala discontinua que consta de 6 ó 7 niveles. Cada uno de ellos aparece en la pantalla PPI, con un tono de gris distinto; de ellos, unos cinco pueden ser fácilmente diferenciados, mediante los métodos fotográficos corrientes. Por lo general, los distintos niveles o escalones están dispuestos de modo que de uno de ellos al siguiente existan intervalos de reflectividad de 10 dB. En esta forma, una sombra en gris en la PPI, permitirá fácilmente estimar el factor de reflectividad del blanco en $\pm$ 5 dBz.

Análogamente a la presentación visual PPI, existe otra denominada RHI, siglas de Range Height Indicator o Indicador altura-alcance; esta visión se obtiene cuando la antena barre en elevación, a un azimut fijo. De esta forma, mientras la visión PPI pone de relieve la estructura horizontal del eco, la RHI nos muestra en detalle la estructura vertical.

Idealmente sería deseable una visión tridimensional del eco, que no pueden darnos ni la PPI, ni la RHI; sin embargo, tal visión puede lograrse gracias a un barrido programado de la antena, y en el cual tanto el azimut, como la altura, son sistemáticamente variados, de forma que el haz sea capaz de examinar todo, o casi todo, el espacio alrededor del emplazamiento del radar. Se han utilizado técnicas analógicas para combinar automáticamente los datos procedentes de un barrido en espiral, y con ello se han obtenido presentaciones visuales PPI, a altura constante, para diversas cotas sobre la superficie terrestre; este tipo de presentación visual de la información se denomina CAPPI (constant altitude PI = PPI a cota constante). También han sido empleadas estas técnicas de digitalización automática, para la obtención de secciones horizontales y verticales de los ecos, dentro de una zona limitada del área total observada. Naturalmente, todas estas técnicas que emplean el barrido tridimensional requieren más tiempo que las corrientes PPI o RHI, generalmente alrededor de unos 5 minutos. Las técnicas digitales más modernas tienen la gran ventaja de que permiten trabajar directamente con la señal recibida, eludiendo totalmente la fase fotográfica.

En los equipos de radar modernos, con frecuencia el emisor es coherente; esto equivale a decir que la frecuencia de la señal transmitida es constante y que cada impulso lleva la misma relación de fase que el anterior. Es el tipo de señal que se origina por modulación de impulsos en un oscilador estabilizado; tal es la característica de los radars que tienen emisores klystron. Mediante un equipo de este tipo, y previas ciertas modificaciones en el receptor, cabe la posibilidad de llevar a cabo medidas de velocidad por el efecto Doppler. En efecto, el corrimiento de frecuencia, entre la señal recibida y la emitida, puede interpretarse como originada por el efecto Doppler. En consecuencia, un corrimiento de frecuencia $\Delta\nu$, corresponderá a una velocidad V, de acuerdo con

$$\Delta\nu = \frac{2}{\lambda} \vec{V} \cdot \hat{r},$$

donde $\hat{r}$ es el vector unitario, en la dirección del haz de radar.

Los blancos meteorológicos dan lugar a espectros de corrimientos Doppler, por el hecho de que los elementos dispersores, que los constituyen, no tienen todos la misma velocidad.* Cuando el haz de radar se dirige verticalmente hacia arriba,

* *N. del T.* — La señal recibida es analizada en espectro de frecuencias, y éste transformado en otro de velocidades, en virtud de la relación existente entre ambas, dada por el efecto Doppler.

el espectro Doppler suministra información relativa a los movimientos verticales del aire, así como a la velocidad con que cae la precipitación. Por el contrario, en una visión horizontal, las velocidades Doppler se interpretan como debidas a los movimientos horizontales del aire. Podemos considerar con bastante aproximación, que las partículas dispersoras se mueven con el viento, pero en cambio los sistemas de ecos, no se desplazan exactamente con el viento, debido a que el desarrollo, o disipación, de precipitación, tiene lugar preferentemente en determinadas regiones dentro del eco.

Con objeto de medir la reflectibilidad de un blanco, se compara la amplitud de la señal devuelta, con la de la transmitida. En las medidas de velocidades, por efecto Doppler, la comparación tiene lugar entre las frecuencias emitidas y recibidas. También cabe deducir información relativa al blanco, por comparación del estado de polarización de las ondas recibidas y las emitidas. En los objetos dispersores que carecen de simetría esférica, la radiación devuelta está polarizada, con una cierta componente normal al plano de polarización inicial de la onda emitida por la antena; esta polarización "cruzada" depende de manera muy compleja, de la forma, tamaño (frente a la longitud de onda) y propiedades dieléctricas, de tales dispersores. Para el caso de la precipitación, existe una teoría según la cual, en el supuesto de que las partículas puedan ser consideradas, aproximadamente, de forma elipsoidal y de dimensiones pequeñas, frente a la longitud de onda, se llega a relacionar la polarización cruzada con la relación axial de las partículas. Existen algunos indicios de que las técnicas de polarización conducirán a algún método que permitirá distinguir entre la lluvia y otras formas de precipitación.

Problemas

1. Consideremos el siguiente modelo para la población de gotas de lluvia:

   (i) La distribución por tamaños viene dada por

   $$N(D) = N_0 \exp(-bD);\ 0 \leqslant D \leqslant \infty$$

   donde N_0 es una constante igual a 0,08 cm^{-4}, y b un parámetro que depende de la intensidad de la precipitación.

   (ii) La velocidad de caída, aproximadamente:

   $$u(D) = kD$$

   con $k = 4 \times 10^3$ s^{-1}.

   Para este modelo, calcular la relación entre el factor de reflectibilidad del radar,

Z, en mm^6/m^3, y la intensidad de la precipitación, R (mm h^{-1}).

2. En la fase inicial del desarrollo de un cúmulo congestus, el factor de reflectibilidad del radar es igual a —30 dBz y el espectro de gotitas tiene una forma gaussiana, centrada en el radio de 8 micras y con una dispersión $\sigma/\bar{r}$ igual a 0,15. Supongamos que tales gotitas crecen sólo por condensación, con la sobresaturación constante e igual a 0,5 %. Encontrar el factor de reflectibilidad (en dBz), transcurridos 5, 10 y 20 minutos.

   Utilícese la forma clásica de la ecuación de crecimiento por condensación, despreciando a/r y b/r^3. Como aproximación adicional, supóngase que el proceso tiene lugar a 700 mb y a 0 °C.

3. Una determinada observación de radar aprecia en una lluvia estratiforme constante, un fuerte descenso de la reflectibilidad con la altura, con una variación de 20 dB dentro del kilómetro inferior de la nube. Estimar el valor del producto EM, en dicha capa nubosa, en los siguientes supuestos:

   (1) Todas las gotas de lluvia, a un mismo nivel, son iguales.
   (2) El crecimiento de las gotas de lluvia es el correspondiente al que da la forma elemental de la ecuación de crecimiento por acreción, siendo, E, la eficiencia efectiva de captura, y M, el contenido acuoso de la nube, supuestos, ambos, constantes.
   (3) Las gotas de agua, en la base de la nube tienen un diámetro de 1 mm.
   (4) Se cumple la misma ley lineal para la velocidad de caída que la supuesta en el primer problema.
   (5) El movimiento vertical del aire puede despreciarse.

4. Para explicar ciertas observaciones llevadas a cabo con radar, en relación a la lluvia orográfica hawaiana, se ha encontrado que el siguiente modelo resulta satisfactorio:

   (i) El contenido acuoso L, en forma de gotas de lluvia, es constante en toda la nube que produce precipitación.
   (ii) A una altura dada, todas las gotas de lluvia tienen el mismo tamaño.
   (iii) El tamaño de las gotas de lluvia aumenta con la distancia de caída, en virtud de la coalescencia; esto da lugar a una disminución en la densidad de gotas que puede expresarse por

$$\frac{dN}{dz} = KN$$

   donde N es la densidad, o número de gotas de lluvia, a la altura z y K una constante.

Deduzca una expresión que dé la dependencia del factor de reflectibilidad, Z, con la altura, en este modelo, en el supuesto de que se trata de una situación estacionaria, es decir, no hay variaciones de las propiedades de la nube, con el tiempo, para una determinada altura. Suponiendo, además, que $K = 0{,}2 \times \times 10^{-4}$ cm^{-1}, demostrar que Z decrece en un factor e^{-2}, por cada kilómetro que aumente la altura. La contribución de las gotitas nubosas en la reflectibilidad se puede considerar despreciable.

CAPÍTULO 11

LOS PROCESOS DE PRECIPITACIÓN

La extensión superficial, la intensidad y la duración de un sistema de precipitación dependen estrechamente de los movimientos verticales del aire. En consecuencia, es corriente clasificar las precipitaciones en uno de los dos tipos siguientes, según sea el mecanismo dominante en la producción del movimiento vertical:

1. Precipitación continua, estratiforme y de gran extensión, asociada a movimientos ascendentes en gran escala, producidos ya sea por elevación frontal o topográfica, o determinados por una convergencia horizontal a gran escala.
2. Precipitación en forma de chubascos, convectiva y localizada, asociada a convección, a escala de los cúmulos, en aire inestable.

Esta clasificación es útil, aunque no siempre sea posible establecer una clara distinción entre precipitación estratiforme y convectiva. La precipitación de gran extensión o generalizada, cuando se observa mediante el radar o red pluviométrica, muestra invariablemente una estructura, a escala fina, en la que la precipitación más intensa queda confinada a elementos cuyo tamaño es, tan sólo, de algunos kilómetros. La precipitación de origen convectivo, por su parte, puede extenderse sobre una gran superficie y presentar una estructura similar a la de la precipitación continua. No obstante, en general, es siempre posible describir un proceso de precipitación o bien como marcadamente no uniforme (y por tanto convectivo), con zonas locales más intensas, de tamaños variables entre 1 y 10 km, separadas, una de otra, por otras áreas libres de precipitación, o, por el contrario, más bien uniforme (y por tanto estratiforme), con una estructura, a pequeña escala, menos acusada y de gran extensión. Además, una estructura de precipitación estratiforme evoluciona con relativa lentitud, en el tiempo, mientras que otra de carácter convectivo varía rápidamente.

La lluvia estratiforme se produce en nubes tipo nimbostratus, aunque las nubes cumuliformes en período de disipación y las nubes orográficas pueden contener lluvia de estructura estratiforme. La mayor parte de la nieve se origina en nimbostratus, pero los chubascos de granizo blando o ráfagas de nieve, pueden originarse en nubes convectivas.

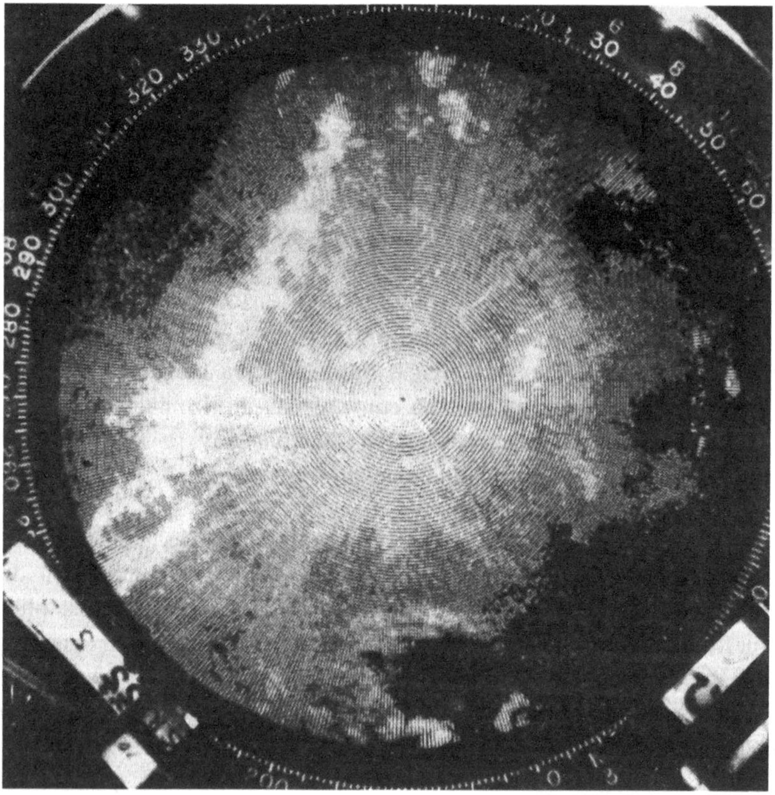

FIG. 11.1. Panorámica PPI en la pantalla de radar al observar la lluvia procedente de una estructura casi exclusivamente estratiforme. Alcance máximo de 40 millas. La imagen está formada por una estructura de puntos discontinuos, cuyo brillo y tamaño son proporcionales al factor de reflectibilidad, en una escala discontinua que varía de 10 en 10 dB. (De McGill Radar Weather Observatory.)

Precipitación generalizada de gran extensión

En la figura 11.1 damos un ejemplo de lo que se observa en una pantalla de radar, al analizar una lluvia estratiforme; a pesar de que existen variaciones de reflectibilidad, incluyendo algunas pequeñas regiones de fuerte lluvia, así como una franja que está aproximadamente, orientada de NE a SW, la estructura general es relativamente uniforme sobre una gran extensión. En este tipo de lluvia, los movimientos verticales del aire son débiles, y el ajuste por gravitación es una característica general del modelo. En consecuencia, la estructura vertical del mismo está íntimamente ligada a los procesos de crecimiento de la precipitación.

La figura 11.2 es un ejemplo de la estructura vertical de una lluvia ligera, en la que domina el ajuste por gravitación; las observaciones fueron obtenidas con un radar cuya antena estaba orientada verticalmente, hacia arriba, a medida que la formación o estructura lluviosa se desplazaba, a través del haz fijo, se medían tanto la intensidad de la señal, como la velocidad Doppler, en función de la altura, de una manera continua; los datos, representados en forma de alturas,

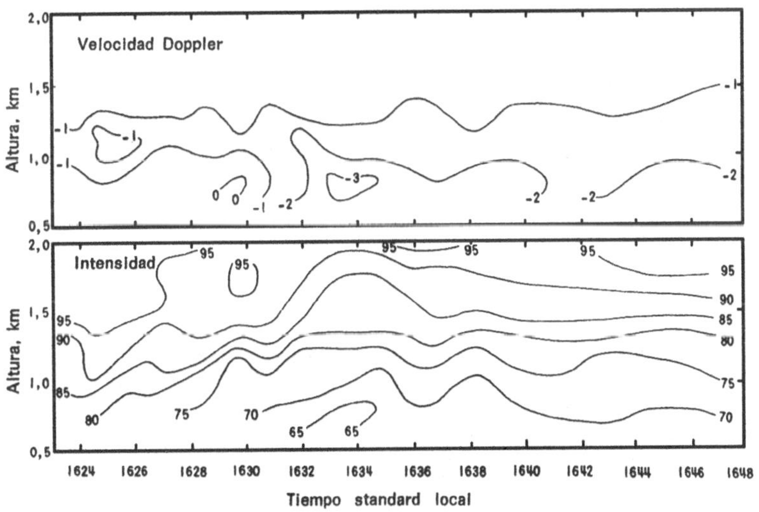

Fig. 11.2. Esquemas de las variaciones de la reflectibilidad (abajo) y de la velocidad Doppler (arriba), con la altura y el tiempo, en una lluvia orográfica hawaiana. Los valores de la intensidad, I, están relacionados al factor de reflectibilidad, en dBz, por la fórmula $dBz = 95 - I$; la línea de contorno $I = 65$, corresponde, por lo tanto, a 30 dBz, y la de $I = 95$ a 0 dBz. Las velocidades Doppler en m/s; los valores negativos indican velocidades descendentes (hacia el radar). (De Rogers, 1967.)

en función del tiempo, nos dan una imagen detallada de la estructura vertical de la lluvia. Las variaciones observadas en el transcurso del tiempo obedecen a dos causas: por un lado, la traslación, a través del haz de las variaciones espaciales de la lluvia, y por otro las variaciones reales que la estructura de la lluvia experimenta con el tiempo. En el ejemplo, la formación lluviosa tiene una velocidad de unos 3 m/s, y por lo tanto, el registro, de 24 minutos de duración, corresponde a una distancia, dentro de dicha estructura de lluvia, de unos 4 km. Dado que las líneas de contorno de la reflectibilidad son, prácticamente horizontales, especialmente durante la segunda mitad del registro, parece razonable suponer que la estructura lluviosa varía lentamente y que, por lo tanto, la figura representa, con bastante aproximación, su estructura en el espacio, a lo largo de una línea según la dirección del desplazamiento.

Esta estructura horizontalmente estratificada, con reflectibilidad y velocidad Doppler descendente, crecientes progresivamente hacia abajo con la distancia, a partir de la cima de la señal eco, sugiere un proceso de precipitación continua en el que las pequeñas gotas de lluvia descienden lentamente desde la citada cima, a través de la nube y gotas pequeñas que van creciendo por coalescencia.

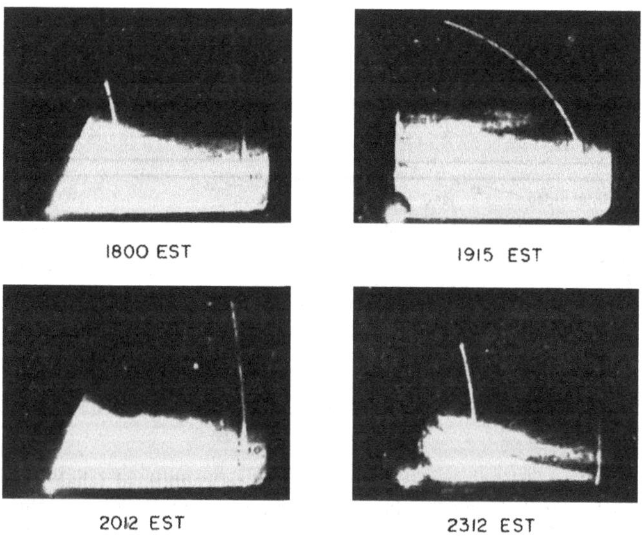

FIG. 11.3. Registros RHI en pantalla de radar, obtenidos observando nieve. Alcance máximo 10 millas para la gráfica a 1915, y 25 millas para las restantes. Las señales de altura a intervalos de 5000 pies. (De Wexler y Austin, 1954.)

Tal proceso da lugar a un aumento del tamaño medio de las gotas, con la distancia de caída, lo que corresponde al aumento de reflectibilidad observado.

Los mejores ejemplos de precipitaciones de gran extensión, con relativa uniformidad, corresponden a las que tienen lugar en forma de nieve; la figura 11.3 muestra una sección vertical, a través de la nieve, para cuatro horas distintas del mismo día; las imágenes correspondientes a 1800 (18 horas) y 2012 (20 h. 12 min.), nos dan un ejemplo de la estructura suave y estratificada que a menudo se observa en la nieve.

Cuando la temperatura es bastante alta para que la nieve pueda fundir antes de llegar al suelo, con frecuencia se observa una estrecha capa de reflectibilidad relativamente alta, situada justamente por debajo de la cota correspondiente a los O°C; esta "banda brillante" que aparece en el radar, corresponde a la capa o zona de fusión, que es la región donde tiene lugar la transición de nieve a lluvia, (fig. 11.4). Lo que ocurre es que cuando los copos de nieve, en su descenso, llegan a la zona de fusión, su reflectibilidad experimenta un aumento debido a varias razones; la más importante es la propia fusión, ya que la constante dieléctrica del agua es unas cuatro veces superior a la del hielo (6 dB); por otra parte, en las etapas iniciales del proceso de fusión, ésta da lugar a copos húmedos, ligeramente distorsionados, que poseen una reflectibilidad algo superior al de las gotas esféricas de igual masa; al continuar la fusión, durante el descenso, los copos de nieve se hacen más compactos, hasta que finalmente se transforman en gotas de lluvia; como tales gotas caen más rápidamente que los copos de nieve de que proceden, su concentración en el espacio queda reducida, y esta disminución justifica, en parte, la disminución de la reflectibilidad observada en la parte inferior de la capa o zona de fusión; finalmente, si los copos que van fundiendo, a la vez, se fraccionan, tiene lugar una reducción adicional de la reflectibilidad.

Wexler (1955), analizando los procesos que tienen lugar en la capa de fusión, llegó a estimar la contribución de los diferentes efectos, en el cambio global que tiene lugar en la reflectibilidad, de la siguiente forma:

	Fusión	Velocidad de caída	Forma	Condensación	Total
Nieve a banda brillante	+6	−1	$+1\frac{1}{2}$	0	$+6\frac{1}{2}$ dB
Banda brillante a lluvia	+1	−6	$-1\frac{1}{2}$	$+\frac{1}{2}$	−6 dB

El hecho de que las observaciones revelan, a menudo, una banda brillante

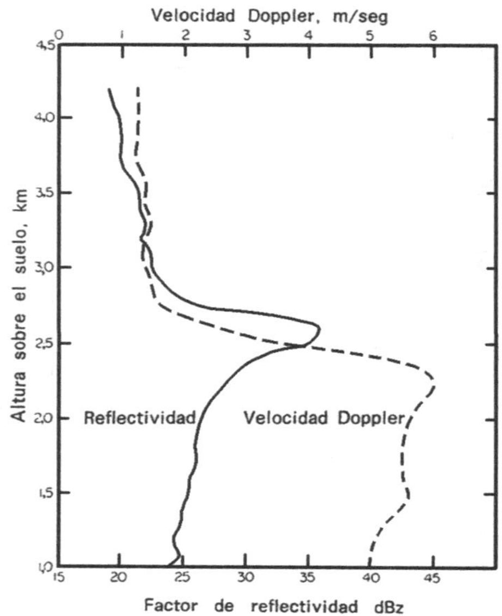

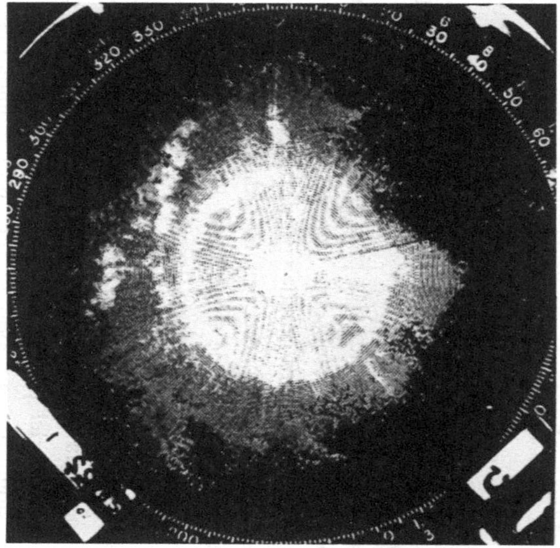

FIG. 11.4. Dos vistas mostrando la banda brillante en el radar; a la izquierda, perfil vertical de reflectibilidad y velocidades Doppler, obtenidos con un equipo de radar Doppler dirigido verticalmente, hacia arriba; a la derecha una imagen PPI, con el haz a 8° de elevación, en la que la capa o zona de fusión aparece en forma de anillo brillante, a una distancia de unas 12 millas. (Datos del radar Doppler del Cornell Aeronautical Laboratory; fotografía del McGill Radar Weather Observatory.)

más intensa que la predicha, sugiere que en la parte alta de la capa de fusión tiene lugar conglomeración, mientras que por debajo hay disgregación.

Hay ocasiones en que una lluvia generalizada presenta una banda brillante débil, difusa o incluso es inexistente, debido a que existe mezcla convectiva; evi-

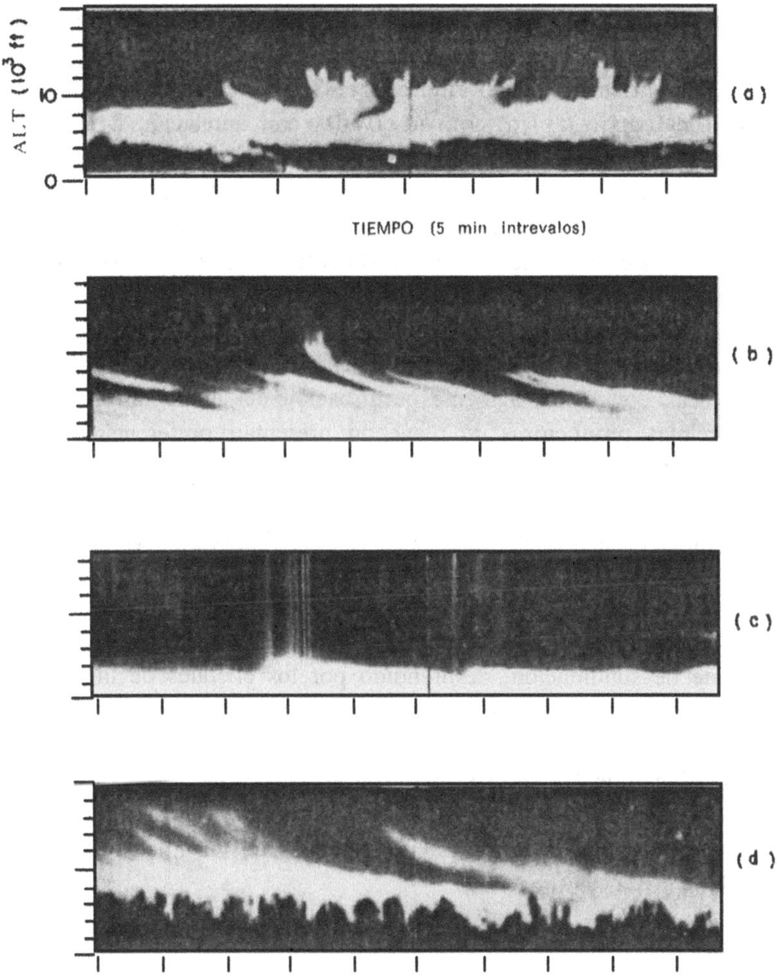

FIG. 11.5. Registros en los que puede observarse la variación con el tiempo y altura de (a) nieve en altura, pero sin llegar al suelo, (b) estelas o penachos bien definidos, (c) eco relativamente homogéneo, (d) estalactitas (protuberancias descendentes) en el borde principal de la tormenta. (De Douglas y otros, 1957.)

dentemente tal mezcla desorganiza la estratificación necesaria para que la banda brillante, reflejo de la capa de fusión, quede bien definida.

También se pone de manifiesto la convección, en una estructura de precipitación generalizada de gran extensión, por las denominadas "células productoras de nieve"; en la figura 11.5 pueden verse cuatro ejemplos de la estructura vertical de la nieve, obtenidas con un radar dirigido verticalmente hacia arriba. En todos los casos, la nieve presenta gran extensión, pero en los casos (b) y (c) es de mayor apariencia estratiforme que en los restantes. Las configuraciones o estructuras del tipo (a) y (d) son observadas con antelación a la llegada de la nieve al suelo; la mayor parte de las nevadas están asociadas a configuraciones que presentan estelas o protuberancias, tal como en (b); dichas estelas se originan en células concretas, denominadas "productoras o engendradoras", que son menores que las estelas y pocas veces realmente observadas. Las prolongaciones, hacia abajo, en el borde inferior del eco, que pueden verse en (d), y a las que se denomina estalactitas, se producen cuando la nieve cae en el seno de aire seco; la sublimación de la nieve determina un enfriamiento del aire, lo que da lugar a mezcla local, con la consiguiente perturbación del límite inferior del eco.

Las células productoras de nieve no presentan preferencias por alturas o temperaturas determinadas; simplemente se sitúan justo por encima de las superficies frontales, en aire que es hidrostáticamente estable. A partir de la pendiente de las estelas de nieve, así como del conocimiento de la velocidad con que se desplaza la estructura estratiforme, a través del haz de radar, Marshall (1953) determinó que la nieve cae a una velocidad alrededor de 1 m/s, que es apropiada para los copos conglomerados. Douglas y Marshall (1954) demostraron que el calor latente de sublimación, desprendido por los cristales de hielo al crecer en un ambiente húmedo y estable, basta para iniciar la mezcla convectiva perturbadora, y que el desarrollo vertical de tales elementos convectivos es comparable a las dimensiones de las células generadoras observadas. En consecuencia, tales células son, probablemente, zonas en las que el crecimiento de los cristales de hielo, por agrupación y acreción, viene reforzado en virtud del proceso convectivo, inducido por la sublimación.

Chubascos

En la figura 11.6 pueden verse dos ejemplos de cómo aparece la información PPI visual en la pantalla del radar, al analizar los chubascos. En el primero, algunos de los chubascos se sitúan a lo largo de una línea, situada al Oeste de la

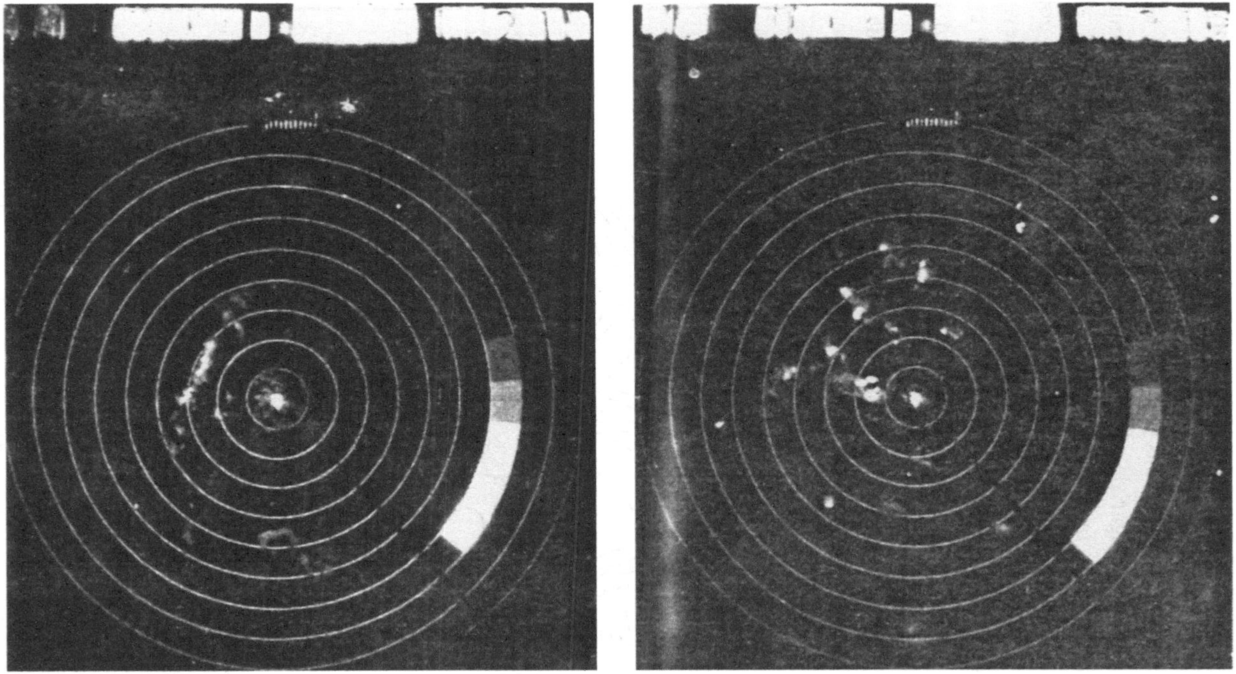

FIG. 11.6. Dos ejemplos de zonas de chubascos observadas mediante el radar; en la figura de la izquierda, algunos ecos parecen estar organizados a lo largo de una línea los ecos; en la figura de la derecha, están distribuidos al azar. Circunferencias acotando distancias, a intervalos de 10 millas. Umbrales de la escala de grises a intervalos de 10 dB, con modelo de calibración situado a 70 millas hacia el este. (De Alberta Hail Studies Laboratory.)

pantalla, mientras que en el segundo no parece existir ningún tipo de organización; los ecos individuales, en estructuras de este tipo, tienen duración inferior a una hora, y las propias estructuras evolucionan rápidamente. Aquí son los movimientos convectivos, en lugar de ajustes gravitacionales, los que determinan el proceso de crecimiento de la precipitación.

En la figura 11.7 podemos observar la estructura vertical de una zona de precipitación en forma de chubascos, como resultado de las medidas llevadas a cabo mediante un radar Doppler, dirigido verticalmente hacia arriba; el chubasco se desplazaba a través del haz con una velocidad de unos 4 m/s; en consecuencia, el registro, de unos 18 minutos de duración, corresponde a una distancia, a lo largo de la zona del chubasco, de unos 4 km. Dicha zona es pues de forma compacta, y sus dimensiones horizontales y verticales son, aproximadamente, las

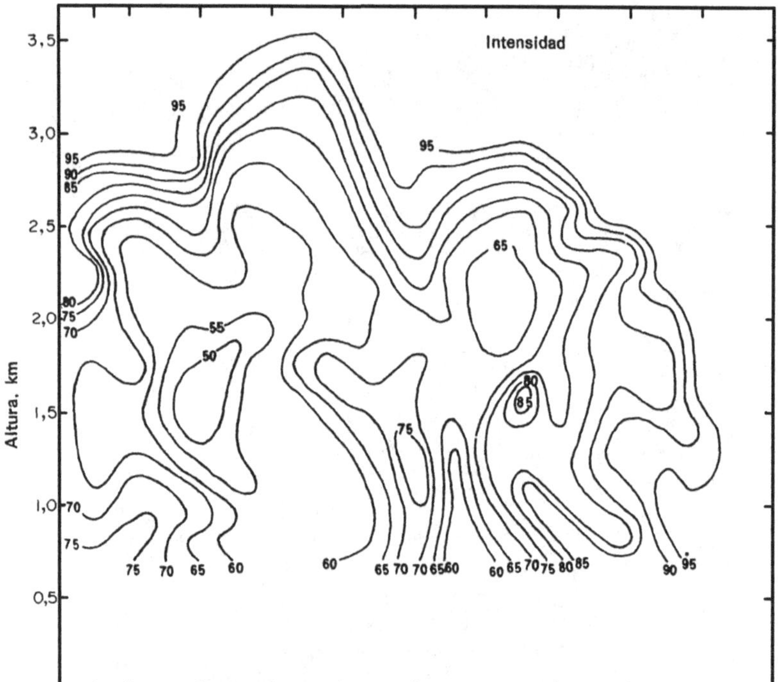

FIG. 11.7a. Variación de la reflectibilidad, con el tiempo y altura, en un chubasco de lluvia "caliente", observado en Hawaii; los valores de la intensidad, *I*, están relacionados al factor de reflectibilidad, en dBz, por la fórmula dBz = 95 — *I*.

mismas; en la figura no se pone de manifiesto la forma exacta del chubasco en el espacio, debido a que durante el tiempo de observación, indudablemente, tuvieron lugar cambios y desarrollos internos.

La estructura de las velocidades Doppler, dentro del chubasco (no indicada en la figura), se utilizó conjuntamente a los datos de reflectibilidad, para deducir la estructura de las velocidades ascensionales que puede verse en la figura 11.7. b; a las 1414 existía una corriente general ascendente, en toda la estructura vertical, con velocidades máximas superiores a los 5 m/s; estos movimientos ascendentes incluyen al máximo, de 45 dBz, observado en la configuración de la reflectibilidad; a las 1421, la señal aparece de nuevo intensificada por arriba, en relación con una zona de movimiento vertical del aire, aunque esta vez algo más débil que la anterior. Al paso del chubasco se registró fuerte precipitación, totalizándose, durante los 18 minutos, 3,8 mm.

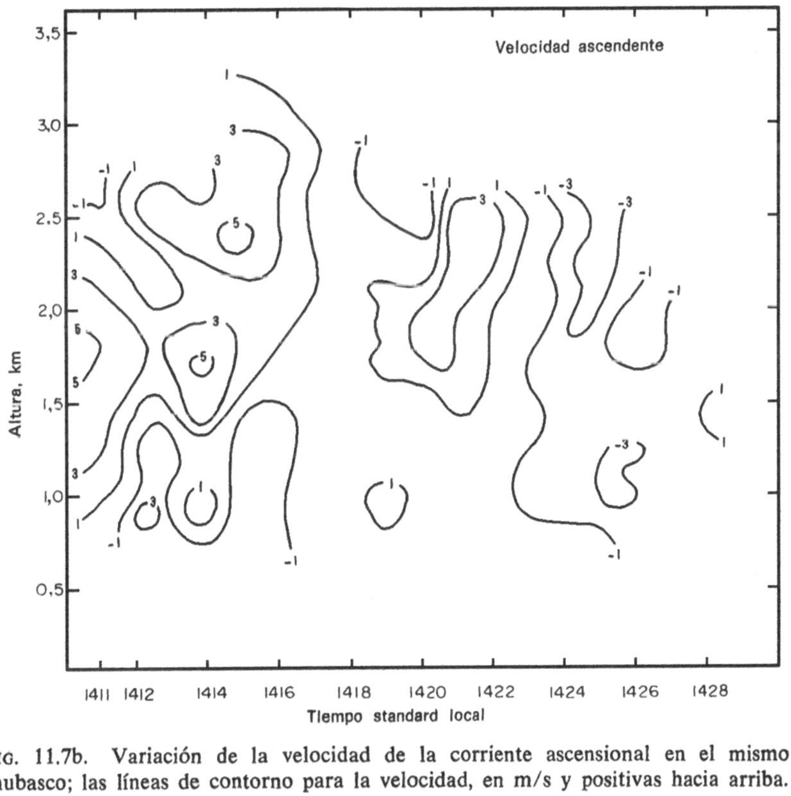

FIG. 11.7b. Variación de la velocidad de la corriente ascensional en el mismo chubasco; las líneas de contorno para la velocidad, en m/s y positivas hacia arriba. (Rogers, 1967.)

Las características generales de este ejemplo de chubasco hawaiano son relativamente sencillas: resulta estar constituido por dos elementos convectivos activos, cada uno de los cuales tiene una corriente ascensional casi continua y lleva asociada una zona de elevada reflectibilidad. La mayor parte de los chubascos que han sido observados de esta manera, parecen ser multicelulares. No obstante, existe bastante incertidumbre en la interpretación de los registros tiempo-alturas, ya que a menudo no es posible saber si lo que está pasando por la vertical es el núcleo o una zona lateral del chubasco.

Browning y otros (1968) informaron acerca de la estructura de un chubasco que habían observado simultáneamente, con dos radars, uno de los cuales estaba dirigido verticalmente hacia arriba, mientras el otro trabajaba a un pequeño ángulo de elevación; durante el período de observación, el centro del chubasco pasó directamente por la vertical de uno de los radars, y por los datos obtenidos fue posible deducir la estructura de los movimientos del aire dentro del chubasco, así como la región de crecimiento de la precipitación (fig. 11.8). Las corrientes ascendentes quedan confinadas en la parte superior del chubasco (observación que es común en muchos otros trabajos, llevados a cabo con radar Doppler, acerca de los chubascos), pero son muy débiles ya que tan sólo se alcanzan velocidades de, alrededor, 1 m/s. En esta zona se cree debe originarse la precipitación en forma de granizo blando o nieve granulada, que así mismo, en dicha zona, empieza a crecer; este crecimiento continúa mientras tales partículas descienden, a través de las débiles corrientes verticales ascendentes, dando lugar a una larga y estrecha banda de precipitación a niveles más bajos; las líneas continuas, en la figura, representan las trayectorias que se supone tienen la partículas mayores de nieve granulada o granizo blando. Las corrientes descendentes predominan en los niveles inferiores, lo que también concuerda con otros resultados obtenidos al estudiar, mediante el radar, la estructura del flujo de aire. Esta estructura, bastante caracterísica, con corrientes ascendentes a niveles altos y descendentes por debajo, viene a sugerir que el ascenso inicial del aire, procedente de cotas bajas, tiene lugar fuera de cualquier zona de precipitación existente, es decir, ocurre exteriormente a aquélla, habiendo cesado ya cuando las partículas nubosas, en el aire ascendente, han crecido lo bastante para alcanzar tamaños detectables mediante el radar; la vida, o duración del elemento convectivo, viene a ser, por tanto, del mismo orden que el tiempo requerido para que la precipitación se desarrolle. Esta característica fundamental de los chubascos fue señalada por Houghton (1968) y será recordada más adelante en relación al tema de la posible modificación de las nubes.

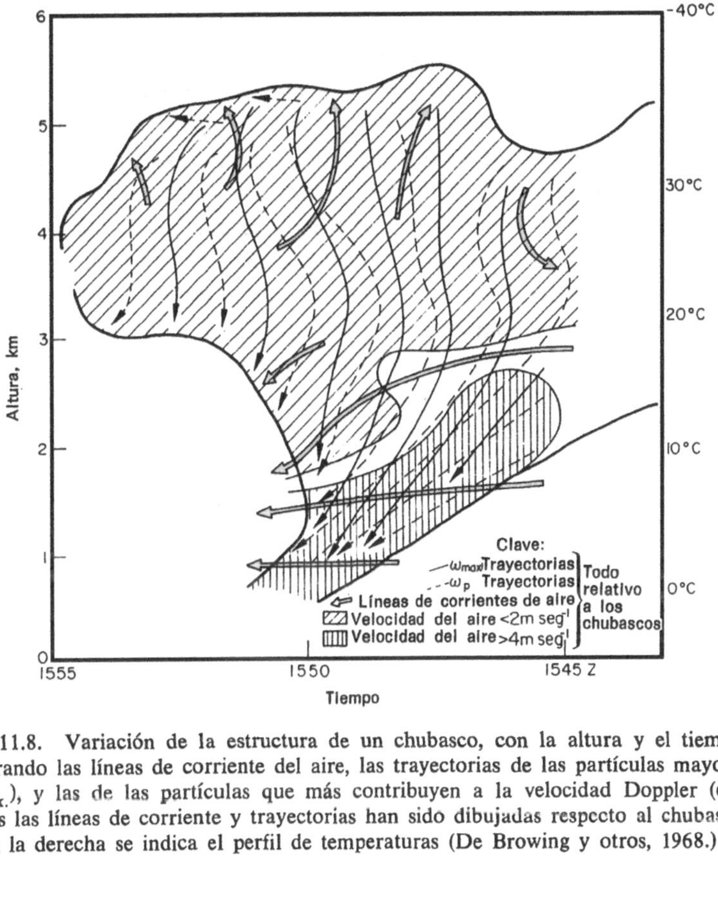

FIG. 11.8. Variación de la estructura de un chubasco, con la altura y el tiempo, mostrando las líneas de corriente del aire, las trayectorias de las partículas mayores ($\omega_{máx.}$), y las de las partículas que más contribuyen a la velocidad Doppler (ω_p). Todas las líneas de corriente y trayectorias han sido dibujadas respecto al chubasco. A la derecha se indica el perfil de temperaturas (De Browing y otros, 1968.)

Teorías relativas a la precipitación

La precipitación procedente de nubes estratiformes se supone que se desarrolla principalmente en virtud de procesos en los que intervienen los cristales de hielo; como en tales nubes el contenido acuoso es relativamente bajo, el proceso de coalescencia debe de ser, probablemente, poco efectivo; no obstante las nubes persisten durante largo tiempo y cuando una nube subsiste en cotas donde la temperatura es de unos —15 ºC, el proceso que involucra cristales de hielo puede conducir a la precipitación. Según explicó Braham (1968), en un análisis relativo al desarrollo de la precipitación, en las nubes estratiformes cada nivel juega un papel especial en el proceso de precipitación; los niveles fríos superiores (T ≈ –20 °C) suministran cristales de hielo que sirven de gérmenes o embriones para el desarrollo de la precipitación a niveles inferiores; la nube, a niveles medios (T ≈ — 15 °C) proporciona el medio ambiente correcto para que se produzca un rápido crecimiento por difusión; a niveles aún más bajos dentro de la nube, con temperaturas comprendidas entre los —10 °C y los 0 °C, la agregación y la acreción continúan a mayor ritmo, ya que realmente la mayor parte del crecimiento de la precipitación tiene lugar en estos estratos inferiores.

En las nubes convectivas hay menos tiempo disponible para el crecimiento de la precipitación, pero como el contenido acuoso en tales nubes es típicamente superior al de las estratiformes, la coalescencia tiene mayor probabilidad de producir lluvia. Partiendo de la observación de que la vida de un elemento convectivo (unos 20 minutos) es también el tiempo requerido para el crecimiento de la precipitación, Houghton (1968) llegó a la conclusión de que los procesos que determinan la formación de la precipitación, deben iniciarse al principio del desarrollo de la nube y por tanto en un nivel bajo. Aunque la precipitación puede ser iniciada bien por coalescencia o por la intervención de cristales de hielo, según cual sea la temperatura y el contenido acuoso de la nube, la mayor parte del crecimiento de la precipitación tiene lugar por acreción.

Así pues, los mecanismos en virtud de los que se forma la precipitación son totalmente distintos para las nubes estratiformes y las convectivas. En líneas generales, podemos considerar a la lluvia continua como un proceso estacionario, en el que las magnitudes características de la nube pueden variar con la altura, pero se mantienen constantes, para un nivel dado, en el transcurso del tiempo. Recíprocamente, los chubascos pueden ser considerados como sistemas en los que las propiedades de la nube varían con el tiempo, pero se mantienen constantes con la altura en un momento dado. Estas imágenes, o aproximaciones límite, fueron sugeridas por vez primera por Rigby, Marshall y Hitschfeld (1954).

Como ejemplo de la forma en que se puede utilizar la aproximación anterior, para los chubascos, vamos a resolver el problema de encontrar cómo evoluciona, con el tiempo, la distribución por tamaños de las gotas de lluvia, en el supuesto de que el crecimiento de las gotitas nubosas tiene lugar por acreción. En este caso, la forma elemental de la ecuación para el crecimiento continuo viene dada por (7.15),

$$\frac{dR}{dt}=\frac{\bar{E}M}{4\rho_L}\,u(R).$$

Para gotas cuyas dimensiones correspondan al tamaño intermedio, puede aplicarse la ley lineal de la velocidad de caída (7.8), y si $\bar{E}M$ puede considerarse constante, la solución de la ecuación de crecimiento es

$$R(t) = R(0)e^{at}, \tag{11.1}$$

donde $a = k_3\bar{E}M/4\rho_L$.

Designemos ahora por $n(R,t)$ y $n(R,0) = n_0(R)$, respectivamente, los espectros de las gotas de lluvia para el tiempo t y el instante inicial. Puesto que el único mecanismo de crecimiento que consideramos es el de acreción, el número de gotas de lluvia en el intervalo dR_0, de la distribución inicial, será idéntico al que exista en el intervalo dR, en la distribución final, es decir:

$$n(R,t)dR = n_0(R_0)dR_0, \tag{11.2}$$

que es análoga a la (6.29) que daba el crecimiento por condensación. Teniendo en cuenta la (11.1), resulta

$$n(R,t) = e^{-at}n_0(R\ e^{-at}), \tag{11.3}$$

que es la solución buscada, pues nos expresa la distribución, en cualquier instante, t, en función de la inicial. En esta aproximación se desprecia la posible coalescencia entre gotas de lluvia, y es probablemente más apropiada para las etapas iniciales del crecimiento de gotas de lluvia en nubes convectivas, cuando una ligera lluvia va cayendo a través de una nube relativamente densa.

En el caso de lluvia continua (estratiforme), con la aproximación que establecíamos, el flujo numérico de gotas de lluvia debe de ser constante con la altura, pues de lo contrario, la distribución de las gotas por tamaños, variaría con el tiempo; por lo tanto, entre la distribución inicial y la que exista después de haber recorrido una distancia h de caída, existe la siguiente relación:

$$n(R,h)u(R)dR = n_0(R_0)u(R_0)dR_0. \tag{11.4}$$

En el supuesto de que consideremos despreciable la velocidad de la corriente ascensional, y recurriendo, de nuevo, a la (7.8) para la velocidad de caída, encontramos:

$$n(R,h) = \left(1 - \frac{bh}{R}\right) n_0(R - bh), \tag{11.5}$$

donde $b = \bar{E}M/4\rho_L$.

Aunque tanto la (11.3), como la (11.5) son meras aproximaciones, dan una indicación de la diferencia existente entre los dos procesos ideales de precipitación, o modelos, supuestos; de hecho tales resultados representan una extensión de las ecuaciones de crecimiento continuo, por acreción, a las poblaciones de gotas.

Estructura de la lluvia a mesoscala

Los estudios relativos a los detalles de las estructuras de la precipitación y sus causas son relativamente recientes. Browning y Harrold (1969) analizaron los movimientos de aire y las estructuras de precipitación asociadas a una borrasca ocluída que pasó sobre Inglaterra y País de Gales, encontrando la distribución esquemática de tipos de lluvia que se indica en la figura 11.9; bastante por delante de la superficie frontal cálida, observaron lluvia de estructura relativamente uniforme, con una transición, bastante clara, de lluvia a chubascos, a unos 150 km

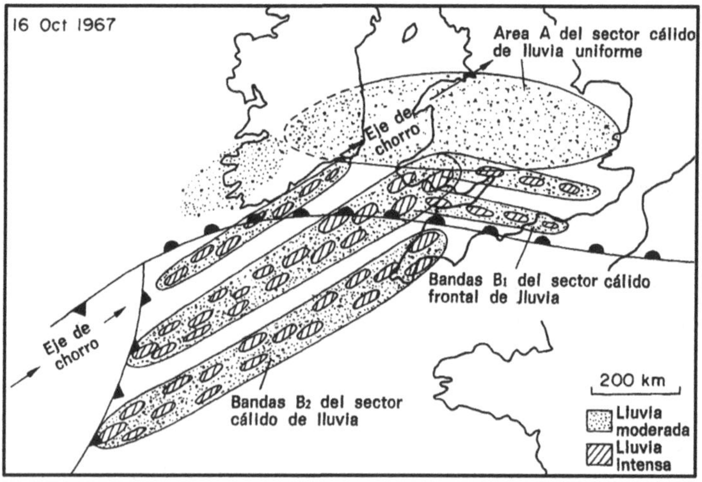

FIG. 11.9. Diagrama esquemático en el que se muestra la distribución y la estructura de la lluvia caída durante el paso de una onda ciclónica o borrasca. El eje de una corriente en chorro superior, que se indica mediante la flecha, está pasando directamente por encima del Mar de Irlanda. (De Browning y Harrold, 1969.)

por delante del frente. Las bandas de chubascos, en el sector cálido, estaban influenciadas orográficamente, y tan sólo se alinean paralelamente a los vientos existentes a unos 700 mb; dichas bandas se extienden por delante del frente, hasta confundirse con otras menores alineadas a lo largo del frente; el aire de las capas bajas, por delante del frente cálido, era convectivamente inestable, y la variación de carácter de la lluvia es consecuencia del ascenso que tiene lugar en la superficie frontal cálida, lo que eventualmente, actúa como efecto de disparo de la inestabilidad.

Mediante observaciones con radar y registros pluviométricos, Austin y Houze (1972) estudiaron las estructuras de la precipitación en nueve tormentas registradas en Nueva Inglaterra, incluyendo un amplio margen de situaciones sinópticas y estacionales. Aunque, a primera vista, pueden parecer muy distintas, todas las estructuras resultaron estar compuestas de otras zonas de precipitación, a escala sub-sinóptica, de características bastante bien definibles. Tales áreas pueden agruparse en cuatro categorías: áreas o zonas sinópticas, mayores de 10^4 km^2 y cuya vida o duración es de un día o superior, zonas grandes, a mesoescala, de extensión variable entre 10^3 y 10^4 km^2 y que persisten varias horas, zonas pequeñas, a mesoescala, que cubren de 100 a 400 km^2, persistentes alrededor de una hora, y finalmente, elementos menores, de unos 10 km^2 de tamaño y que no subsisten, en general, más allá de una media hora. En todos los casos estudiados se encontró que cada zona de precipitación, de cualquiera de las mencionadas escalas, contenía una o varias de cada una de las zonas de tamaño inferior. Una investigación llevada a cabo en relación a las intensidades de precipitación, para las diversas áreas, puso de manifiesto que en las consideradas grandes, a mesoescala, era de 2 a 4 veces superior a la correspondiente a zonas a escala sinóptica; que en las zonas pequeñas, a mesoscala, era alrededor del doble de la correspondiente a áreas consideradas, a mesoscala, grandes, y finalmente que en los más pequeños elementos era de 2 a 10 veces superior a la registrada en las pequeñas zonas a mesoscala. No obstante, aunque los más pequeños elementos registran las intensidades más altas, la contribución principal a la cantidad total de lluvia, a escala sinóptica, procede de las que hemos denominado pequeñas y grandes áreas a mesoescala.

Resumiendo este tipo de estudios, Harrold y Austin (1974) hacen notar que pueden encontrarse zonas de fuerte lluvia, tanto en tipos de precipitación generalizada, como en situaciones de chubascos, pero que tienden a ocurrir en grupos compactos mejor que distribuidos al azar. Estos grupos tienen, con frecuencia, forma de banda, típicamente de unos 20 km de anchura y que en los casos mejor "organizados", pueden llegar a tener varias centenas de kilómetros de longitud; tales bandas guardan, en general, relación con las superficies frontales o las líneas de turbonada, pero sin ser, necesariamente, paralelas a ellas. Los efectos topográficos, lo mismo que los frentes, pueden afectar a la estructura y al desarrollo de las áreas de lluvia. Aunque los efectos han sido catalogados y hasta cierto punto, clasificados en categorías, todavía no se comprende por qué la precipitación presenta tan fuerte tendencia a resultar organizada, en las escalas y en las estructuras características que son observadas.

Una forma distinta de plantear el problema de describir la estructura fina de la lluvia, es la seguida por Zawadzki (1973) y otros: la intensidad de la precipitación, R, es una función de la posición sobre la superficie (x,y) y del tiempo t; según la práctica corriente en la teoría de procesos aleatorios, cabe definir la función de autocorrelación de la intensidad de la precipitación, en el tiempo o espacio; la función de autocorrelación espacial, por ejemplo, nos indica hasta qué punto la estructura de la precipitación es estadísticamente uniforme en el espacio.

Zawadzki determinó, mediante los datos suministrados por el radar, la función $R(x,y,t)$, y utilizó una técnica óptica para formar las funciones de autocorrelación. A partir de medidas realizadas en lluvias generalizadas, encontró que la función de autocorrelación espacial disminuye, en cualquier dirección, con la distancia y que tal disminución es aproximadamente de forma exponencial, de modo que el valor inicial queda reducido a la $1/e$ parte, a distancias comprendidas entre los 20 y 35 km; la velocidad con que disminuye tal autocorrelación con la distancia es, prácticamente, la misma en todas direcciones, para distancias inferiores a los 10 km, lo que implica una estructura estadísticamente isótropa para la precipitación a pequeña escala. La función de autocorrelación temporal, para la estructura estudiada, resultó disminuir también hasta un valor $1/e$ del inicial, en un tiempo, aproximado, de media hora, lo que nos dice que tal tiempo debe ser también, más o menos, el que requiere la estructura fina de la lluvia para evolucionar o reorganizarse en otra configuración distinta.

Eficiencia de precipitación

Las nubes proporcionan la fase intermedia en el proceso de conversión del vapor de agua atmosférico en precipitación; sin embargo no todas las nubes resultan igualmente eficaces para obtener dicha transformación. Por ejemplo, las pequeñas nubes cumuliformes a menudo crecen rápidamente, pero comienzan a disiparse, justamente, cuando se está iniciando el desarrollo de la precipitación; en consecuencia, la mayor parte del agua contenida en la nube no llega a transformarse en lluvia, si no que se queda arriba donde, eventualmente, puede volver a evaporarse. Muchas nubes estratiformes, por razones diferentes, son también poco efectivas con vistas a la producción de precipitación, pues a pesar de que persistan varias horas no tienen ni el alto contenido acuoso, capaz de favorecer la coalescencia, ni las temperaturas lo bastante bajas para que se inicie en ellas el proceso de cristalización del hielo; en consecuencia, dan lugar a escasa precipitación, aunque la nube pueda estar sobreenfriada por arriba y, en consecuencia, sea microfísicamente inestable respecto al proceso de formación de cristales de hielo.

El concepto de eficiencia de precipitación se utiliza para expresar, según diversos puntos de vista, la efectividad de una nube con vistas a la conversión, bien sea del vapor, o de material ya condensado, en precipitación.

Braham (1952) después de analizar numerosísimos datos relativos a nubes de Florida y Ohio, determinó el balance hidrológico correspondiente a pequeñas tormentas, encontró que la aportación media de vapor de agua en estas tormentas era de $8{,}9 \times 10^8$ kg; de ellos, $5{,}3 \times 10^8$ kg se condensaban, mientras el resto salía de nuevo de la nube tormentosa sin condensar, es decir, en forma de vapor; del agua condensada, tan sólo 10^8 kg llegan a alcanzar el suelo, en forma de lluvia, mientras que el resto se evapora, bien en la corriente descendente interna o a través de los bordes laterales de la nube. La eficiencia de precipitación puede definirse como la relación entre la masa de lluvia que llega al suelo y la de vapor que penetró en la nube; con esta definición la eficiencia resulta, tan sólo, del 11 %; si la definiéramos como la fracción de agua condensada que finalmente llega al suelo, resultaría ser del 19 %, dato que con frecuencia, se menciona en relación a las tormentas.

Wexler (1960) definió la eficiencia de precipitación en forma algo distinta: relación entre la cantidad de precipitación que se registra y la de agua producida, y puesta a disposición de la nube, en el proceso de condensación, por ascensión pseudoadiabática; llegó a la conclusión de que en este sentido las nubes más eficientes eran los cúmulos situados en el interior de una extensa capa de estratos.

Hardy (1963), considerando el problema de la eficiencia desde el punto de vista microfísico, realizó cálculos para distintas formas de la función de distribución de las gotas de lluvia, por tamaños, $N(D)$, con objeto de averiguar cuáles eran más efectivas, en relación al proceso de agotar (por barrido) las gotitas nubosas; llegó a la conclusión de que las distribuciones que presentaban mayor pendiente (valores altos de Λ en la fórmula exponencial 9.1) eran las que en este sentido, resultaban más eficientes. Partiendo de observaciones realizadas con radar, en lluvias hawaianas de tipo orográfico, caracterizadas por la presencia de gran número de gotas pequeñas, Rogers (1967) encontró confirmada la idea de Hardy, haciendo notar que el excepcionalmente rápido decrecimiento que experimenta la reflectibilidad con la altura, implica la presencia de un proceso de barrido muy eficiente.

Esta eficiencia de barrido fue examinada por Houghton (1968) en un intento de valorar los esquemas para la modificación artificial de la precipitación. Definió la eficiencia, S, por:

$$S = \frac{\pi}{4} \int N(D) D^2 V(D) dD, \tag{11.6}$$

donde la integración se extiende a todas las gotas, supuestas esféricas; físicamente, S, representa la fracción de una superficie horizontal unidad, en la nube que es, geométricamente hablando, barrida por las partículas de precipitación, en la unidad de tiempo. Partiendo de datos relativos a la distribución de gotas por tamaños, Hougton encontró que, con bastante buena aproximación, $S \propto R$; asimismo, dedujo que el proceso de "barrido" es incompleto en el caso de los chubascos de lluvia, lo que resulta ser una causa de su baja eficiencia con vistas a producir precipitación (Braham da el 19 %). Respecto a la posibilidad de modificar, artificialmente, la precipitación, Houghton llegó a la conclusión de que en virtud de la baja eficiencia de los chubascos, existe la posibilidad de reforzar la lluvia, mediante la siembra de nubes, pero advierte que tal oportunidad se presenta solamente bajo determinadas condiciones específicas y en un momento concreto.

Problemas

1. La eficiencia de barrido, para una partícula individual, puede definirse como el volumen barrido, por dicha partícula, en la unidad de tiempo. Compárese la eficiencia de barrido de una partícula de nieve granulada, con la de una pequeña gota de lluvia que tenga la misma masa. Para la nieve granulada se supondrá que masa y radio están relacionados por

$$m = 0{,}52\ r^3 \text{ (c.g.s.)}$$

y que la velocidad terminal de caída es

$$u(r) = 520\ r^{0,6}\ \text{(c.g.s.)}$$

Para la gota se admite la ley lineal de velocidad de caída

$$u(r) = kr$$

con $k = 8 \times 10^3\ s^{-1}$.

2.* El gradiente vertical de la reflectibilidad, en una lluvia estratiforme, nos da una indicación de hasta qué punto las gotas de lluvia están creciendo por barrido de las gotitas nubosas. Una fuerte disminución de Z con la altura (o un aumento con la distancia recorrida en la caída) indica la existencia de un rápido crecimiento por acreción.

En el kilómetro inferior de una determinada masa nubosa nimboestrato, están creciendo las gotas de lluvia por acreción de gotitas nubosas. El contenido acuoso efectivo de la nube (producto de E por M) es igual a 2 g/m³. Demostrar que la reflectibilidad aumenta, aproximadamente, en 19 dB, en el km inferior de la nube, recurriendo a la forma elemental de la ecuación del crecimiento continuo. Averiguar también la variación que experimenta el contenido acuoso (agua de lluvia). Haga las siguientes hipótesis:

(1) El proceso es estacionario.
(2) Velocidad ascensional nula.
(3) Es válida la ecuación elemental para el crecimiento continuo.
(4) El crecimiento de las gotas sólo tiene lugar por acreción.
(5) La distribución de las gotas de lluvia por tamaños, a 1 km por encima de la base de la nube, es de la forma dada por Marshall-Palmer, correspondiendo a $R = 0{,}1$ mm/h.

3. Al observar mediante el radar una nube, tipo cumulonimbus, que se está desarrollando rápidamente, se aprecia que el eco del radar aparece simultáneamente en una amplia zona vertical. Para el tipo de radar que se utiliza, este eco inicial corresponde a gotas cuyos tamaños son los de una llovizna. Mientras la nube sigue desarrollándose, tales gotas crecen rápidamente, por barrido de las gotitas nubosas, con lo cual la señal del radar se refuerza a todos los niveles.

Calcular el tiempo necesario para que la señal aumente en 10 dB, haciendo las suposiciones siguientes:

(1) Contenido acuoso de la nube constante e igual a 5 g/m³.
(2) Todo el crecimiento de la precipitación tiene lugar en virtud del proceso de barrido de las gotitas nubosas, sin que exista crecimiento por difusión o por coalescencia entre las gotas de lluvia.
(3) La eficiencia de captura media efectiva es 0,5.

* Véase la nota al final del capítulo 6.

(4) Las gotas de agua son de tamaño relativamente pequeño, de modo que su velocidad de caída puede ser aproximada, con bastante precisión, por $u(r) = kr$, donde $k = 8 \times 10^3 \ s^{-1}$.
(5) Toda la reflectibilidad es debida a las gotas de lluvia, y la contribución de las gotitas nubosas es despreciable.
(6) Los efectos debidos al fraccionamiento son despreciables.

4. En la teoría de la "banda brillante" del radar uno de los efectos considerados es el aumento de reflectibilidad que tiene lugar dentro de la capa de fusión, debido a la condensación que se produce en la superficie de los copos de nieve que inician su fusión. Cuando la nieve en su descenso, llega a dicho nivel, funde y con ello determina un enfriamiento del aire. A consecuencia del mismo tendrá lugar algo de condensación sobre la superficie de las partículas en fusión. Demostrar que por cada kg de nieve que funde se condensan, aproximadamente, 60 g de agua.

CAPÍTULO 12

TEMPORALES VIOLENTOS Y GRANIZO

Las nubes cumuliformes, en aire suficientemente húmedo e inestable, pueden crecer hasta grandes alturas, desarrollar fuertes corrientes ascensionales y dar lugar a intensas precipitaciones, relámpagos y granizo. Estos temporales violentos y de gran extensión pueden tener lugar aisladamente o, lo que es más frecuente, en grupos asociados con frentes, a escala sinóptica, o a zonas de convergencia, a mesoescala. En muchas partes del mundo son causa de serias inundaciones, daños producidos por el viento o el granizo y pérdidas de vidas.

Aunque nuestros conocimientos acerca de tales temporales son incompletos, amplios estudios, llevados a cabo durante las dos últimas décadas, mediante radar, redes de radiosondeos y aviones equipados con material de observación adecuado, han permitido describir su estructura, proceso de desarrollo, así como poner de manifiesto las condiciones meteorológicas más propicias para que se produzcan. Los principales procesos relativos al desarrollo de temporales violentos fueron objeto de un trabajo de revisión por Newton (1967); en este capítulo describiremos la estructura de las tormentas y haremos un bosquejo acerca de la teoría relativa al crecimiento del granizo.

Ciclo vital de una célula tormentosa

Byers y Braham (1949), partiendo de un gran número de observaciones sobre tormentas, en Florida y Ohio, encontraron que los temporales están constituidos por una o varias unidades de circulación convectiva, cada una de las cuales consta de una zona en la que existen fuertes corrientes ascendentes y otra con movimiento descendente compensador; las células convectivas son muy parecidas, tanto en estructura como en comportamiento, en la mayor parte de los temporales y pueden, por lo tanto, considerarse como un tipo de fenómeno convectivo propio exclusivamente de las tormentas. Con frecuencia una nube está formada por un cierto número de células en distintas fases de desarrollo, resultando difícil la identificación individual de cada una de ellas. No obstante, resulta cómodo considerar a la célula tormentosa como la unidad fundamental en la estructura de un temporal.

El ciclo vital de tal célula puede dividirse en tres etapas o fases, de acuerdo con la magnitud y dirección predominante del movimiento vertical del aire que tiene lugar en ella:

(1) Fase de cúmulos, caracterizada por la existencia de una corriente vertical ascendente en la mayor parte de la célula.

(2) Fase de madurez, caracterizada por la presencia de corrientes ascendentes y descendentes.

(3) Fase de disipación, cuya característica es la presencia de corrientes descendentes, débiles, en la mayor parte de la célula.

En la figura 12.1 vienen esquematizadas estas tres fases, así como las formas de precipitación que las acompañan.

Mientras la corriente vertical ascendente determina el crecimiento de la nube, en su fase de cúmulos, el aire penetra en ella a través de sus bordes laterales y se mezcla (mezcla por arrastre) con la corriente vertical ascendente; la persistencia de este proceso ascensional da lugar a la condensación de gran cantidad de vapor de agua, y eventualmente, a la caída del agua en forma de precipitación. Esta agua al caer inicia la formación de una corriente de aire descendente, en virtud de la fuerza de arrastre, de origen viscoso, que el agua ejerce sobre el aire; al mismo tiempo se produce enfriamiento del propio aire, en virtud de la evaporación que ocurre en su seno. Con ello se inicia la fase de madurez en el desarrollo de la célula; el aire de la corriente descendente llega al suelo, como un núcleo frío en la zona de lluvia y se extiende sobre la superficie, dando lugar a un cambio de estructura del viento junto al suelo.

La corriente vertical descendente interfiere con la ascendente, en las capas bajas de la nube, y, eventualmente, llega a cortarla, es decir, a separarla de su fuente de alimentación; en este caso la célula entra en su fase de disipación; con la pérdida de actividad de la corriente ascendente y la consiguiente eliminación del foco alimentador de la lluvia, la corriente descendente, a su vez, se debilita,

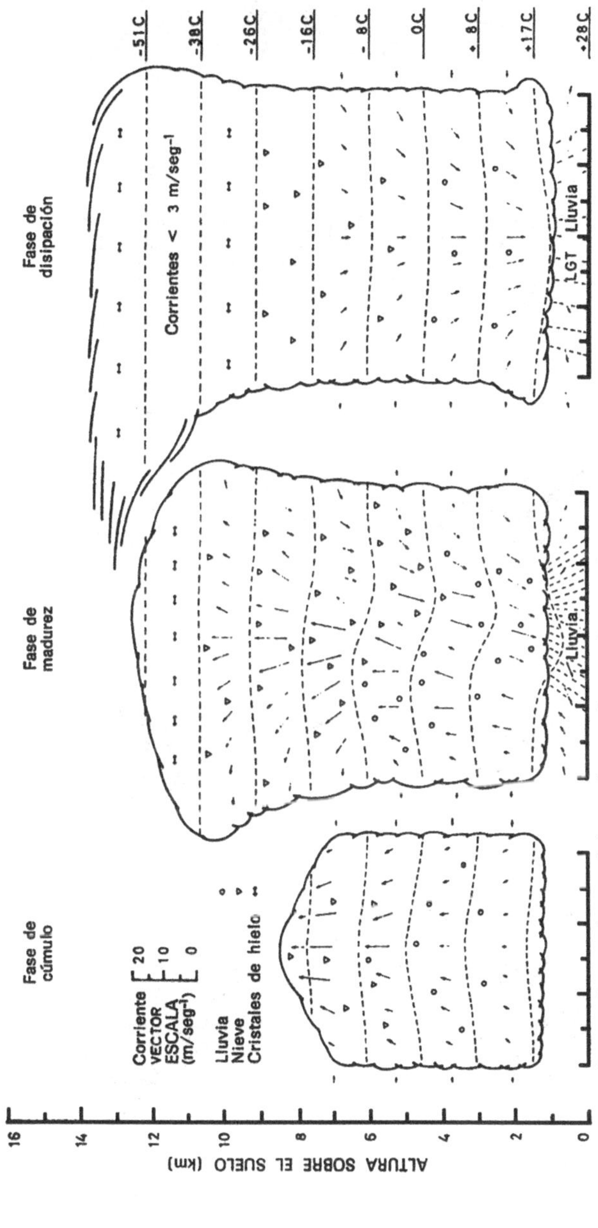

FIG. 12.1. Modelo de célula tormentosa de Byers-Braham. (De Chisholm, 1973.)

1356 MST ↑

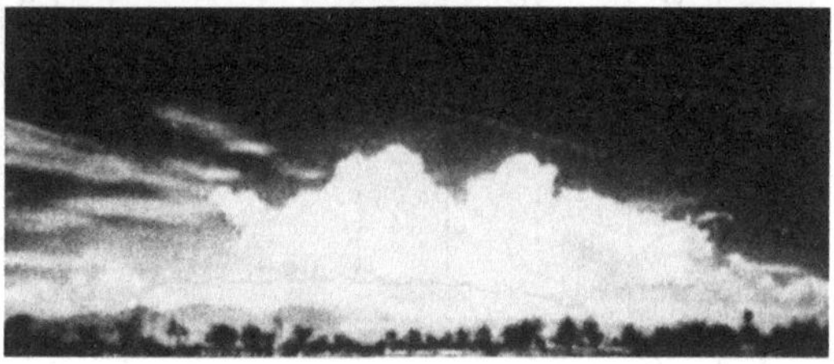

1401 MST ↑

1406 MST ↑

1411 MST ↑

1416 MST ↑

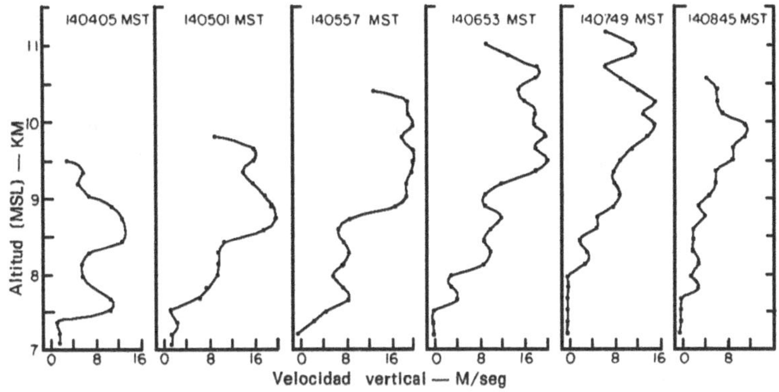

FIG. 12.2. Nube tipo cúmulo-nimbus en desarrollo y velocidades ascensionales determinadas por radar. La figura muestra dos células que se desarrollan simultáneamente. Las medidas fueron llevadas a cabo mediante un radar Doppler, dirigido verticalmente hacia arriba, y situado debajo de la nube, en la posición indicada por la flecha. (De Battan y Theiss, 1966.)

hasta que finalmente, desaparece por completo, dejando un residuo de aire nuboso.

La fase cúmulos tiene una duración típica de 10-15 minutos; la de madurez subsiste de 15-30 minutos; aunque resulta difícil especificarlo de manera definitiva, la fase de disipación tiene una duración de unos 30 minutos.

Desde la época de los estudios de Byers y Braham, se han montado programas de observación en el campo, a largo plazo, para investigar los temporales violentos, y se han desarrollado técnicas más complejas para su observación. No obstante se ha confirmado que el modelo, relativamente sencillo, de la figura 12.1, describe adecuadamente las características generales de las pequeñas nubes, de tipo cumulonimbus, constituidas por una sola célula, así como de los elementos convectivos que constituyen las nubes "multicelulares" mayores. En la figura 12.2, por ejemplo, se nos muestran las velocidades verticales del aire, medidas con un radar Doppler, durante los momentos iniciales de la fase de madurez, en un cumulonimbus en crecimiento; las velocidades ascendentes concuerdan con las indicadas en la figura 12.1; la corriente descendente no se observa todavía, tal vez debido a que estaba desplazada fuera del plano de observación del radar.

La célula tormentosa de Byers-Braham es, en esencia, un extenso chubasco, y difiere de los ejemplos dados en el capítulo 11, tan sólo, en tamaño y duración. Aunque éstos son los temporales que ocurren con mayor frecuencia, en los últimos diez años se ha reconocido que las tormentas de más poder destructivo son aquellas en las que las corrientes verticales, ascendente y descendente, no interfieren entre sí, sino que por el contrario, resultan organizadas de modo que son capaces de mantener una circulación convectiva de gran extensión y larga duración. Los vientos ambientales son de crucial importancia para determinar si una tormenta se va a disipar por efecto de su propia corriente descendente, o si continuará existiendo.

Tormentas violentas

La figura 12.3 nos da, en la pantalla de radar, ejemplos de dos violentas tormentas de granizo cuya estructura y comportamiento difieren del de la célula tormentosa; debido al viento ambiental, tanto la corriente ascendente como la descendente han sido desplazadas horizontalmente, una respecto a la otra, e interaccionan mutuamente para mantener una circulación fuerte y duradera. Este tipo de circulación en un temporal fue analizada por vez primera por Browing y Ludlam (1962) y es conocida con el nombre de "supercélula".

En la figura 12.4 se presenta un diagrama esquemático en el que se muestran las secciones horizontales del eco de una supercélula, a tres distintos niveles.

La clave en este tipo de temporales es el viento ambiental y su variación con la altura, que en la figura vienen indicados por los vectores *L, M* y *H,* que corresponden al viento existente en la troposfera a niveles bajo, medio y superior, respectivamente. La corriente vertical ascendente penetra a niveles inferiores y su ascenso tiene lugar por la región a la que Browing denomina la "bóveda"; en esta zona la corriente vertical es tan intensa que la precipitación, es decir, las gotitas de que está constituida, no son capaces de crecer hasta alcanzar tamaños que puedan ser detectados por el radar; por otra parte, cuando la precipitación logra formarse, a niveles superiores, se encuentra con que la cizalla del viento le impide caer en el interior del seno de la corriente ascendente, existente a bajos niveles, y de esta forma no puede dar lugar al corte de la circulación; este tipo de circulación puede verse con mayor detalle en la figura 12.5.

Debido a su tamaño y poder destructivo, las supercélulas tormentosas han recibido mucha atención, durante los últimos años; sin embargo, se presentan con poca frecuencia, debido, probablemente, a la especial distribución de vientos que su existencia requiere. Un temporal que se registra más frecuentemente, y que también puede ser extenso y violento, es el denominado "multicelular" (figura 12.6); consiste en el sucesivo desarrollo de células tormentosas individuales, a la derecha de un gran complejo tormentoso; aunque cada célula tiene un ciclo

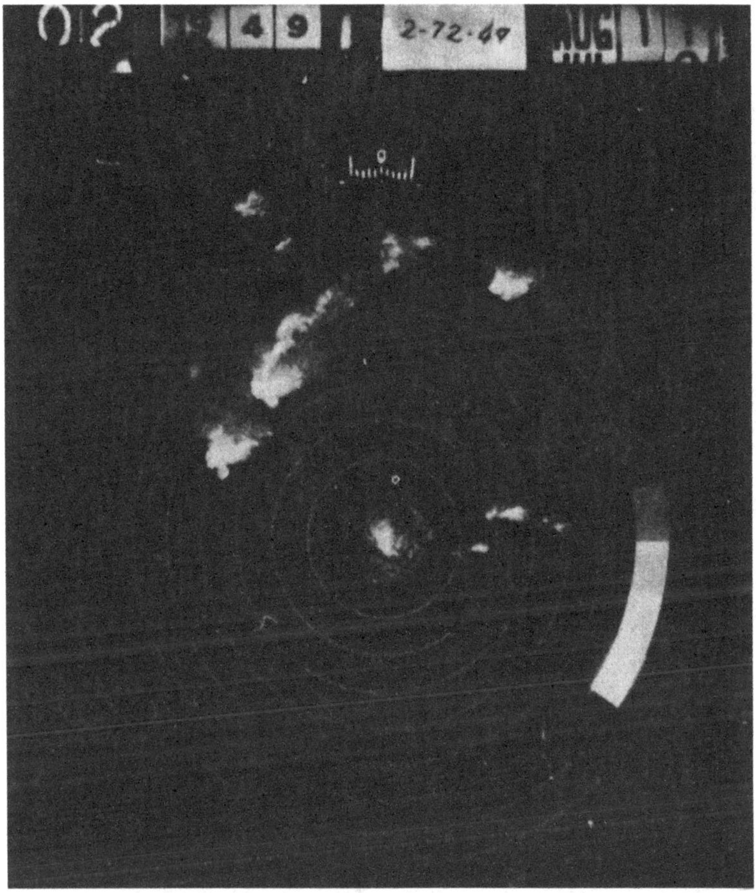

FIG. 12.3. Tormenta con pedrisco observada, mediante el radar, en Alberta, bajo ángulos de elevación de 2, 4 y 6 grados. Los círculos, indicadores de distancias están trazados a intervalos de 10 millas; la escala de grises a intervalos de 10 dB. Los dos ecos, en dirección noroeste y a unas 50 millas, son análogos a la supercélula de Browning.

vital limitado, el desarrollo sistemático de nuevas células produce un temporal prolongado de larga duración. No siempre resulta clara la distinción entre temporales supercelulares y multicelulares; algunos temporales presentan forma análoga a una supercélula, pero una inspección más detallada revela que en realidad contienen elementos, a pequeña escala, de corto ciclo vital.

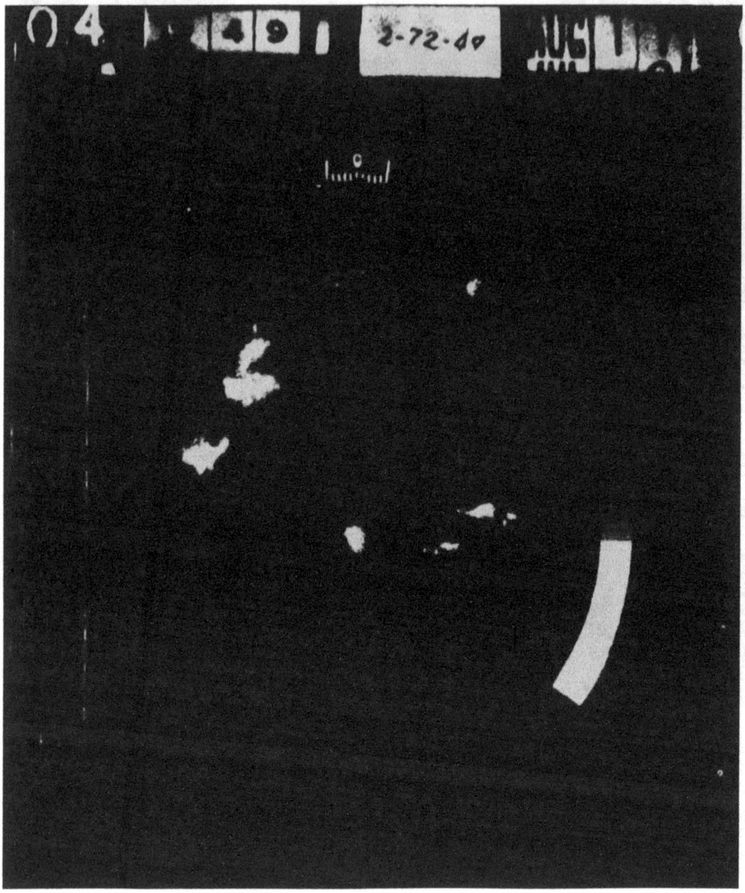

Fig. 12.3. (Continuación). Elevación de 4 grados.

Crecimiento del granizo

Cuando las partículas de nieve granulada, o granizo blando, o bien las gotas grandes de lluvia congeladas, crecen por acreción de gotitas nubosas subfundidas, se forma el pedrisco. Las tormentas contienen tanta nieve granulada como gotas grandes, sin que sepamos, con exactitud, cuál de las dos partículas actúa con más

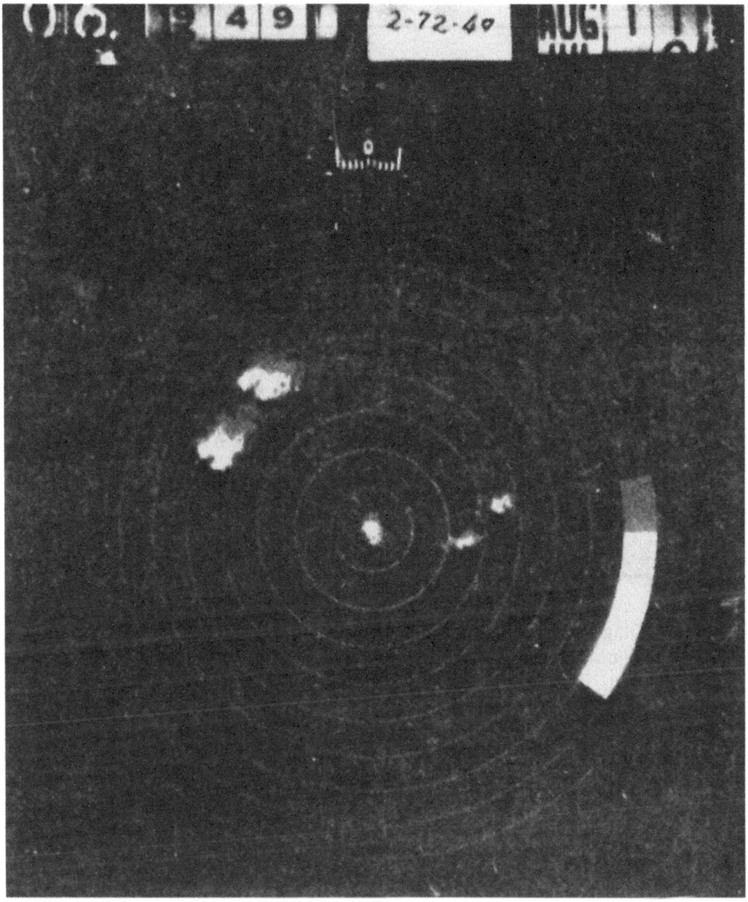

FIG. 12.3. (Continuación). Elevación de 6 grados.

frecuencia como "germen" del granizo, aunque la evidencia fotográfica parece apuntar a la nieve granulada. Un aspecto importante, en el crecimiento del granizo, es el calor latente de fusión liberado cuando el agua, que se fija sobre el mismo, por acreción, se congela. En virtud del calentamiento que dicho calor produce, la temperatura del pedrisco, durante el período de crecimiento, resulta ser varios grados superior a la de la nube ambiental, en que se desarrolla; en la

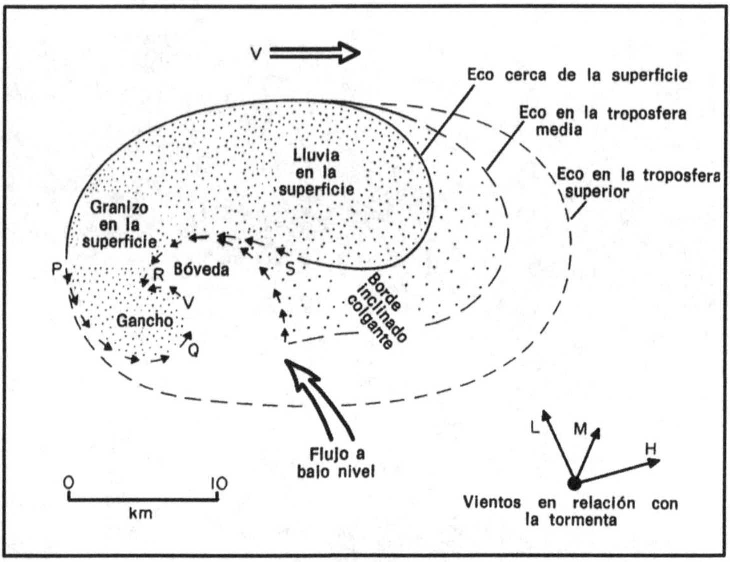

FIG. 12.4. Diagrama esquemático mostrando tres secciones horizontales, a diversos niveles, de una supercélula tormentosa, obtenidas a partir de los ecos del radar. (De Browning, 1964.)

teoría relativa al desarrollo del granizo, la temperatura se determina en el supuesto de una situación de equilibrio en el ritmo de calentamiento del pedrisco.

La velocidad de calentamiento debida a la acreción de gotitas líquidas subfundidas, viene dado por

$$\frac{dQ_L}{dt} = \pi R^2 EMu(R)[L_f - c(T_s - T)], \quad (12.1)$$

donde R es el radio y $u(R)$ la velocidad de caída, del pedrisco, L_f el calor latente de fusión, c el calor específico del agua, M el contenido acuoso de la nube y E la eficiencia de captura efectiva; T_s y T son, respectivamente, la temperatura de la piedra y de la nube ambiente.

El calor ganado por sublimación es

$$\frac{dQ_v}{dt} = 4\pi RD(\rho_v - \rho_{vR})L_s a, \quad (12.2)$$

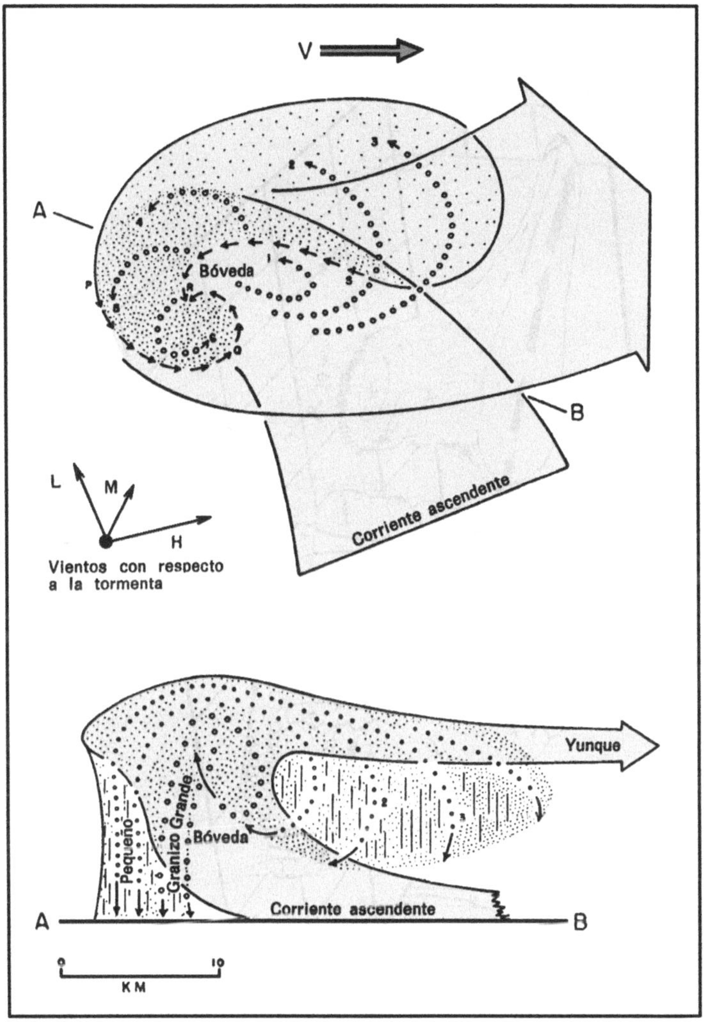

FIG. 12.5. Secciones horizontal y vertical del flujo de aire y de las trayectorias de precipitación, en una supercélula. (De Browning, 1964.)

siendo ρ_v y ρ_{vR} la densidad de vapor ambiental y la existente junto a la superficie de la piedra, L_s es el calor latente de sublimación, y a un factor de ventilación que depende del tamaño del pedrisco.

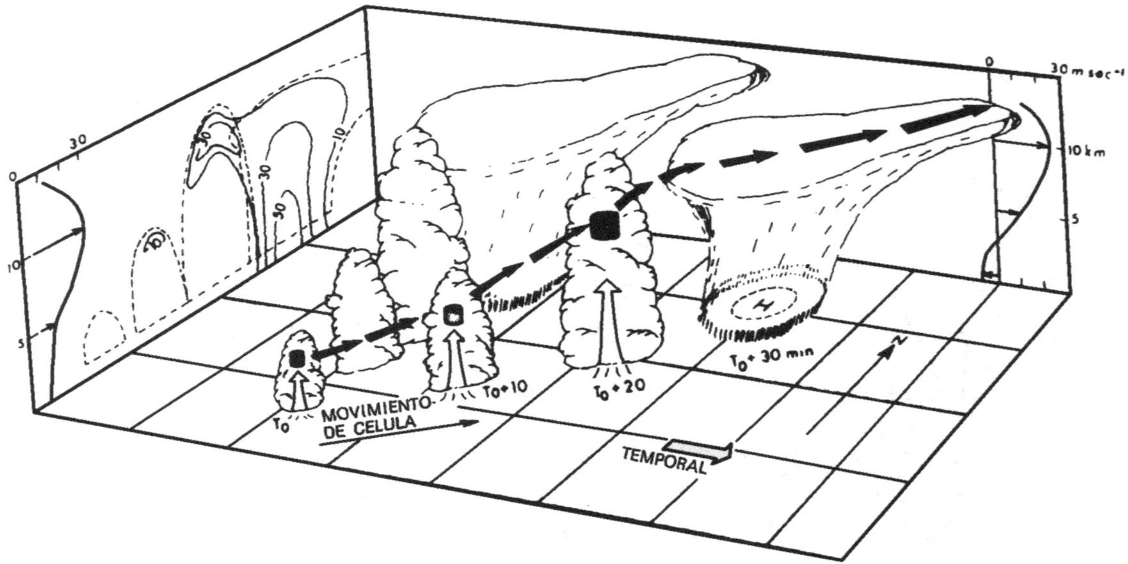

FIG. 12.6. Visión esquemática de un temporal multicelular. En el instante inicial el temporal consta de cuatro células en distinto estado de desarrollo; se indica el proceso de desarrollo de la más joven (la que está más hacia el sur), a sucesivos intervalos de tiempo. La flecha de trazo discontinuo y grueso es la trayectoria de un paquete o burbuja de dicha célula. También se indica una sección vertical del eco del radar, en el instante inicial, así como el perfil del viento. (De Chisholm y Renick, 1972.)

La velocidad de pérdida de calor, hacia el aire, por conducción, es:

$$\frac{dQ_s}{dt} = 4\pi RK(T_s - T)b, \qquad (12.3)$$

donde K es el coeficiente de conductibilidad calorífica del aire y b un factor de ventilación.

El equilibrio tendrá lugar cuando

$$\frac{dQ_L}{dt} + \frac{dQ_v}{dt} = \frac{dQ_s}{dt}, \qquad (12.4)$$

que puede usarse para encontrar la temperatura de equilibrio del pedrisco, en función de su tamaño, y para unas condiciones nubosas dadas.

Para determinar la velocidad de crecimiento del pedrisco, con aceptable aproximación, bastará sumar las velocidades de crecimiento por acreción y por sublimación, consideradas separadamente; la acreción, generalmente, es el proceso dominante, y lo es, en especial, todavía más a medida que la piedra va creciendo; si permanece en el interior de la nube subfundida durante suficiente tiempo, la piedra alcanza el tamaño para el cual la temperatura de equilibrio es de 0 °C, debido a que la transferencia de calor hacia el aire ambiente resulta insuficiente; típicamente, esto puede ocurrir para un diámetro del orden de 1 cm.

Mientras la superficie de la piedra está a temperaturas inferiores a los 0 °C, las gotitas de agua capturadas, congelan rápidamente, con ello la superficie se mantiene, esencialmente, seca; no obstante, cuando la superficie está a 0 °C, el agua captada ya no congela inmediatamente, y en consecuencia la superficie se mantiene húmeda; aunque, en este caso, parte del agua puede desprenderse de la piedra caliente, la mayor parte, no obstante, queda sobre ella, incorporándose a su estructura, formando lo que se denomina "hielo esponjoso". Se ha deducido que las fracciones de líquido contenidas en el pedrisco de tamaño grande, pueden llegar a ser del 20 %, e incluso superiores. El líquido atrapado, posteriormente, puede congelarse, si penetra en una nube más fría o menos densa, donde la transferencia de calor bastará para enfriar la piedra por debajo de los 0 °C. Como durante su período de existencia el granizo puede experimentar, alternativamente, crecimientos de tipo húmedo y seco, a su paso a través de nubes de temperatura y contenido acuoso variables, va desarrollándose en él la estructura típica por capas que a menudo se observa (fig. 12.7).

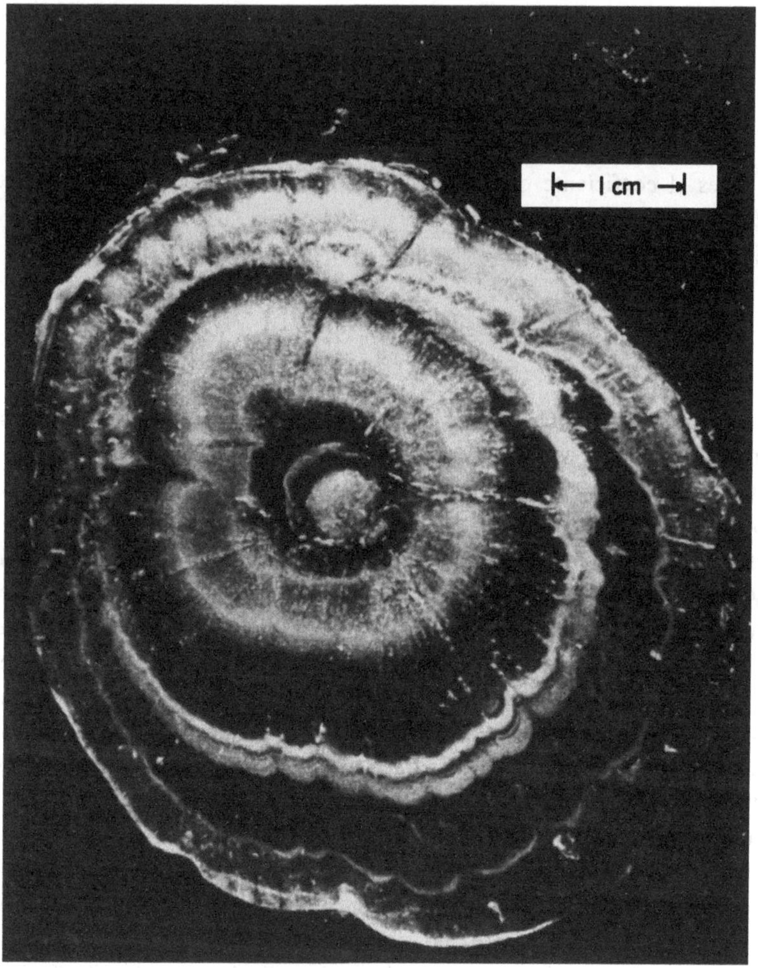

FIG. 12.7. Corte de un pedrisco de gran tamaño, en el que puede apreciarse la característica estructura en capas, como la de una cebolla. (Cortesía de B. L. Barge, Alberta Research Council, Edmonton, Can.)

Problemas

1. Una piedra de granizo cuyo tamaño inicial es de 1 mm de radio, empieza a caer desde una altura de 5 km por encima de la base de la nube, donde la temperatura ambiente es de 250 K; crece por acreción de agua nubosa en con-

diciones tales que la temperatura de su superficie siempre se mantiene a 0 °C. En el interior de la nube el gradiente térmico vertical del aire es de 0,6 °C/100 m. Supóngase que la velocidad de la corriente ascensional es nula y que durante el crecimiento del granizo se mantiene el equilibrio entre el calor ganado por congelación del agua depositada por acreción y el perdido por la conductividad del aire. Desprecie los efectos de la sublimación, así como la capacidad calorífica del agua captada. Demostrar que el granizo alcanzará un tamaño, aproximado, de 3,5 mm después de caer 3 km. Los valores adecuados de las constantes, en unidades c.g.s., son los siguientes:

$K = 2{,}3 \times 10^3$
$L_f = 3{,}3 \times 10^9$
$u(R) = kR^{\frac{1}{2}}$, con $k = 2000$
factor de ventilación $b = 0{,}3\ (Re)^{\frac{1}{2}}$,

donde *Re* es el número de Reynolds del flujo existente alrededor del pedrisco considerado (Byers, 1965, pág. 169).

2. Un pedrisco situado a 700 mb cae, a través de una nube de gotitas subfundidas y cuyo contenido acuoso es de 4 g/m³, siendo la temperatura de —15 °C.
   Determinar de qué forma depende la temperatura del pedrisco de su tamaño, en el supuesto de que su crecimiento tiene lugar en condiciones de equilibrio, desde los —15 °C iniciales hasta que alcanza los 0 °C. Se tomará en consideración tanto la transferencia de calor por conducción, como la sublimación y acreción. Utilizar los mismos valores para las constantes físicas que los indicados en el problema 1, suponiendo, además, que las dos constantes de ventilación, *a* y *b*, son iguales.

3. Mientras cae a través de una capa nubosa delgada, o de aire libre de nubes, un pedrisco estará, probablemente, más frío que su medio ambiente, debido a la sublimación que tiene lugar sobre su superficie y también a causa de su capacidad calorífica que da lugar a que sus cambios de temperatura se produzcan con cierto retraso respecto a los que ocurren en el ambiente. Determinar la constante de tiempo correspondiente a dicha capacidad calorífica, suponiendo una distribución isotérmica dentro de la estructura del pedrisco, en cualquier instante, y que la transferencia de calor tiene lugar tan sólo por conducción; es decir, en la ecuación de transferencia de calor, correspondiente al pedrisco, se despreciarán todos los términos excepto el de conducción. Calcular la constante de tiempo para un pedrisco de 1 cm de diámetro, tomando el calor específico de la piedra igual a 0,5 cal grado^{-1} g^{-1} y suponiendo que el factor de ventilación es igual a 15.

CAPÍTULO 13

MODIFICACIÓN (ARTIFICIAL) DEL TIEMPO

Cuando se habla de modificación del tiempo, salvo raras excepciones, se hace referencia a la modificación artificial de las nubes; en este sentido las experiencias llevadas a cabo consisten en la siembra de las nubes con algún material, en busca de alguno de los siguientes objetivos:

(1) Estimular la precipitación.
(2) Disipación de nubes o nieblas.
(3) Eliminar el granizo.

Para cada uno de tales tipos de experiencias hay información en la que consta que se han logrado algunos éxitos, más o menos importantes. En el problema de la modificación de las nubes, si bien existen razones teóricas que la justifican, resulta con frecuencia difícil obtener evidencia convincente de que el experimento llevado a cabo haya sido eficaz, dada la gran variabilidad de las características de las nubes; por otra parte, por lo que respecta a la siembra de nubes, en muchos casos las experiencias se realizan de manera fortuita, sin el adecuado control científico que permita valorar los resultados obtenidos. El problema se complica, todavía más, por las extravagantes pretensiones respecto a éxitos logrados por ciertos "hacedores de lluvias", mediante siembra de nubes. De todas formas, gracias a unas pocas, pero cuidadosas, experiencias realizadas, hay una evidencia creciente de que, bajo condiciones adecuadas, pueden lograrse, mediante siembra, modestos cambios en la estructura de las nubes y en la precipitación. En este capítulo se verán, a grandes rasgos, los principios físicos relativos al problema.*

Estimulación de la lluvia y nieve

En principio, la precipitación puede ser estimulada tratando de sacar partido de alguna de las inestabilidades existentes en un sistema nuboso; tan sólo de esta manera es razonable esperar un resultado importante, a partir de una inversión, en esfuerzo o material, relativamente pequeña, o en otras palabras, lograr una técnica de modificación que pueda considerarse eficiente. Antes de producir precipitación, todas las nubes son coloidalmente inestables: sus pequeñas gotitas tienen la posibilidad de ser barridas y arrastradas por la precipitación, todo lo que falta para que ello ocurra, es que exista un número, relativamente pequeño, de gotas grandes que sean capaces de crecer, por acreción, a expensas de las gotitas. En el proceso natural de lluvia, en una nube caliente, alrededor de una sola gota, en un millón de ellas, crece hasta convertirse en una gota de lluvia; esto viene a ser, alrededor de una gotita en cada 5 litros, o 200 por metro cúbico. En consecuencia, una forma de abordar el problema de estimular la lluvia, en una nube caliente, consistirá en introducir, aproximadamente, dicha concentración de gotas grandes en la corriente de aire ascendente por encima de la base de la nube; tales gotas tienen cierta probabilidad de ascender barriendo gotitas nubosas, tanto en sus trayectorias ascendentes como descendentes; naturalmente dichas gotas deben ser inicialmente lo suficientemente grandes para presentar unas condiciones favorables al crecimiento, pero no tan grandes que caigan por su propio peso fuera de la nube, sin haber permanecido suficiente tiempo en el interior; por otra parte, para sembrar, en la concentración adecuada, hace falta más agua cuanto mayores sean las gotas artificialmente introducidas; una solución de compromiso consiste en recurrir a gotitas cuyos radios varían entre 20 y 30 micras. Las experiencias de este tipo, o siembra con agua, han sido efectuadas mediante aviones volando junto a la base de la nube y que pulverizaban agua, en la confianza que tales gotas, gracias a la difusión, se dispersarían dentro de toda la región donde existe la corriente ascensional; los resultados de este tipo de expe-

* *N. del T.* — El lector interesado en el tema de las posibles modificaciones artificiales del tiempo (e incluso en el más controvertido, del clima) puede ampliar las ideas expuestas en este capítulo, en el artículo de revisión publicado recientemente por R. I. Sax (1975), en Jour. of App. Meteo. 14; 652, o en la obra editada por W. H. Hess (1974), Weather and Climate Modification (John Wiley and Sons).

riencias aunque, a veces, parecen sugerir un ligero refuerzo de la precipitación, por lo general, han sido poco convincentes.

En otro tipo de ensayos se han introducido partículas de sal común, alrededor de la base de la nube, con objeto de suministrarle centros sobre los cuales puedan formarse gotitas nubosas. Generalmente se prefiere utilizar partículas relativamente grandes, ya que darán lugar a gotitas de disolución cuyos radios críticos serán, relativamente, grandes; de la (5.7) se deduce que el radio crítico, r^*, aumenta con el radio de la partícula de sal, de acuerdo con $r^* \propto r^{3/2}$; la concentración natural de partículas grandes de sal (probablemente sal marina) en el aire es de 0,1 por litro. Por tanto las experiencias de siembra con sal deben tratar, por lo menos, de conseguir dicha concentración e incluso superarla en un orden de magnitud. En principio la siembra con sal es más eficaz que la que se lleva a cabo con agua, ya que hace falta menos cantidad de material sembrado, para producir el mismo número de gotas colectoras; sin embargo, con el uso de la sal se presentan problemas prácticos, inexistentes recurriendo al agua; tales son el aglomeramiento de partículas en condiciones de humedad y la corrosión del equipo de siembra. Por otra parte, existe cierta incertidumbre teórica acerca del tiempo que requieren las partículas de sal, de diversos tamaños, para crecer hasta alcanzar el correspondiente a los radios críticos de las gotitas. Tan sólo desde hace muy poco tiempo, parece ser que los resultados de algunas experiencias de siembra con sal son algo esperanzadores.

En las nubes con temperaturas inferiores a los cero grados centígrados existe inestabilidad termodinámica de fase, en virtud de la presencia de gotitas subfundidas; en ellas, una vez que se formen los cristales de hielo, tenderán a crecer rápidamente, por difusión, a expensas de las mencionadas gotitas. Para determinar el desarrollo de precipitación basta la existencia de un cristal de hielo, por litro, en la parte superior de la nube subfundida; a temperaturas de unos —20 °C, e inferiores, tal concentración existe en virtud de la presencia de núcleos naturales; la introducción artificial de cristales de hielo dentro de nubes más calientes, y en la concentración aproximada de uno por litro, es de esperar resulte efectiva con vistas a provocar la precipitación. Naturalmente dicha técnica sería relativamente ineficaz a temperaturas superiores a unos —5 °C, debido a que el proceso de los cristales de hielo es lento (véase fig. 8.2).

Los principales productos utilizados en la siembra, para determinar la formación de cristales de hielo, son el hielo seco (CO_2 sólido) y el ioduro de plata (AgI). La temperatura de equilibrio para la sublimación del CO_2 es de —78 °C, notablemente más baja que la temperatura a la que tiene lugar la congelación homogénea del agua; en consecuencia, inyectando en el interior de una nube sobreenfriada pedazos de hielo seco, del tamaño de un guijarro, al caer determinarán la congelación de una gran parte de las gotitas que encuentren en su trayectoria de descenso. Experiencias de laboratorio han puesto de manifiesto que las partículas de AgI pueden ser introducidas en las nubes en forma de humos producidos en la combustión de ciertos compuestos de plata; aunque su eficacia, como núcleos glaciógenos, viene debilitada por su exposición a la luz solar y posiblemente, por humedecerse a temperatura relativamente alta, tales partículas de AgI han demostrado ser, experimentalmente, focos eficientes de cristales de hielo, por lo menos en ciertas condiciones adecuadas.

Los posibles efectos de los cristales de hielo, producidos artificialmente, en el seno de la nube, dependen de que se trate de una formación de tipo estratiforme o cumuliforme. En el caso especial de una nube estratiforme, cuya cima se encuentra en condiciones de subfusión, pero que no se extiende, por arriba, más allá de la cota correspondiente a los —15 °C, el proceso natural de precipitación puede desarrollarse tan sólo muy lentamente, debido a la escasez de núcleos glaciógenos a temperaturas relativamente altas; en tales nubes la introducción de cristales de hielo, cerca de la cima de la nube, por siembra con AgI o hielo seco, puede dar lugar a que se produzca una precipitación, que de otra forma, no hubiera tenido lugar. La cantidad de precipitación, no obstante, será pequeña debido al bajo contenido acuoso de las nubes frías estratiformes. Ahora bien, si la nube es persistente, en virtud de factores meteorológicos a gran escala, mediante una siembra reiterada cabe la posibilidad de obtener una acumulación importante de precipitación. En las nubes estratiformes cuyas cimas se sitúan por encima de los —15 °C, no es necesaria la siembra para iniciar la precipitación, pero en algunos casos puede recurrirse a ella como forma de alterar ligeramente la zona donde va a caer la lluvia o nieve; por ejemplo, en una divisoria de aguas, en lugar de unas millas más lejos a sotavento.

En el caso de nubes cumuliformes, relativamente pequeñas y de corta vida. el efecto de la siembra consistiría en iniciar ligeramente antes el engelamiento y que tuviera lugar a una cota menor, de lo que ocurriría según el proceso natural; no es evidente que este hecho pueda tener efectos subsiguientes sobre el desarrollo de la nube, salvo en circunstancias muy especiales; todo lo más, la siembra puede dar lugar a que caiga una pequeña cantidad de lluvia o nieve de una nube que, de otra forma, no la hubiera desprendido, o adelantarla un poco, en relación a lo que hubiera ocurrido sin siembra. Las nubes tipo cumulonimbos, grandes y persistentes, siempre producen naturalmente precipitación; en tales casos su siembra con núcleos de hielo no es de esperar afecte a la cantidad de precipitación producida.

El engelamiento va asociado ineludiblemente al desprendimiento del calor latente de fusión, que viene a representar lo que podríamos denominar inestabilidad latente inherente a las nubes subfundidas; dicha inestabilidad puede ser "provocada" por efecto de la siembra con núcleos glaciógenos o hielo seco; contribuirá a incrementar el empuje ascensional de la corriente vertical y puede resultar de crucial importancia en algunas nubes; téngase en cuenta, que en determinadas condiciones, el desarrollo vertical de ciertas nubes cumuliformes suele estar limitado por la presencia de una estrecha inversión térmica superior, y en tal caso, puede suceder que el calor latente adicional, liberado en virtud de la siembra, resulte ser justamente suficiente, en un pequeño número de casos, para permitir que la nube ascienda, a través de la inversión, hasta alcanzar un desarrollo muy superior al que tenía antes.

Disipación de nubes

Alrededor de los aeropuertos, los cielos encapotados por nubes bajas o la presencia de nieblas representan serios riesgos; el problema de disiparlos, mediante siembra, es muy análogo al de producir un aumento de la precipitación; mediante la introducción de grandes partículas o núcleos de hielo, capaces de barrer las gotitas nubosas, se puede conseguir aclarar temporalmente la zona en cuestión. Con tal objeto se han empleado, con cierto éxito, tanto el ioduro de plata, como el hielo seco en el tratamiento de nieblas o nubes bajas, subfundidas o sobreenfriadas. Las nieblas calientes resultan más difíciles de tratar con vistas a su disipación; desde 1938 se han venido realizando ensayos (Houghton y Radford) recurriendo al empleo de sal común y pulverización o atomización, sin que hasta el momento exista ningún sistema operativo en tal sentido. También es un problema que todavía no ha encontrado solución, el caso de la niebla helada que es un fenómeno invernal propio de algunas localidades situadas muy al norte.

Supresión del granizo

En relación a la lucha contra el granizo, mediante siembra de nubes con núcleos de hielo o glaciógenos, existen dos argumentaciones o puntos de vista. El primero entraña el engelamiento de, prácticamente, todas las gotitas subfundidas, existentes en las partes superiores de una nube tipo cumulonimbos, potencialmente, productora de granizo; de dicha forma, evidentemente, quedaría imposibilitado todo posible crecimiento por acreción, y con ello se eliminaría cualquier posibilidad de formación de grandes partículas de granizo. Ahora bien, aunque la eficiencia del AgI, como agente nucleante, se supone muy elevada, y aun aceptando la cifra típica de que un gramo de AgI da lugar a 10^{14} núcleos, a —20 °C, la cantidad de material necesario para congelar una nube es excesiva y queda muy por encima de las posibilidades de cualquier sistema de siembra de uso corriente.

El segundo punto de vista, mucho más modesto en cuanto al material de siembra requerido, implica, tan sólo, la adición de núcleos de hielo en una región limitada de la nube, donde se cree que el ritmo de crecimiento del granizo es más acusado. Los científicos soviéticos suponen que tal región se encuentra en la parte superior de la nube, donde, en ocasiones, se ha observado un máximo en la reflectibilidad del radar; en consecuencia, siembran dicha zona con AgI, incorporado a proyectiles de artillería y, según afirman, los resultados logrados, en relación a la supresión del granizo, son espectaculares. La razón de la gran efectividad que, aparentemente, se consigue con tal técnica, por el momento, no está muy clara.

Una variante de la técnica soviética consiste en agregar núcleos de hielo en una zona más baja en la que se presume existe el área principal de la corriente ascensional; esta región contiene los núcleos de hielo naturales o partículas de precipitación, constituyendo todos ellos posibles embriones o gérmenes de granizo. Con la introducción de núcleos artificiales, se considera que debido a una estrecha competición, entre todos ellos, para captar el agua disponible, resulta improbable que algún pedrisco logre crecer hasta alcanzar un tamaño grande. Por lo tanto, lo que se pretende lograr es que se origine un gran número de piedras pequeñas, en lugar de un número mucho menor, pero de gran tamaño; hay que tener en cuenta que el pedrisco tiene una gran probabilidad de fundir, antes de llegar al suelo, o en todo caso siempre causará daños menores que el pedrisco de tamaño mayor.

Problemas

1. Uno de los métodos propuestos para la supresión del granizo, consiste en la siembra, con núcleos de hielo, de la tormenta y en aquella zona donde existe la corriente vertical ascendente y en la que se originan los cristales de hielo naturales que en su desarrollo, dan lugar al pedrisco. Esta idea supone que los gérmenes artificiales de granizo, juntamente con los naturales, crecerán en la corriente ascendente, formando nieve granulada o granizo blando, lo que dará lugar a una fuerte concentración de pequeños pedriscos en una región de la nube de elevado contenido acuoso y donde, normalmente, el crecimiento por acreción sería más rápido. Dichas partículas pequeñas de granizo competirán entre sí para captar el contenido acuoso existente, y si su concentración es elevada, ninguna será capaz de crecer hasta alcanzar un tamaño grande y convertirse en pedrisco peligroso. La cuestión crucial en este problema es la de saber cuántos gérmenes artificiales hay que introducir.

   Una forma de afrontar el problema consiste en comparar, a una determinada altura, la velocidad a la que el agua va liberándose por condensación, en la corriente ascensional, con la velocidad a que va siendo consumida por acreción. Cuando la concentración de las partículas pequeñas de pedrisco supera a cierto valor crítico, el ritmo de consumo superará al de producción; este valor puede considerarse como la *mínima* concentración de pedrisco o partículas de granizo necesaria para que la técnica de supresión sea efectiva.

   Establecer las ecuaciones necesarias para analizar el problema desde el punto de vista expuesto y calcular las concentraciones mínimas de pedrisco necesarias, bajo las siguientes condiciones supuestas:

   (a) Todas las partículas de pedrisco tienen el mismo tamaño, pues se suponen esféricas y de 2 mm de diámetro, y su velocidad terminal de caída es de 8 m/s.
   (b) La altura es de unos 18 000 pies (presión 500 mb).
   (c) Velocidad de la corriente ascensional 25 m/s.
   (d) El crecimiento por sublimación es despreciable.
   (e) Contenido acuoso de la nube 6 g/m^3.
   (f) Eficiencia de captura igual a la unidad.

2. La parte de una nube convectiva que se encuentra en subfusión se está convirtiendo rápidamente en hielo al ser sembrada con un material que provoca el engelamiento. Al nivel de los 600 mb la temperatura inicial de la nube es de —20 °C y el contenido acuoso es de 3 g/kg. Calcular el aumento total de temperatura que tendrá lugar en dicho nivel, como resultado del completo engelamiento del líquido existente en la nube.

   En la siguiente tabla se dan las razones de mezcla, correspondientes a la saturación, sobre hielo y agua, a 600 mb, para diversas temperaturas:

T (°C)	w_s (g/kg)	w_i (g/kg)
—23	1,002	0,800
—22	1,094	0,883
—21	1,194	0,973
—20	1,303	1,072
—19	1,420	1,179
—18	1,546	1,296
—17	1,682	1,425
—16	1,824	1,565

CAPÍTULO 14

MODELOS NUMÉRICOS DE NUBES

La formación de la mayor parte de las nubes tiene lugar en asociación con la expansión y el enfriamiento del aire ascendente; la única excepción importante es la constituida por la niebla, algunas variedades de la cual se producen por enfriamiento radiativo del aire en la proximidad del suelo, o por mezcla de masas de aire a distinta temperatura. En el caso de nubes estratiformes, el ascenso viene determinado por procesos a gran escala, tales como la ascensión que tiene lugar a lo largo de una superficie frontal inclinada, o la lenta subida en un campo de convergencia, a escala ciclónica. En las nubes cumuliformes, por los movimientos verticales ascensionales debidos a la convección en aire inestable.

Los movimientos del aire, a gran escala, se interpretán por medio de las ecuaciones de meteorología dinámica, pero la convección no resulta tan bien comprendida, en virtud de la importancia adicional que adquieren los efectos de la turbulencia a pequeña escala. Cuando, además, existen nubes, los movimientos del aire resultan todavía más difíciles de ser descritos matemáticamente, debido al calor latente que acompaña a las transcisiones de fase, así como al arrastre ejercido por el material condensado sobre el aire. A pesar de todo, durante la pasada década han sido desarrollados modelos teóricos de nubes, especialmente convectivas, que son capaces de interpretar, en algunos aspectos, el comportamiento de las nubes naturales. Estos modelos, como parte importante que son del área de investigación meteorológica corriente, están siendo objeto de constantes refinamientos y mejoras.

En los modelos deben de ser tenidos en cuenta tres tipos de procesos: dinámicos, termodinámicos y de física de las nubes; la mayor parte son aceptablemente bien comprendidos, pero el problema reside en conseguir expresarlos por medio de un sistema de ecuaciones diferenciales capaz de ser resuelto. Las ecuaciones resultantes tan sólo pueden ser abordadas numéricamente, y ésta es una de las dificultades con que hay que contar en la modelación teórica de las nubes, pues hay que dedicar considerable esfuerzo a conseguir que las soluciones sean independientes de las aproximaciones numéricas particulares, utilizadas en cada caso. Otra notable dificultad reside en el hecho de que el proceso dinámico de mezcla, entre la nube y el aire exterior, no resulta adecuado ni completamente comprendido. Los efectos de mezcla son incluidos en algunos modelos, pero a menudo mediante aproximaciones empíricas o bastante arbitrarias.

La investigación, en general, ha sido orientada hacia la simulación de una nube única, aislada y de tipo cumuliforme; esto permite tratar la nube como si fuera independiente de su contorno ambiental, aunque en realidad las nubes naturales pueden influenciarse mutuamente; incluso con esta aproximación, el volumen de espacio que tiene que ser considerado (y al que hay que extender los cálculos) es del orden de 5×10^{10} m^3, o mayor, y además puede ser deseable estudiar la nube, en su fase de desarrollo, a lo largo de algunas decenas de minutos. Las magnitudes calculadas (p.e. temperatura, velocidad del aire, contenido acuoso de la nube) mediante proceso numérico son determinadas, para los puntos de una red, en el espacio y tiempo; evidentemente, el tiempo de cómputo, requerido por el ordenador para llevar a cabo una simulación, aumenta rápidamente con el número de puntos de la red; con objeto de mantenerlo aceptablemente corto, hay que reducir el número de puntos utilizados y llevar a cabo otras simplificaciones; con ello, inevitablemente, se introduce incertidumbre. Por ejemplo, aunque la mayor parte de la energía en los movimientos turbulentos de la nube está concentrada en remolinos o irregularidades de dimensiones inferiores a los 100 metros, el espaciado de la red, en la mayoría de los modelos, es superior a los 100 metros; los pequeños remolinos son los responsables del proceso de mezcla, pero no podrán ser puestos de manifiesto en una red normal; existe una constante preocupación acerca de cómo puede lograrse simular los efectos de la turbulencia, sin tener que recurrir a la propia estructura del remolino. Otra forma de conseguir una reducción en el tiempo de cómputo necesario, es considerar una nube en una, o dos, dimensiones, en lugar de las tres reales; naturalmente, también esto conduce a nueva incertidumbre, debido a la creciente evidencia obtenida, en el sentido de que los modelos de dimensiones inferiores a tres no son capaces de tener en cuenta los efectos dinámicos.

El propósito de este capítulo es resumir los fundamentos de la simulación de las nubes e ilustrar unos pocos resultados obtenidos. Aunque los detalles del cálculo numérico representan una parte importante del tema no los incluimos; el lector interesado en este tipo de información puede recurrir a las referencias bibliográficas. Por razones de conveniencia, los modelos se clasifican de acuerdo con el número de las dimensiones espaciales consideradas, y de la diversa complejidad que admitan en relación a los procesos de física de las nubes tenidos en cuenta.

Modelos unidimesionales con microfísica simplificada

En las nubes cumuliformes existe una fuerte interacción entre su dinámica y su microfísica; la corriente vertical ascendente controla el desarrollo de la precipitación, pero con su crecimiento y posterior caída, la precipitación interfiere con la corriente ascendente. Estas interacciones fueron simuladas, por primera vez, en modelos unidimensionales de nubes, en los que tanto la dinámica como la microfísica fueron simplificadas. Las magnitudes, o parámetros, de la nube, se supone que sólo varían en la vertical y con la altura; las condiciones ambientales se admite que no varían con el tiempo; se desprecia también el engelamiento; el agua puede existir en forma de vapor, agua nubosa y agua de lluvia; no se especifican los tamaños de las gotas nubosas, ni de las de lluvia, pero se admite que las primeras se mueven directamente con el aire, mientras las segundas caen, respecto al aire, con una velocidad que depende de la cantidad de agua de lluvia existente por unidad de volumen. Se ignoran los detalles relativos a los procesos de condensación: cualquier exceso de vapor, respecto al valor de equilibrio, se supone condensa en forma de agua nubosa (gotitas de nube), y análogamente, cualquier déficit, por debajo del equilibrio, se compensa por evaporación del agua condensada existente. Se desprecia la coalescencia, y se supone que el agua de la nube se convierte espontáneamente en agua de lluvia, tan pronto como se supera un cierto valor umbral del contenido acuoso de la nube.

Un modelo representativo, de este tipo, es el que fue desarrollado por Srivastava (1967); con las diversas aproximaciones supuestas, el modelo se reduce a un sistema de cinco ecuaciones, con otras tantas incógnitas: la velocidad vertical U, temperatura T, y las razones de mezcla del vapor X, del contenido acuoso de la nube W, y del agua de lluvia R. Cada una de estas magnitudes es función de la altura y del tiempo. Las ecuaciones que rigen el proceso, según la nueva formulación de Harris (1969), son las siguientes:

Velocidad: $$\frac{\partial U}{\partial t} = -U\frac{\partial U}{\partial z} + gB - g(W+R), \qquad (14.1)$$

donde $B = (T - T')/T'$, siendo $T(z,t)$ la temperatura en la nube, y $T'(z)$ la temperatura ambiental. El tercer término de la derecha representa la disminución del empuje ascencional provocado por el peso del agua condensada; sin este término, la (14.1) sería, simplemente, la ecuación de movimiento de un paquete o burbuja de aire nuboso, bajo la acción del empuje.

Vapor de agua:

$$\frac{\partial X}{\partial t} = -U\frac{\partial X}{\partial z} + E, \qquad (14.2)$$

donde E es un término de evaporación que puede ser positivo o negativo.

Agua nubosa:

$$\frac{\partial W}{\partial t} = -U\frac{\partial W}{\partial z} - E_1 - P, \qquad (14.3)$$

donde E_1 es un término que expresa la evaporación o condensación en la nube, y P otro que describe la producción de lluvia, a partir de la nube, por coalescencia espontánea (denominada autoconversión) y por acreción.

Agua de lluvia:

$$\frac{\partial R}{\partial t} = -U\frac{\partial R}{\partial z} - \frac{1}{\rho}\frac{\partial}{\partial z}(\rho R V) - E_2, \qquad (14.4)$$

donde E_2 es un término que expresa la velocidad de evaporación del agua de lluvia. En el segundo término, ρ es la densidad del aire y V la velocidad de caída efectiva de la lluvia; este término representa la divergencia vertical del agua de lluvia.

Temperatura:

$$\frac{\partial T}{\partial t} = -U\frac{\partial T}{\partial z} - U\Gamma - \frac{L}{c_p}E, \qquad (14.5)$$

Donde $E = E_1 + E_2$ es el factor de evaporación que también aparecía en (14.2), y Γ es el gradiente adiabático seco.

Los factores E_1, E_2, V y P fueron expresados por Kessler (1959, 1969) como funciones de las otras variables dependientes del sistema, en virtud de razones empíricas acerca de la distribución, por tamaños, de las gotas, velocidades de caída y la conversión de la nube en lluvia; con ello se simplifican mucho los cálculos y se hace innecesario considerar la existencia de gotas de diferentes tamaños. Tales parametrizaciones han sido empleadas, directamente o en forma modificada, en la mayoría de los modelos más sencillos, incluyendo el de Srivastava.

Las ecuaciones (14.1) -(14.5) fueron resueltas, por Srivastava, para distintas combinaciones de las condiciones e hipótesis iniciales. La figura 14.1 nos da los resultados obtenidos en un caso en el que se daban las siguientes condiciones iniciales: los perfiles iniciales de la corriente ascendente y del contenido acuoso de la nube, vienen dados por las soluciones, en condiciones estacionarias, de las ecuaciones (14.1) y (14.3), en las que *R* se hace igual a cero; inicialmente no existe lluvia; *U* y *W* son inicialmente nulos en la base de la nube; *U* es nulo junto al suelo y mantiene dicho valor inicial. El sondeo térmico ambiental es representativo de una condición propicia para que se produzca lluvia convectiva en climas cálidos, con una temperatura de 4 °C en la base de la nube y un gradiente térmico de 6,8 °C/km. A todos los niveles, con excepción de la misma cima de la nube, la corriente vertical ascendente es máxima al principio, cuando aún no existe lluvia; ésta se desarrolla durante los primeros diez minutos, a expensas del contenido acuoso de la nube y en todo el seno de la misma, aunque el máximo, en la producción de lluvia, se sitúa en la parte superior de la nube, donde el contenido acuoso era, inicialmente, máximo; a los 15 y 25 minutos la

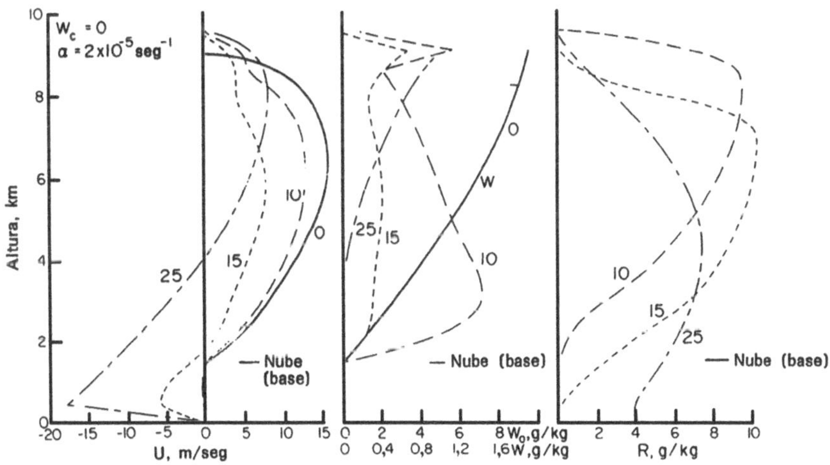

FIG. 14.1. Resultados de los cálculos relativos a un modelo unidimensional de nube; pueden verse el perfil vertical de la corriente ascendente (izquierda), la razón de mezcla para el agua nubosa (centro) y para el agua de lluvia (derecha), en los tiempos que se indican, en minutos. Adviértase que se usan escalas distintas para el contenido acuoso de la nube inicial (W_o) y en los subsiguientes tiempos (W). (De Srivastava, 1967.)

lluvia ha descendido, creando con ello una corriente vertical descendente a bajos niveles.

En la figura 14.2 puede verse la interacción entre el contenido acuoso y la velocidad vertical; para las dos alturas consideradas, la velocidad de la corriente ascendente se debilita a medida que el contenido acuoso aumenta; después de que este último pasa por un valor máximo, la velocidad ascencional puede crecer, pero esto, a su vez, determina un aumento en el ritmo de producción de agua. Así pues, la realimentación actúa de forma que la variación del contenido acuoso, a un determinado nivel, sigue con cierto retraso a la correspondiente a la corriente ascensional.

Modelos unidimensionales con microfísica más compleja

Aunque los modelos unidimensionales pueden justificar tan sólo toscamente los procesos dinámicos, cabe incluir en ellos más detalles acerca de los procesos microfísicos y, a pesar de ello, conseguir que requieran menor tiempo computacional que en los modelos multidimensionales. Por ejemplo, Ogura y Takahashi (1971) desarrollaron un modelo, para una célula tormentosa, en el que se incluía la fase hielo; de esta forma, además de los efectos considerados por Srivastava, se incluían el engelamiento, la sublimación y la fusión; sin embargo, tampoco se tenía en consideración, de forma específica, la existencia de partículas de distintos ta-

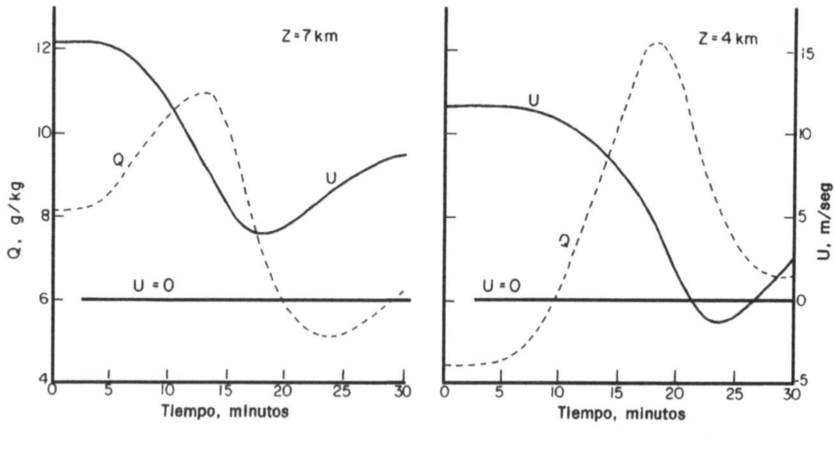

FIG. 14.2. Variación con el tiempo de la velocidad ascensional U y del contenido total Q (nube + lluvia), para alturas de 7 km (izquierda) y de 4 km (derecha). (De Srivastava, 1967.)

maños; para tratar de un modo aproximado la microfísica del problema, se recurría a una parametrización similar a la de Kessler; por otra parte, mientras en el modelo de Srivastava no se intentaba simular la mezcla por arrastre, Ogura y Takahashi incluyeron un término de arrastre que es inversamente proporcional a la extensión horizontal del paquete o burbuja sobre la que actúa el empuje hidrostático.

En la figura 14.3 se dan los resultados para un caso típico; el modelo se inicia por una pequeña perturbación de velocidad que tiene lugar cerca de la base de la nube, y como la atmósfera se encuentra en condiciones de inestabilidad condicional, la perturbación se amplifica y la corriente ascensional se intensifica, durante los primeros 35 minutos; el agua que va condensándose determina una

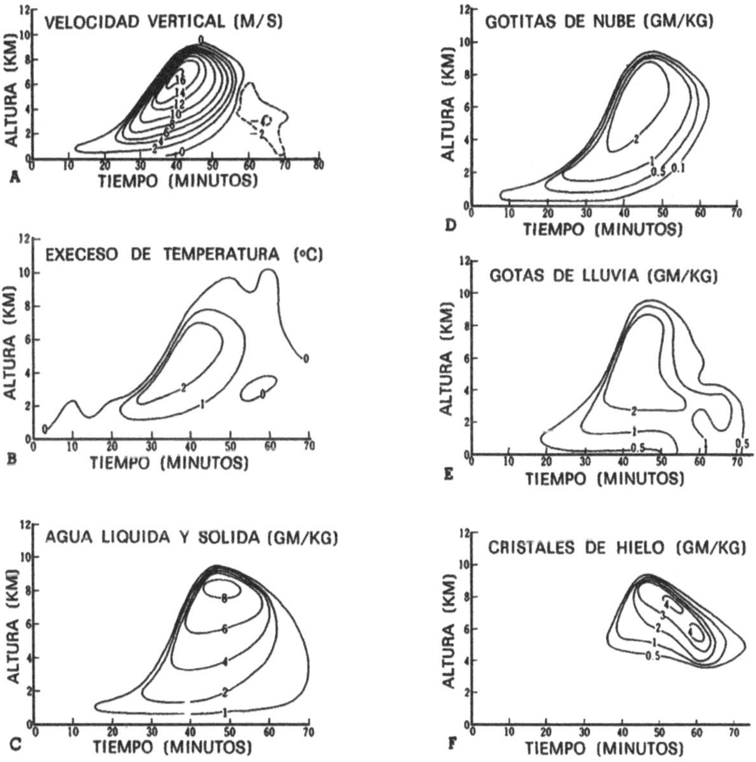

FIG. 14.3. Resultados obtenidos en un modelo unidimensional de nube, en el que se ha incluido microfísica relativa a la fase hielo; secciones transversales, tiempo-altura, de las magnitudes que se indican. (De Ogura y Takahashi, 1971.)

disminución del empuje, hasta que finalmente, al cabo de una hora, conduce a la formación de corrientes verticales descendentes. Este modelo simula, de un modo satisfactoriamente aproximado, algunas de las características observadas en las células tormentosas, y en particular la forma general de su ciclo vital, incluyendo las fases de desarrollo, madurez y disipación, así como los valores de magnitudes tales como velocidad ascensional y contenido acuoso. Ogura y Takahashi encontraron que el parámetro más importante, con vistas a la determinación del ciclo vital de la célula nubosa, es la velocidad a que tiene lugar la conversión de gotas de nube en gotas de lluvia; también es importante el proceso de engelamiento, que tiende a aumentar tanto al máximo de la corriente ascensional, como al de la intensidad de la precipitación junto al suelo; en cambio, la evaporación y la sublimación eran de poca importancia.

Danielsen y otros (1972) han desarrollado un modelo de nube que todavía incluye más detalles relativos a la microfísica; en el mismo se consideran tanto la fase agua como la de hielo y también se incluyen, explícitamente, las distribuciones, por tamaños, de las gotas y partículas de hielo. Tan sólo hay que especificar la distribución inicial de gotitas en la base de la nube; a partir del mismo, prosigue el desarrollo por condensación, coalescencia estocástica y engelamiento. La distribución de las gotas de agua viene definida por 31 categorías de tamaños, dispuestos logarítmicamente desde 2,5 micras a 2,5 mm de radio, con nueve categorías adicionales, correspondientes a partículas de hielo, hasta un radio de 2 cm. Con este tipo de distribución que acabamos de citar, no es necesario recurrir a parametrizaciones para autoconversión, condensación y evaporación, y la importante conversión de la nube en lluvia puede ser determinada con mayor precisión que en los modelos parametrizados más sencillos. El efecto de arrastre viene simulado por un método análogo al de Ogura y Takahashi, y el fraccionamiento de las gotas también logra simularse obligando a que las distribuciones por tamaños, para las gotas mayores, tiendan hacia la forma exponencial, con exponente negativo, de Marshall-Palmer. Para la simulación del engelamiento se recurre a un método empírico: el engelamiento es posible tan pronto como la temperatura de las gotas es inferior a los -7 °C, en cuyo caso las gotas mayores congelan primeramente, pero todas las gotas están congeladas cuando $T < -45$ °C.

La figura 14.4 muestra algunos de los resultados obtenidos por Danielsen y otros, para un caso en que la nube simulada corresponde, muy aproximadamente, a una nube tormentosa, con granizo, realmente observada; se encontró que el crecimiento del granizo, en el modelo, depende de las velocidades de la corriente vertical ascendente, de la distribución inicial de gotitas, de la razón de mezcla en superficie, así como de la altura, sobre la base de la nube, a la que se inicia el congelamiento de las gotas. La formación del pedrisco resulta favorecida en los casos en que el espectro inicial de las gotas es de tipo ancho, y existe, además, un máximo de la velocidad ascensional oscilando entre los 15 y 30 m/s. La zona de la nube en que tiene lugar el máximo desarrollo del granizo es aquella en la

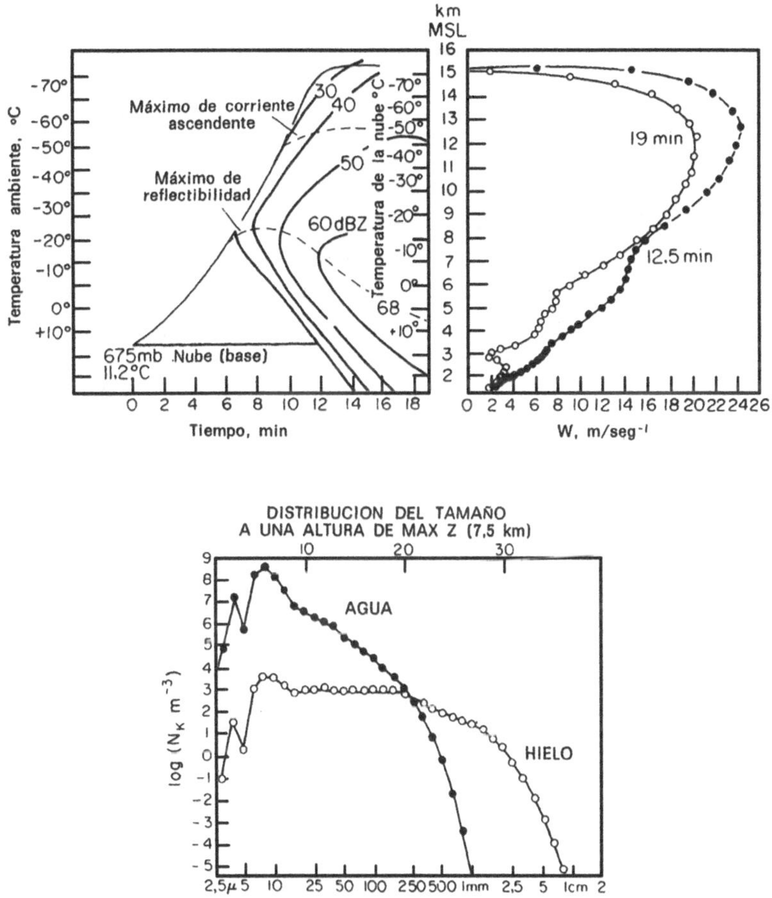

FIG. 14.4. Resultados obtenidos a partir de un modelo que incluye bastantes detalles microfísicos: arriba, esquema tiempo-altura de la reflectibilidad del radar y perfiles de corriente ascendente; abajo, distribución por tamaño de las gotas de agua y de las partículas de hielo, al nivel de máxima reflectibilidad. (De Danielsen y otros, 1972.)

que exista una mezcla de fases, y se encuentra situada debajo del máximo de la velocidad ascensional.

Modelos nubosos de dos dimensiones

En las nubes convectivas de vida larga, la corriente vertical descendente resulta desplazada, horizontalmente, respecto a la ascensional, debido al efecto de cizalla del viento sobre las trayectorias de las partículas que constituyen la precipitación. Naturalmente, los modelos unidimensionales no pueden contener la cizalla vertical del viento ambiental, y por tanto son incapaces de justificar una característica tan importante de las nubes tormentosas. Por esta razón, un cierto número de investigadores han ideado modelos de dos dimensiones en los que puedan ser valorados los efectos de la cizalla ambiental, en el desarrollo de la nube. En la mayoría de ellos se parte de una supuesta velocidad de conversión de nube en lluvia, y los procesos microfísicos son parametrizados. Una excepción la constituye el modelo de Takeda (1971), en el cual los procesos microfísicos reciben un tratamiento más realístico, aunque se desprecie la fase hielo.

En dos dimensiones, las magnitudes se calculan, en función del tiempo, para un plano vertical, en lugar de hacerlo como antes, simplemente, a lo largo de la vertical; en dicho plano se calculan también tanto la componente vertical como la horizontal de la velocidad; se supone que no hay flujo a través del plano, y que ninguna magnitud varía según una dirección normal al plano. Como el flujo queda limitado a dos dimensiones, cabe expresar las componentes de la velocidad mediante una única función de corriente, lo que viene a simplicar los cálculos. También se logra simplificación adicional combinando las dos ecuaciones de movimiento en una sola: la de vorticidad, aunque, naturalmente, se requieren otras ecuaciones adicionales, para la descripción de los procesos termodinámicos y los de física de la nube.

En el modelo de Takeda, la distribución, por tamaños, de las gotas de agua, se describe mediante siete valores discretos de los radios; de esta distribución resultan directamente calculables, el contenido acuoso de la nube y del agua de lluvia, la intensidad de la precipitación y la reflectibilidad del radar. El modelo incluye: condensación, evaporación, coalescencia estocástica, fraccionamiento espontáneo de las gotas, y velocidad de caída de las mismas, respecto al aire. La difusión viene simulada dinámicamente mediante la inclusión de un coeficiente de difusión turbulenta en las correspondientes ecuaciones.

La convección se provoca mediante una perturbación inicial de temperatura, de extensión e intensidad especificadas. Aunque el interés principal se concentraba en los efectos del viento ambiental, Takeda experimentó también con diferentes valores de la estabilidad del medio y de la perturbación inicial. Encontró que las nubes pueden agruparse en tres tipos, de acuerdo con la forma en que tiene lugar su desarrollo: tipo 1, es aquel en el que la nueva nube se desarrolla alrededor de otra que se está disipando; tipo 2, en el que la nube es de corta persistencia, y tipo 3 en el que la nube persiste durante mucho tiempo.

Las nubes del tipo 1 se desarrollan en la atmósfera cuando existe en ella suficiente inestabilidad y es débil la cizalla del viento ambiental; en la nube inicial se origina una corriente descendente, debida al efecto de la precipitación y al enfriamiento producido por la evaporación; la corriente de aire frío, unida al aire descendente, se extiende hacia fuera, junto al suelo, lo que da lugar a la subida del aire situado alrededor, estimulándose, así, el desarrollo de la nueva nube convectiva.

Si el viento presenta fuerte cizalla en la vertical y su velocidad aumenta uniforme y continuamente con la altura, la nube inicial presenta una inclinación en el mismo sentido que la cizalla; la corriente vertical descendente, provocada por la caída de la precipitación, se forma sobre el lado inferior de la cizalla nubosa, y la corriente convectiva ascendente resulta ladeada o inclinada por la cizalla vertical del viento; esta estructuración da lugar a que se intensifique la cizalla vertical en el borde de la nube correspondiente a la parte inferior de la cizalla. En consecuencia, aunque fueron iniciadas por el flujo de aire frío saliente, las nuevas corrientes ascendentes resultan amortiguadas por la intensificación de la cizalla, antes de que puedan dar lugar a una circulación nubosa convectiva; por lo tanto, la nube tendrá una corta duración.

Cuando el perfil del viento contiene una corriente en chorro, o un valor extremo a bajos niveles, dando lugar a que los vectores cizalla, por debajo y por encima de dicho nivel, tengan sentido opuesto, ocurrirá que tanto las distribuciones del contenido de agua de lluvia, como de las corrientes ascendentes estarán ambas inclinadas en la dirección de la cizalla inferior. El agua de lluvia resulta desplazada, respecto a la corriente ascendente, en la dirección del chorro, dando lugar a la formación de una corriente ascendente; la cúpula de aire frío que dicha corriente descendente produce, crea, a su vez, una nueva corriente ascendente en la vecindad de la de ascensión inicial; en estas circunstancias, la corriente vertical y la descendente forman una circulación organizada que puede persistir mucho tiempo. La nube convectiva representa una situación estacionaria, y se dice de la misma que es de larga duración. Cuando la altura de la corriente en

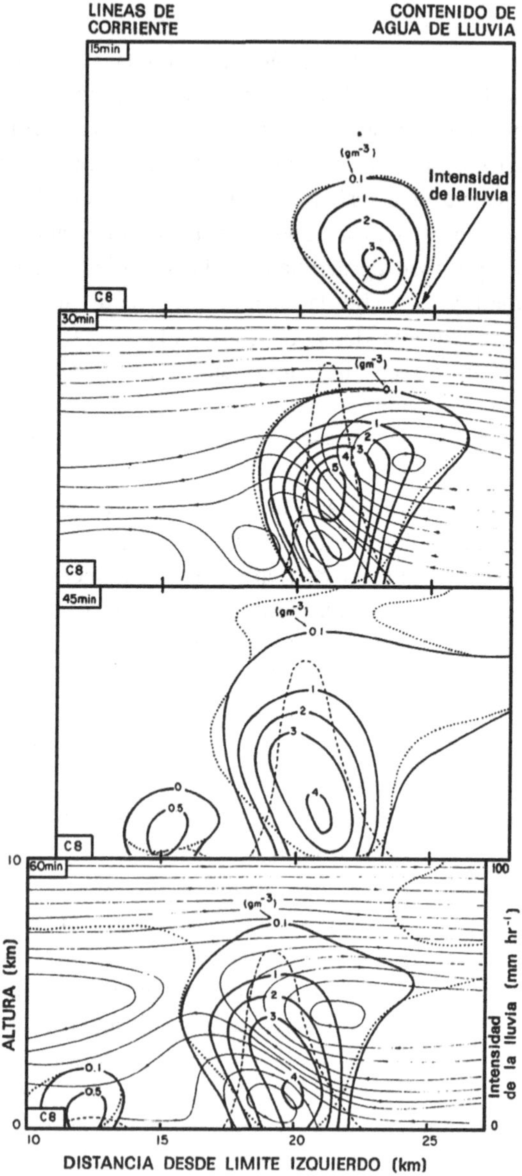

FIG. 14.5. Contenido en agua de lluvia (g/m³) y líneas de corriente en un modelo bidimensional, simulando una nube con precipitación que se desarrolla en un medio con cizalla. La línea discontinua indica intensidad de precipitación al nivel de 500 m, y las de puntos corresponden al contorno de la nube. (De Takeda, 1971.)

chorro es demasiado baja, o demasiado alta, tiene poca influencia sobre la convección y, en consecuencia, la nube que se desarrolla es del tipo 2.

En la figura 14.5 se representan el contenido de agua de lluvia y las líneas de corriente, para una nube del tipo 3, en una atmósfera ambiental que presenta una corriente en chorro, a bajo nivel, situada a unos 2,5 km de altura. A los 30 minutos, vemos ya formada la corriente vertical descendente, debida a la precipitación, a la izquierda de la corriente ascendente; esto da lugar a un movimiento vertical ascendente, a bajo nivel, y a la izquierda de la nube, lo que determina la formación de una pequeña nube de lluvia a los 45 minutos; esta pequeña nube ya no se desarrolla más, y a los 60 minutos la estructura de la nube inicial es análoga a la observada a los 30 minutos.

Takeda fue de los primeros que incluyeron la reflectibilidad, respecto al radar, en un modelo de nube; el cálculo de dicha magnitud resulta muy interesante debido a que a menudo, es el único término de comparación de la estructura real de la nube, con las predicciones del modelo. Las reflectibilidades calculadas por Takeda resultan estar en buen acuerdo con las observadas en grandes nubes convectivas, tanto en magnitud, como en tiempo y estructura espacial.

Modelos tridimensionales

Aunque los bidimensionales son más realísticos que los de una sola dimensión, también es cierto que presentan ciertos inconvenientes; el hecho de que el flujo quede confinado, a un plano, significa que la circulación debe cerrarse en el plano paralelo al viento, es decir que la corriente forzada descendente debe tener lugar en el mismo plano que la ascendente inicial. En la atmósfera, desde luego, el campo del viento es realmente más complejo, y las circulaciones observadas en las grandes nubes convectivas son siempre notablemente tridimensionales, con flujo entrante, a bajo nivel, originado en un plano distinto del correspondiente al del saliente superior. Hablando estrictamente, los modelos bidimensionales son capaces de simular, tan sólo, nubes en forma de rollo o rodillo, en las que la mayor parte de las variaciones quedan confinadas al plano vertical, perpendicular al eje de la nube. Aparte de las cuestiones de realismo, existen dudas acerca de si la circulación que se desarrolla en los modelos bidimensionales tendría, efectivamente, lugar en el caso de que fueran posibles los movimientos según la tercera dimensión.

Los modelos tridimensionales más sencillos admiten la existencia de la simetría axial; en ellos se utilizan las coordenadas cilíndricas, y todas las variables dependientes se mantienen constantes respecto al ángulo exterior medido a partir del eje vertical. La circulación, en tres dimensiones, puede representarse por tanto, mediante una red bidimensional de puntos. Murray y Koenig (1972) utilizaron este tipo de modelo para investigar los efectos de los procesos microfísicos parametrizados, sobre el desarrollo de los cúmulos; llegaron a la conclusión de que la evaporación era uno de los procesos que más afectaba al comportamiento de la nube. Mientras la nube experimenta el desarrollo, el ascenso y la evaporación que se registran en la cima de aquélla, dan lugar a que se forme un casquete frío, y este aire, seco y frío, va descendiendo por el borde de la nube y mezclándose con aire nuboso, origina más evaporación y enfriamiento. El crecimiento de tal casquete de aire frío y denso, eventualmente llega a determinar la paralización del desarrollo vertical de la nube. La evaporación de la lluvia que está cayendo por debajo de la base de la nube establece una corriente vertical descendente y una célula de circulación relativamente intensa. Lejos del eje de la nube, dicha corriente descendente se extiende hasta niveles más elevados que junto al eje, dando lugar al corte del flujo entrante por la parte inferior de la nube, pero permitiéndolo a niveles medios; transcurridos unos 30 minutos todo el flujo entrante queda cortado y en consecuencia, la nube inicia su disipación.

Los modelos con simetría axial no son capaces de incluir la cizalla del viento ambiental; resultan adecuados para la simulación de nubes convectivas constituidas por una sola célula, del tipo de las que se forman en un medio exento de cizalla pero son incapaces de simular nubes convectivas, grandes y persistentes, en las que la presencia de la cizalla del viento juega un papel esencial. Todavía no ha sido desarrollado un modelo totalmente tridimensional, incluyendo precipitación, si bien Steiner (1973) ha dado el primer paso significativo en tal camino, elaborando un modelo tridimensional de una nube sin precipitación.

La figura 14.6 muestra la estructura de la velocidad vertical y contenido acuoso de la nube, en el caso de que el desarrollo de la misma tenga lugar en un medio en el que existe cizalla. La nube se inicia por una perturbación en el campo de la humedad, definida por una región en que la temperatura virtual es anormalmente alta. El sondeo ambiental es representativo de condiciones marítimas, en las que los cúmulos producen escasas o nulas, precipitaciones. La corriente vertical descendente más intensa se desarrolla cerca de la cima y en el lado derecho de la nube (borde inferior de la cizalla). En dicha zona, debido a la gran proximidad existente entre los máximos de las corrientes verticales ascendente y descendente, se crea una región de fuerte mezcla entre la nube y el

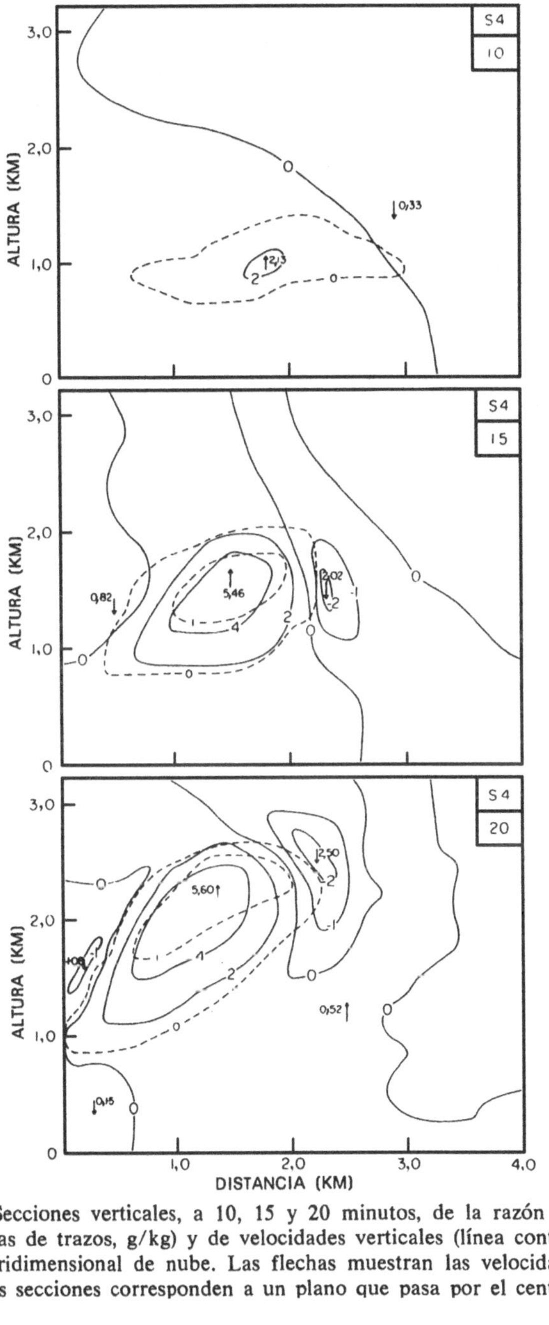

FIG. 14.6. Secciones verticales, a 10, 15 y 20 minutos, de la razón de mezcla en la nube (líneas de trazos, g/kg) y de velocidades verticales (línea continua, m/s) en un modelo tridimensional de nube. Las flechas muestran las velocidades verticales extremas. Las secciones corresponden a un plano que pasa por el centro de la nube

aire ambiente, a nivel superior y borde inferior de la cizalla. Comparando el desarrollo de las nubes, en flujos con y sin cizalla, Steiner encontró que la cizalla determina un amortiguamiento del desarrollo convectivo, si bien, por otra parte, la existencia de cizalla motiva la transferencia de energía cinética desde el flujo general medio al movimiento convectivo.

Con objeto de valorar la importancia de la inclusión de la tercera dimensión, Steiner llevó a cabo cálculos, con las mismas condiciones ambientales, como en el caso de la figura 14.6, pero reduciendo la extensión de la red, en sentido perpendicular a la cizalla, a un solo intervalo de longitud o espaciado; con ello, de hecho, la red tridimensional queda contraída en otra de dos dimensiones; dicho cambio da lugar a una diferencia importante en el comportamiento de la nube; en dos dimensiones, la magnitud de las velocidades verticales quedaba reducida y la cuantía, y a veces incluso el sentido, de las conversiones energéticas eran distintas. Aunque resulta posible, con modelos sencillos, investigar el desarrollo de la precipitación y hasta cierto punto, las interacciones entre la dinámica y la microfísica de la nube, es evidente que para poder simular correctamente la dinámica es preciso recurrir a modelos tridimensionales.

BIBLIOGRAFÍA

AUFM KAMPE, H. J., y H. K. WEICKMANN (1957) *Physics of Clouds*. Meteor. Monograph, Vol. 3, No. 18. American Meteorological Society, Boston, pp. 182–225.

AUSTIN, P. M., y R. A. HOUZE (1972) Analysis of the structure of precipitation patterns in New England. *J. Appl. Meteor.* **11**, 926–935.

AUSTIN, P. M., y M. J. KRAUS (1968) Snowflake aggregation—a numerical model. *Proc. Intl. Conf. on Cloud Phys.*, Toronto, pp. 300–304.

BATTAN, L. J. (1973) *Radar Observation of the Atmosphere*. University of Chicago Press, 324 pp.

BATTAN, L. J., y J. B. THEISS (1966) Observations of vertical motions and particle sizes in a thunderstorm. *J. Atmos. Sci.* **23**, 78–87.

BIGG, E. K. y J. GUITRONICH (1967) Ice nucleating properties of meteoric material. *J. Atmos. Sci.* **24**, 46–49.

BOROVIKOV, A. M., A. KH. KHRGIAN and others (1961) *Cloud Physics*. U.S. Dept. of Commerce, Washington D.C., 392 pp.

BRAHAM, R. R. (1952) The water and energy budgets of the thunderstorm and their relation to thunderstorm development. *J. Meteor.* **9**, 227–242.

BRAHAM, R. R. (1963) Phloroglucinol seeding of undercooled clouds. *J. Atmos. Sci.* **20**, 563–568.

BRAHAM, R. R. (1968) Meteorological bases for precipitation development. *Bull. Amer. Meteor. Soc.* **49**, 343–353.

BRAZIER-SMITH, P. R., S. G. JENNINGS, y J. LATHAM (1972) The interaction of falling water drops: coalescence. *Proc. Roy. Soc. Lond.* **A326**, 393–408.

BRAZIER-SMITH, P. R., S. G. JENNINGS, y J. LATHAM (1973) Raindrop interactions and rainfall rates within clouds. *Quart. J. Roy. Meteor. Soc.* **99**, 260–272.

BROWNING, K. A. (1964) Airflow and precipitation trajectories within severe local storms which travel to the right of the winds. *J. Atmos. Sci.* **21**, 634–639.

BROWNING, K. A., T. W. HARROLD, A. J. WHYMAN, y J. G. D. BEIMERS (1968) Horizontal and vertical air motion and precipitation growth, within a shower. *Quart. J. Roy. Meteor. Soc.* **94**, 498–509.

BROWNING, K. A., y T. W. HARROLD (1969) Air motion and precipitation growth in a wave depression. *Quart. J. Roy. Meteor. Soc.* **95**, 288–309.

BROWNING, K. A., y F. H. LUDLAM (1962) Airflow in convective storms. *Quart. J. Roy. Meteor. Soc.* **88**, 117–135.

BYERS, H. R. (1965) *Elements of Cloud Physics*. University of Chicago Press, 191 pp.

BYERS, H. R., y R. R. BRAHAM (1949) *The Thunderstorm*. U.S. Dept. of Commerce, Washington, 287 pp.

CHISHOLM, A. J. (1973) *Alberta Hailstorms. Part I: Radar Case Studies and Airflow Models.* Meteor. Monograph, Vol. 14, No. 36. American Meteorological Society, Boston, pp. 1–36.

CHISHOLM, A. J., y J. H. RENICK (1972) Supercell and multicell Alberta hailstorms. Abstracts, Intl. Conf. on Cloud Physics, London, pp. 67–68.

DANIELSEN, E. F., R. BLECK, y D. A. MORRIS (1972) Hail growth by stochastic coalescence in a cumulus model. *J. Atmos. Sci.* **29**, 135–155.

DAVIS, M. H., y J. D. SARTOR (1967) Theoretical collision efficiencies for small cloud droplets in Stokes flow. *Nature* **215**, 1371–1372.

DOUGLAS, R. H., K. L. S. GUNN, y J. S. MARSHALL (1957) Pattern in the vertical of snow generation. *J. Meteor.* **14**, 95–114.

DOUGLAS, R. H., y J. S. MARSHALL (1954) The convection associated with the release of latent heat of sublimation. McGill University, Stormy Weather Group Rep. MW-19, 31 pp.

DRAKE, R. L. (1972) The scalar transport equation of coalescence theory: moments and kernels. *J. Atmos. Sci.* **29**, 537–547.

EAST, T. W. R. (1957) An inherent precipitation mechanism in cumulus clouds. *Quart. J. Roy. Meteor. Soc.* **83**, 61–76.

FITZGERALD, J. W. (1972) A study of the initial phase of cloud droplet growth by condensation and comparison between theory and observation. Ph.D. thesis, University of Chicago, 144 pp.

FLETCHER, N. H. (1962) *The Physics of Rainclouds.* Cambridge University Press, 386 pp.

FOOTE, G. B., y P. S. DU TOIT (1969) Terminal velocity of raindrops aloft. *J. Appl. Meteor.* **8**, 249–253.

FRENKEL, J. (1946) *Kinetic Theory of Liquids.* Dover Publications, New York, 488 pp.

FUKUTA, N. (1966) Experimental studies of organic ice nuclei. *J. Atmos. Sci.* **23**, 191–196.

FUKUTA, N. (1969) Experimental studies on the growth of small ice crystals. *J. Atmos. Sci.* **26**, 522–531.

FUKUTA, N., y L. A. WALTER (1970) Kinetics of hydrometeor growth from a vapor-spherical model. *J. Atmos. Sci.* **27**, 1160–1172.

GILLESPIE, D. T. (1972) The stochastic coalescence model for cloud droplet growth. *J. Atmos. Sci.* **29**, 1496–1510.

GILLESPIE, D. T. (1975) Three models for the coalescence growth of cloud drops. *J. Atmos. Sci.* **32**, 600–607.

GUNN, R., y G. D. KINZER (1949) The terminal velocity of fall for water drops in stagnant air. *J. Meteor.* **6**, 243–248.

GUNN, K. L. S., y J. S. MARSHALL (1958) The distribution with size of aggregate snowflakes. *J. Meteor.* **15**, 452–461.

HARDY, K. R. (1963) The development of raindrop-size distribution and implications related to the physics of precipitation. *J. Atmos. Sci.* **20**, 299–312.

HARRIS, F. I. (1969) Further studies of the effects of precipitation on convection. McGill University, Stormy Weather Group Rep. MW-60, 25 pp.

HARROLD, T. W., y P. M. AUSTIN (1974) The structure of precipitation systems—a review. *J. Rech. Atmos.* **8**, 41–57.

HIRTH, J. P., y G. M. POUND (1963) *Condensation and Evaporation, Nucleation and Growth Kinetics.* Pergamon Press, Oxford, 177 pp.

HOBBS, P. V., y W. M. KETCHAM (1969) Physics of ice. *Proc. Intl. Symp. on Physics of Ice*, Munich, 1968. Ed. N. Riehl, B. Bullemer, y H. Engelhardt. Plenum Press, New York, pp. 95–112.

HOCKING, L. M. (1959) The collision efficiency of small drops. *Quart. J. Roy. Meteor. Soc.* **85**, 44–50.

HOCKING, L. M., y P. R. JONAS (1970) The collision efficiency of small drops. *Quart. J. Roy. Soc.* **96**, 722–729.

HOUGHTON, H. G. (1950) A preliminary quantitative analysis of precipitation mechanisms. *J. Meteor.* **7**, 363–369.

HOUGHTON, H. G., y W. H. RADFORD (1938) On the local dissipation of natural fog. Papers in Phys. Ocean. and Meteor., Mass. Inst. of Technology and Woods Hole Ocean. Inst. 6, No. 3, 63 pp.

HOUGHTON, H. G. (1968) On precipitation mechanisms and their artificial modification. *J. Appl. Meteor.* **7**, 851–859.

HOWELL, W. E. (1949) The growth of cloud drops in uniformly cooled air. *J. Meteor.* **6**, 134–149.

JIUSTO, J. E. (1966) Aerosol and cloud physics measurements in Hawaii. *Tellus* **19**, 359–368.

JIUSTO, J. E., y H. K. WEICKMANN (1973) Types of snowfall. *Bull. Amer. Meteor. Soc.* **54**, 1148–1162.

JOSS, J., J. C. THAMS, y A. WALDVOGEL (1968) The variation of raindrop size distribution at Locarno. *Proc. Intl. Conf. on Cloud Phys.*, Toronto, pp. 369–373.

KESSLER, E. (1959) Kinematical relations between wind and precipitation distributions. *J. Meteor.* **16**, 630–637.

KESSLER, E. (1969) *On the Distribution and Continuity of Water Substance in Atmospheric Circulations.* Met. Monograph, Vol. 10, No. 32, American Meteorological Society, Boston, 84 pp.

KOMABAYASI, M., T. GONDA, y K. ISONO (1964) Life times of water drops before breaking and size distribution of fragment droplets. *J. Meteor. Soc. Japan.* **42**, 330–340.

KOVETZ, A. (1969) An analytical solution for the change of cloud and fog droplet spectra due to condensation. *J. Atmos. Sci.* **26**, 302–304.

KOVETZ, A., y B. OLUND (1969) The effect of coalescence and condensation on rain formation in a cloud of finite vertical extent. *J. Atmos. Sci.* **26**, 1060–1065.

KUHNS, I. E., y B. J. MASON (1968) The supercooling and freezing of small water droplets in air. *Proc. Roy. Soc.* **A302**, 437–452.

KUMAI, M. (1967) Fog modification on the Greeland Ice Cap. *Proc. First Natl. Conf. on Wea. Mod.*, Albany, N.Y., pp. 414–422.

LANGER, G., J. ROSINSKI, y S. BERNSEN (1963) Organic crystals as icing nuclei. *J. Atmos. Sci.* **20**, 557–562.

LANGLEBEN, M. P. (1954) The terminal velocity of snowflakes. *Quart. J. Roy. Meteor. Soc.* **80**, 174–181.

LEIGHTON, H. G., y R. R. ROGERS (1974) Droplet growth by condensation and coalescence in a strong updraft. *J. Atmos. Sci.* **31**, 271–279.

LIST, R. J. (ed.) (1958) *Smithsonian Meteorological Tables.* Smithsonian Institution, Washington, 527 pp.

LONG, A. B., (1971) Validity of the finite-difference droplet collection equation. *J. Atmos. Sci.* **28**, 210–218.

MARSHALL, J. S. (1953) Precipitation trajectories and patterns. *J. Meteor.* **10**, 25–29.

MARSHALL, J. S., y W. MCK. PALMER (1948) The distribution of raindrops with size. *J. Meteor.* **5**, 165–166.

MASON, B. J. (1952) The production of rain and drizzle by coalescence in stratiform clouds. *Quart. J. Roy. Meteor. Soc.* **78**, 377–386.

MASON, B. J. (1971) *The Physics of Clouds.* Clarendon Press, Oxford, 671 pp.

MASON, B. J., y P. R. JONAS (1974) The evolution of droplet spectra and large droplets by condensation in cumulus clouds. *Quart. J. Roy. Meteor. Soc.* **100**, 23–38.

MAZIN, I. P. (1968) The stochastic condensation and its effect on the formation of cloud drop size distribution. *Proc. Intl. Conf. on Cloud Physics*, Toronto, pp. 67–71.

McDonald, J. E. (1958) The physics of cloud modification. *Advances in Geophysics*, vol. 5, pp. 223–303, Academic Press Inc., New York.

McDonald, J. E. (1963a) Early developments in the theory of the saturated adiabatic process. *Bull. Amer. Meteor. Soc.* **44**, 203–211.

McDonald, J. E. (1963b) Use of the electrostatic analogy in studies of ice crystal growth. *Z. Angew. Math. Phys.* **14**, 610–620.

Melzak, A. Z., y W. Hitschfeld (1953) A mathematical treatment of random coalescence. McGill University, Stormy Weather Group Rep. MW-11, 28 pp.

Middleton, W. E. K. (1966) *A History of the Theories of Rain*. Franklin Watts, Inc., New York, 223 pp.

Mordy, W. (1959) Computations of the growth by condensation of a population of cloud droplets. *Tellus* **11**, 16–44.

Murray, F. W., y L. R. Koenig (1972) Numerical experiments on the relation between microphysics and dynamics in cumulus convection. *Mon. Wea. Rev.* **100**, 717–732.

Nakaya, U. (1954) *Snow Crystals*. Harvard University Press, 521 pp.

Newton, C. W. (1967) Severe convective storms. *Advances in Geophysics*, vol. 12, pp. 257–308, Academic Press Inc., New York.

Ogura, Y., y T. Takahashi (1971) Numerical simulation of the life cycle of a thunderstorm cell. *Mon. Wea. Rev.* **99**, 895–911.

Parungo, F. P., y J. P. Lodge (1965) Molecular structure and ice nucleation of some organics. *J. Atmos. Sci.* **22**, 309–313.

Pitter, R. L., y H. R. Pruppacher (1974) A numerical investigation of collision efficiencies of simple ice plates colliding with supercooled water drops. *J. Atmos. Sci.* **31**, 551–559.

Reinhardt, R. L. (1972) An analysis of improved numerical solutions to the stochastic collection equation for cloud droplets. Ph.D. thesis, University of Nevada, 111 pp.

Rigby, E. C., J. S. Marshall, y W. Hitschfeld (1954) The development of the size distribution of raindrops during their fall. *J. Meteor.* **11**, 362–372.

Robertson, D. (1974) Monte Carlo simulations of drop growth by accretion. *J. Atmos. Sci.* **31**, 1344–1350.

Rogers, R. R. (1967) Doppler radar investigation of Hawaiian rain. *Tellus* **19**, 432–455.

Rosinski, J. (1974) Role of aerosol particles in formation of precipitation. *Rev. Geophys. and Space Phys.* **12**, 129–134.

Scorer, R. S. (1958) *Natural Aerodynamics*. Pergamon Press, Oxford, 312 pp.

Scorer, R. S., y H. Wexler (1963) *A Colour Guide to Clouds*. Pergamon Press, Oxford, 63 pp.

Scott, W. T. (1968) On the connection between the Telford and kinetic equation approaches to droplet coalescence theory. *J. Atmos. Sci.* **25**, 871–873.

Scott, W. T. (1972) Comments on "Validity of the finite-difference droplet collection equation". *J. Atmos. Sci.* **29**, 593–594.

Sekhon, R. S., y R. C. Srivastava (1970) Snow size spectra and radar reflectivity. *J. Atmos. Sci.* **27**, 299–307.

Srivastava, R. C. (1967) A study of the effect of precipitation on cumulus dynamics. *J. Atmos. Sci.* **24**, 36–45.

Srivastava, R. C. (1971) Size distribution of raindrops generated by their breakup and coalescence. *J. Atmos. Sci.* **28**, 410–415.

Steiner, J. T. (1973) A three-dimensional model of cumulus cloud development. *J. Atmos. Sci.* **30**, 414–435.

Takeda, T. (1971) Numerical simulation of a precipitating convective cloud: the formation of a "long-lasting" cloud. *J. Atmos. Sci.* **28**, 350–376.

Telford, J. W. (1955) A new aspect of coalescence theory. *J. Meteor.* **12**, 436–444.

THOMSON, W. (1870) On the equilibrium of vapour at a curved surface of liquid. *Proc. Roy. Soc. Edinb.* **7**, 63–68.

TWOMEY, S. (1959) The nuclei of natural cloud formation: the supersaturation in natural clouds and the variation of cloud droplet concentration. *Geofis. Pura et Appl.* **43**, 243–249.

TWOMEY, S. (1964) Statistical effects in the evolution of a distribution of cloud droplets by coalescence. *J. Atmos. Sci.* **21**, 553–557.

TWOMEY, S. (1966) Computations of rain formation by coalescence. *J. Atmos. Sci.* **23**, 405–411.

VALI, G. (1968) Ice nucleation relevant to formation of hail. McGill University, Stormy Weather Group Rep. MW-58, 51 pp.

WARNER, J. (1969a) The microstructure of cumulus cloud. Part I. General features of the droplet spectrum. *J. Atmos. Sci.* **26**, 1049–1059.

WARNER, J. (1969b) The microstructure of cumulus cloud. Part II. The effect on droplet size distribution of the cloud nucleus spectrum and updraft velocity. *J. Atmos. Sci.* **26**, 1272–1282.

WARSHAW, M. (1967) Cloud droplet growth: statistical foundations and a one-dimensional sedimentation model. *J. Atmos. Sci.* **24**, 278–286.

WARSHAW, M. (1968) Cloud drop coalescence: effects of the Davis-Sartor collision efficiency. *J. Atmos. Sci.* **25**, 874–877.

WEXLER, R., y P. M. AUSTIN (1954) Radar signal intensity from different levels in steady snow. Massachusetts Institute of Technology, Weather Radar Research, Rep. No. 23, 27 pp.

WEXLER, R. (1955) An evaluation of the physical effects in the melting layer. *Proc. Fifth Wea. Radar Conf.*, Ft. Monmouth, N.J., pp. 329–334.

WEXLER, R. (1960) Efficiency of natural rain. *Physics of Precipitation* (H. Weickmann, ed.), Geophys. Monograph 5, American Geophysical Union, pp. 158–163.

YOUNG, K. C. (1974) The evolution of drop spectra through condensation, coalescence and breakup. *Preprints, Conference on Cloud Physics*, Tucson, Ariz., pp. 95–98.

YOUNG, K. C. (1975) The evolution of drop spectra due to condensation, coalescence and breakup. *J. Atmos. Sci.* **32**, 965–973.

ZAWADZKI, I. I. (1973) Statistical properties of precipitation patterns. *J. Appl. Meteor.* **12**, 459–472.

ÍNDICE ALFABÉTICO